W0059975

Alexis Fleming

Jedes
Leben
ist wertvoll

Wie mir die Gründung
eines Tierhospizes meinen Lebensmut
zurückgab

Aus dem Englischen von Anja Lerz

kailash

Die Originalausgabe erschien 2021 unter dem Titel
No Life Too Small: Love and loss at the world's first animal hospice.
bei Quercus Editions Ltd., London.

Penguin Random House Verlagsgruppe FSC® N001967

1. Auflage
Deutsche Erstausgabe
© 2021 Kailash Verlag, München
in der Penguin Random House Verlagsgruppe GmbH
Neumarkter Str. 28, 81673 München
©Alexis Fleming 2021
First published by Quercus Editions Ltd., London.
Lektorat: Werner Wahls
Satz: Satzwerk Huber, Germering
Umschlaggestaltung:
ki 36, Daniela Hofner Editorial Design, München
Druck und Bindung: GGP Media GmbH, Pößneck
Printed in Germany
ISBN 978-3-424-63216-3
www.kailash-verlag.de

Besuchen Sie den Kailash Verlag im Netz

Für Maggie,
die die größten Stücke
gleichzeitig mitnahm und hinterließ.

Inhalt

Kapitel 1

»Findest du das witzig, Maggie?«

Du wirst eine Menge erklären müssen,
wenn du nach Hause kommst ...

Ich stand auf einem Parkplatz in einem Teil von York, den ich nicht kannte. Meine kalten, verschwitzten Hände hatte ich in den Jackentaschen vergraben, wo meine Finger immer wieder mit dem Notizzettel spielten. Durch die Automatiktüren entwischten hin und wieder heiße Luft und Weihnachtsmusik der Wärme des Supermarkts. Die winterliche Dunkelheit legte sich ebenso schwer auf mich wie meine wachsenden Befürchtungen.

Wieder rief ich an. Anrufbeantworter, sofort. Ich versuchte es noch einmal. Und noch einmal.

Ich schaute mich in der unbekannten Wohngegend um. Wie lange sollte ich warten? Wie oft anrufen? Wann aufgeben?

Langsam dämmerte mir, dass ich zu spät dran sein könnte. Ich hätte früher Feierabend machen, früher kommen sollen, mehr Geld bieten, mir mehr Gedanken machen. Ich sah auf meinem Handy nach der Zeit: 16:34 Uhr. Ein Versuch noch.

Als ich aufschaute, spannte sich alles in mir an. Im Licht der Straßenlaternen kam schnellen Schrittes ein Mann auf mich zu, ein drahtiger Typ um die dreißig, der den Blick auf sein Handy gerichtet hielt.

Meine Augen und mein Gehirn brauchten einen Moment, um zu begreifen, was sie da im orangenen Dämmerlicht sahen. Aber das war doch … Das war sie doch! Die magere Bullmastiffhündin, die hinter dem Mann hertrottete, war nicht angeleint und trug nicht einmal ein Halsband, folgte ihm jedoch gehorsam bei Fuß. Sie näherten sich mir. Die Hündin duckte sich nervös hinter den Mann. Ganz offensichtlich fürchtete sie sich vor ihm.

»Du bist wegen dem Hund hier?« Er schaute kurz von seinem Handy auf.

Ich nickte nervös. Mein Mund war ganz trocken.

»Hast du die Kohle?«

»Ja. Hundert Pfund. Ich dachte, du hättest sie vielleicht dem anderen gegeben.«

»Was? Ach nein, der ist nicht gekommen. Willst du die Töle noch?«

»Ja. Hier …«

Ich hielt ihm das Geld hin. Er zählte kurz durch und steckte es ein. Ich öffnete die Heckklappe meines ramponierten alten Mazda und forderte sie auf, hineinzuspringen. »Komm, Süße«, drängte ich sie freundlich und klopfte auf die Bettdecke im offenen Kofferraum.

Sie schaute mich mit großen, ängstlichen braunen Augen an, bewegte sich aber keinen Millimeter. *Komm schon, Süße, spring rein.* Ich wollte das Ganze endlich hinter mich bringen.

»Du hast sie gehört. Rein da.« Er schob sie mit seinem Stiefel Richtung Auto. Sie zuckte zusammen und tat instinktiv, was von ihr gefordert wurde. Schnell schloss ich die Klappe. Für tröstende Worte war später genug Zeit, jetzt kam es erst einmal darauf an, sie in Sicherheit zu bringen.

»Also dann, danke.« Ohne sich zu verabschieden oder einen letzten Blick auf den Hund zu werfen, ging er fort. Ich hätte sonst wer sein, alles mit dem Hund machen können, aber sein Geld hatte er ja bekommen. Ich sah ihm hinterher, wie er mit dem Blick am Handy klebte, wegging und die magere, verängstigte Hündin, die ihm so treu gefolgt war und aufs Wort gehorcht hatte, schon vergessen hatte, als er an der nächsten Straßenecke in der Dunkelheit verschwand.

Ich schaute auf und atmete erleichtert aus. *Danke.*

Es war zu gefährlich, die Heckklappe zu öffnen, also kletterte ich auf die Rückbank. Im Umgang mit einem neuen Hund musste man vorsichtig sein, besonders bei einem, der so offensichtlich durcheinander und verstört war. Über Bullmastiffs wusste ich nicht viel, meinte mich aber zu erinnern, dass sie als sehr loyal und Fremden gegenüber manchmal misstrauisch galten. Der Anblick dieses armen, verängstigten Hundes, der sich da in meinem Kofferraum zusammenkauerte, weckte allerdings keine größeren Befürchtungen.

»Hallo, meine Liebe.« Ich hielt ihr die Hand hin, um sie schnuppern zu lassen. »Du bist eine ganz Feine, oder? Versuch mal, keine Angst zu haben.« Mit weit aufgerissenen Augen starrte sie mich an. Ihr Blick war verwirrt und furchtsam. Unsicher schnüffelte sie kurz an meiner Hand.

»Alles wird gut, versprochen. Jetzt geht's nach Hause.«

Weil im albtraumhaften Straßennetz Yorks Feierabendverkehr herrschte, dauerte die Heimfahrt ewig, aber sie machte die ganze Zeit über keine Bewegung, gab keinen Laut von sich. Während wir durch die verstopften Straßen krochen, schaute ich immer wieder in den Rückspiegel. Ich konnte ihre Silhouette sehen; sie saß kerzengerade da, und ihre Ohren wippten, wenn wir bremsten und wieder anfuhren. Selbst als ich anhielt, um Futter für meinen unerwarteten Gast zu kaufen, fand ich sie beim Einsteigen in genau derselben Position vor. Ihre Apathie beunruhigte mich, doch gleichzeitig war ich froh um die Stille, weil ich so Zeit zum Nachdenken hatte.

Ich bog in den Parkplatz des Mehrfamilienhauses ein, in dem ich lebte, und stellte das Auto in der mit meiner Wohnungsnummer gekennzeichneten Parklücke ab. Dann drehte ich den Schlüssel um und wandte mich dem dunklen Umriss hinter mir zu, dieser unbekannten Größe, die ich aus einem Impuls heraus in mein Leben eingeladen hatte. Ich konnte spüren, dass sie in der Dunkelheit meinen Blick erwiderte. Ich drehte mich wieder um, schloss die Augen und ließ meinen Kopf nach vorne fallen. *Oh, shit!* Das Adrenalin ließ nach, und die Wirklichkeit machte sich bemerkbar.

Als ich an jenem Morgen das Haus verließ, hatte ich nicht vorgehabt, neun Stunden später mit einem Hund zurückzukommen. Mein Ehemann Chris und ich wohnten in einer Mietwohnung, in der Haustiere nicht erlaubt waren. Ich arbeitete im Lager einer Firma, die optische Bauteile herstellte, und dieser Morgen war wie alle anderen. Wie üblich war ich die Erste dort, drehte die Heizkörper auf, schaltete das Radio ein und stellte den Wasserkocher an. Morgens brauche ich immer eine Weile, um munter zu werden. Ich war immer müde, war beim Aufwachen ebenso müde wie beim Zubettgehen, und es fiel mir zunehmend schwerer, die ungewöhnlichen Schmerzen und die Erschöpfung kleinzureden, die mich immer spürbarer ausbremsten. Es war Mitte Dezember, es würde ein hektischer Arbeitstag werden, weil wir unter Hochdruck daran arbeiteten, die bestellte Ware vor den Weihnachtsferien zu versenden. Wenn ich nur daran dachte, überfiel mich schon tiefe Müdigkeit. Ich setzte mich mit einer Tasse Tee an den Computer, um in die Gänge zu kommen, und begann, den Post- und Bestelleingang durchzugehen.

Ich war noch nie ein besonders großer Fan von Weihnachten, aber dieses Jahr fühlte ich mich beim Gedanken daran besonders niedergeschlagen und wurde schnell zynisch. Angesichts der Flut von Werbung, Lametta und erzwungener Heiterkeit, die die finsterere Wirklichkeit hinter der farbenfroh beworbenen Festlichkeit übertünchte – Schulden, Stress, Einsamkeit, alte Hunde, die für neue Welpen Platz machen müssen –, war ich wirklich nicht in der richtigen Stimmung. Ich fühlte mich leer und rastlos.

Ich bin als Einzelkind aufgewachsen. Meine beste Freundin und Spielkameradin war Trouvee, ein Staffordshire-Bullterrier-Mischling, den meine Eltern abgemagert, vernachlässigt und traumatisiert in den 1970ern in der Nähe einer Brücke im Stadtzentrum von Glasgow ausgesetzt gefunden hatten. Bis zu meiner Geburt hasste Trouvee Kinder, machte dann aber einen Sinneswandel durch und beschloss, dass ich ihr Baby wäre, ihr Kleines. Sie hätte mich mit ihrem Leben verteidigt. Als Trouvee starb, war ich zwölf Jahre alt. Im Gedenken an sie gründete meine Mum, Flora, ein Katzenasyl, das sie von unserem Haus aus leitete. Streunende Katzen waren ein Problem, ein Problem solchen Ausmaßes, dass unser Haus und unser Leben in kürzester Zeit davon bestimmt wurden. Einmal kam ich nach einer Fünf-Stunden-Schicht im örtlichen Kino nach Hause und fand 17 junge Katzenbabys in meinem Zimmer vor.

»Wo – wie – hast du denn in den letzten fünf Stunden 17 Kätzchen gefunden, Mum? Vier, ja! Wenn's hochkommt, auch fünf, soll's ja geben. Aber 17 Stück?! Ob die zufällig mal aufhören könnten, Fangen zu spielen, solange ich schlafe? Und kannst du irgendwas tun, damit die sich nicht einbilden, ich wäre so eine Art Luxus-Katzenklo, das du extra für sie angeschafft hast? Eins davon hat auf mein Kopfkissen gepinkelt!«

Ein paar Minuten später kam sie zurück und überreichte mir eine Plastikplane, unter der ich schlafen konnte. Problem gelöst.

Ich kannte also die Hochs und Tiefs, die damit einhergingen, wenn man sein Zuhause und sein Leben mit den heimatlosen vierbeinigen Kindern der Gesellschaft teilte, und wusste um die dafür notwendige Opferbereitschaft, war aber nie sesshaft genug gewesen, um selbst einen tierischen Freund zu besitzen. Chris und ich hatten einander beim Jobben im Kino Odeon in Kilmarnock kennengelernt. Ich war 19 und arbeitete dort neben meinem Studium, er war ein Jahr älter und hatte die Uni gerade abgeschlossen. Als ich 21 war, gingen wir zusammen auf Reisen. Unter anderem verbrachten wir ein Jahr in Australien, wo ich als Aktivistin für eine Tierschutzorganisation tätig war. Dort lernte ich Edgar's Mission kennen, einen Gnadenhof für gerettete Nutztiere in der Nähe von Melbourne. Von der Sekunde an, in der ich die Leiterin Pam traf, war klar, wie ich meine Wochenenden und freien Tage verbringen würde. Beim Ausmisten von Hühner- und Schweineställen und beim Babysitten von Ferkeln und Hähnen war ich voll in meinem Element; ich liebte diese Zeit. Zurück in England heirateten Chris und ich, aber wir ließen uns nie fest an einem Ort nieder. Chris arbeitete im Hotelfach, weshalb wir häufig umzogen, und aufgrund seiner aktuellen Arbeitsstelle waren wir nun eben in York gelandet.

Ich hatte Freunde, die Tierschutzorganisationen leiteten, und hatte seit meiner Rückkehr selbst als Pflegestelle Hunde aufgenommen und mich einige Wochen um sie gekümmert, bis sie in ein neues Zuhause vermittelt wurden, war aber nie in der Lage gewesen, einen davon dauerhaft zu behalten.

War ich eigentlich immer noch nicht.

Aber an diesem Morgen hatte ich eine Anzeigenseite im Internet angeklickt, ich war wohl gedanklich noch nicht klar genug, um mich davon abzuhalten. Wie immer standen dort seitenweise unerwünschte Hunde zum Verkauf, samt der abgenutzten Ausreden, die immer damit einhergingen. Beim Scrollen blieb mein Blick an einem Foto hängen: ein verloren aussehender gestromter Bullmastiff, der umgeben von ausrangiertem Kinderspielzeug und anderem Müll im Garten auf einem Weidenstuhl saß. Der Hund war klein und mager und wirkte unvergesslich traurig.

In der Hoffnung, ich hätte beim ersten Lesen etwas falsch verstanden, las ich die Anzeige ein zweites Mal:

Habe diese Hündin zur Zucht gekauft. Hatte zwölf
Welpen, aber davon sind zehn gestorben, hat
also keinen Nutzen mehr für mich. Ist bei meiner
Freundin zu Hause, aber die will sie nicht und schlägt
sie. 10 Monate alt. 100 £.
It.

Sie war viel zu jung für Junge, sie war doch selbst kaum mehr als ein Welpe. Ich las die Worte noch einmal, und die Entscheidung fiel von ganz allein. Mein Mund war trocken, und das Adrenalin hatte angefangen zu fließen und zeigte Wirkung. Das Herz übernahm die Führung, der Kopf hinkte hinterher, und ich griff zum Telefon und wählte die Nummer.

Eine gleichgültige Stimme antwortete. »Der Hund? Ach ja, stimmt. Jemand anders hat mir schon einen goldenen Siegelring und einen Motorradhelm geboten. Bargeld wäre mir lieber, aber Hauptsache, der Hund kommt weg«, teilte er mir mit. »Der andere kann aber schon heute Morgen.«

Ein goldener Siegelring und ein Motorradhelm? Was zum Teufel ...? Innerhalb von Sekunden lag mir dieser Hund am Herzen, den ich doch noch gar nicht kennengelernt hatte. Ich war wild entschlossen, ihn von diesem Kerl wegzuholen, der ihn gegen einen Ring und einen Motorradhelm eintauschen wollte. Ich musste ihm irgendeinen Grund geben, noch zu warten, hatte aber so ein Gefühl, dass die Zusicherung, sie würde bei mir ein ganz tolles neues Zuhause bekommen, als Argument nicht ziehen würde. Ich unterdrückte das Zittern in meiner Stimme und gab mein Bestes: »Ich kann erst nach Feierabend, aber ich geb dir die volle Summe, hundert Pfund bar auf die Hand. Das ist mehr, als der andere geboten hat. Ich kann kurz nach vier. Wo soll ich hinkommen?«

Bargeld statt Motorradhelm, das Versprechen gab den Ausschlag. Um 16:15 Uhr auf dem Parkplatz eines Co-op in einem zwielichtigen Teil der Stadt, in dem ich vorher noch nie gewesen war.

Und jetzt saß ich da, um hundert Pfund leichter und einen Bullmastiff reicher und ohne die geringste Ahnung, wie ich sie in mein ganz und gar nicht Bullmastiff-kompatibles Leben noch reinquetschen sollte. Kurz spielte ich mit dem Gedanken, die Entscheidung zu bedauern, aber so lagen die Dinge nun mal eben, und der hundeförmige Schatten hinter mir sagte mir, dass ich das Richtige getan hatte.

Ich wusste, dass ich die Neuigkeiten erst einmal Chris beibringen musste, der oben in unserer Wohnung war und nichts von meiner neuesten Eskapade wusste. Das machte mir Sorgen. Ich schämte mich und fühlte mich echt schuldig, aber ich hatte ihm vorher nichts davon erzählt, weil ich nicht wollte, dass er mir die Sache ausredete. Ich zog mein Handy aus der Tasche.

»Ein Hund? Alexis ... Aber wie das denn? Wo? Du warst doch bloß arbeiten! Außerdem dürfen wir gar keine Haustiere halten.«

»Ich weiß. Entschuldigung. Ich hab sie im Internet gesehen.«

»Sie kann nicht bleiben. Das ist doch lächerlich. Wir hätten vorher drüber reden sollen.«

»Hör mal, es tut mir leid, ehrlich. Ich hab sie gesehen und musste ihr einfach helfen, Chris. Der wollte sie gegen einen Motorradhelm eintauschen! Seine Freundin hat sie geschlagen. Ich weiß, dass ich dich hätte fragen sollen. Es tut mir leid. Aber als ich erst einmal von ihr wusste, musste ich einfach etwas tun. Es tut mir so leid, ehrlich …« Jetzt plapperte ich nur noch. Ich wusste, dass ich im Unrecht war, dass ich mit ihm hätte reden sollen.

»Was machst du jetzt mit ihr?«

»Weiß nicht«, sagte ich leise. Meiner Stimme ging ebenso wie meiner eben noch felsenfesten Überzeugung die Luft aus.

Er war ziemlich sauer auf mich. Chris war nicht gleichgültig, er machte sich durchaus Gedanken, aber wir hatten unterschiedliche Sichtweisen. Es war ja auch eine eigennützige Handlung – ich hatte einen Hund übernommen, ohne über die Wirkung auf Chris nachzudenken – und sie würde eine Menge Ärger mit unserem Vermieter nach sich ziehen. Ja, alles klar. Ich wäre im umgekehrten Fall auch sauer gewesen.

Ein paar Minuten später kam Chris runter auf den Parkplatz.

»Alexis …« Er öffnete die Tür zum Fond und schaute mich an.

Ich kauerte mit ausgestrecktem Arm auf der Rückbank, um den großen, traurigen, stinkenden, unbekannten braunen Hund zu streicheln. Beschämt, aufgeregt, erleichtert, besorgt, sicher und unsicher erwiderte ich Chris' Blick.

»Wie heißt sie?«, fragte er.

Die Frage war mir noch gar nicht in den Sinn gekommen. »Weiß ich nicht, das hab ich gar nicht gefragt. Maggie? Ja, warum nicht? Maggie. Sie heißt Maggie.«

Langsam bekam ich Panik und begann, an allem zu zweifeln, aber jetzt blieb mir keine Wahl mehr: Ich hatte uns das Ganze eingebrockt und musste weitermachen. Ich holte tief Luft.

»Also dann, Maggie, sollen wir mal hochgehen?«

Ich kannte sie nicht, und sie befand sich in einer sehr verwirrenden und beängstigenden Situation. Sie konnte ausreißen oder sich von der Angst überwältigen lassen und beschließen, erst einmal anzugreifen. Vorsichtig öffnete ich die Heckklappe, und wir schauten einander eine Weile an. Mich überkam das überwältigende Gefühl, dass sie nicht vorhatte, wegzulaufen oder mir wehzutun. Erleichtert legte ich ihr ein Halsband um und befestigte eine Leine.

»Musst du mal Pipi, Süße?«

Chris war schon vorgegangen und hielt Maggie und mir zwei Treppen höher wartend die Tür auf.

»Sie wirkt verängstigt«, sagte er. »Gibt's eine Geschichte dazu?«

Ich erklärte, was ich wusste.

»Was hast du jetzt vor? Hier kann sie nicht bleiben.«

»Ja, das weiß ich, das weiß ich doch …« Ich hatte noch immer keinen Plan. »Ich weiß noch nicht so recht. Aber ich finde eine Lösung«, versicherte ich ihm und auch mir selbst.

Wir gingen durch die Wohnungstür und den Flur in unsere offene Wohnküche. Jetzt, in der hell erleuchteten Wohnung, konnte ich die Tränensäcke der Erschöpfung unter Maggies Augen erkennen.

»Also dann, meine Liebe, dann wollen wir dich mal unterbringen …« Sie war verwirrt, ließ aber alles resigniert mit sich geschehen. Vermutlich war es nur eine weitere Veränderung in ihrem ohnehin schon chaotischen Leben, und vermutlich hatte sie gelernt, dass es nichts Gutes brachte, wenn sie sich sträubte. Ich klinkte die Leine aus, griff an ihrem Kopf vorbei nach der

Tasche mit den Einkäufen, während sie sich auf den Bauch legte und so flach machte, wie sie nur konnte.

Plötzlich fielen mir die Worte des Online-Inserats wieder ein: *Die schlägt sie.* Noch bis vor einer Stunde war das ihre Lebenswirklichkeit. Schläge, Welpen, Hunger, Angst.

»Ach, Schätzchen, alles ist gut. Jetzt tut dir keiner mehr weh.« Ich versuchte, sie zu beruhigen, doch sie hatte keinen Grund, mir zu glauben.

Ich setzte mich neben sie auf den Boden und fing an, ihr sachte den Kopf zu streicheln. Wir lehnten beide mit dem Rücken am Sofa. Zum ersten Mal fiel mir auf, wie schmutzig und matt ihr Fell war. Sie hatte ein wunderschön gestromertes Fell – dunkelbraun mit orangenen und goldenen Sprenkeln – und einen langen, geschwungenen weißen Latz, der unter ihrem Kinn begann und bis zur Brust hinunterreichte. Ich legte vorsichtig meinen Arm um sie und spürte, wie sie sich anspannte. Als ich langsam mit der Hand über ihren Rücken fuhr, rieselten Hautschüppchen zu Boden. Mir war schon aufgefallen, dass ihr Gesäuge durchhing. Es war noch voller Milch für die verstorbenen Welpen. Die Zitzen sahen nicht gut aus, und es bestand die Gefahr einer Infektion.

»Darf ich bitte mal da unten anfassen, Liebes?« Ich spürte bereits, dass Maggie eine sanfte Seele war. Doch wenn sie unter einer Entzündung litt und wund war und obendrein nicht an sanfte Hände gewöhnt, konnte es gut sein, dass sie panisch darauf reagierte, wenn ich ihren schmerzenden, geschwollenen Bauch berührte. Misstrauisch beobachtete sie meine Hand, die ich vorsichtig ausstreckte. Ihre Zitzen waren heiß, und ihr ganzer Bauch war von offenen, nässenden, verkrusteten wunden Stellen überzogen, die aussahen wie ganz schlimme Akne.

»Oh, shit, was ist das denn? Chris, schau dir mal ihren Bauch an. Sie ist voller Schorf, da ist alles entzündet.«

Gemeinsam betrachteten wir sie, wie sie erschöpft und besorgt auf der Seite liegend eine Pfote erhoben hatte, bereit, alles mit sich machen zu lassen, was uns einfiel.

»Sie muss unglaubliche Schmerzen haben.« Chris verzog das Gesicht. Der Anblick war schwer auszuhalten.

»Ja, ich muss morgen erst einmal mit ihr zum Tierarzt. Aber vor allem braucht sie etwas Ordentliches zu fressen und Schlaf.«

Ich improvisierte und füllte zwei Nudelteller – einen mit Futter und den anderen mit Wasser. Sie war ausgehungert, aber die Angst hatte sie fest im Griff. Ich zog mich zurück, um ihr etwas Freiraum zu verschaffen, und es dauerte nicht lange, bis der Hunger sie dazu brachte, sich vorsichtig dem Futter zu nähern und zögernd ein paar Maulvoll zu fressen. Bald war die Futterschüssel leer. Speichelfäden hingen ihr aus den Lefzen. Sie schüttelte den Kopf, und ein Spuckefetzen traf den Kühlschrank und glitt langsam die Tür hinunter. »Das wischen wir besser weg, bevor Chris etwas merkt, Maggie! Kein Sabber an den Wänden, okay?«

Das erinnerte mich daran, dass ich unseren Vermieter anrufen und ihm beichten musste, dass ich aus Versehen auf den Hund gekommen war, der sich nun eifrig darum bemühte, unsere haustierfreie Wohnung mit schleimigen Hundefutterspeichelfäden umzudekorieren. Noch am selben Abend, während Maggie vorsichtig am Grünstreifen vor unserem Mietshaus entlangschnüffelte, rang ich mich endlich dazu durch, in den sauren Apfel zu beißen und unseren Vermieter anzurufen. »Sie wurde misshandelt«, erklärte ich. »Es ist nur vorübergehend – nur ein paar Tage, bis Heiligabend, bis ich einen Platz in einer Tierpension für sie gefunden habe. Ich werde schauen, dass ich sie mit zur Arbeit nehmen kann, und ich passe natürlich darauf auf, dass sie nichts kaputt macht und keine Belästigung darstellt. Es tut mir leid, dass ich Sie darum bitten muss, aber ich musste einfach etwas tun.« Nervös wartete ich auf seine Reaktion.

»Ich weiß es zu schätzen, dass Sie ehrlich zu mir sind«, sagte er. »Und danke, dass Sie ihr helfen. Ich habe selbst einen Hund. Gerade jetzt schläft er tief und fest vor dem Kamin – und das verdient doch jeder Hund. Bitte achten Sie darauf, dass sie keinen Schaden verursacht oder die Nachbarn stört. Viel Glück bei der Suche nach einem guten neuen Zuhause.«

Was für eine Erleichterung!

Eine weitere Hürde war genommen. Meinen Chef würde ich gleich frühmorgens anrufen und fragen, ob ich Maggie die nächsten paar Tage bis zu den Betriebsferien über Weihnachten mitbringen dürfte. Sie wirkte wie ein leiser Hund, und ich konnte nur hoffen, dass sie keine heimliche Neigung zur Zerstörung von Büroeinrichtung hegte.

Nach unserem Spaziergang setzten Maggie und ich uns nebeneinander auf den Wohnzimmerboden, um uns aufzuwärmen. Noch kein Jahr alt, und schon forderte das Leben seinen Tribut von ihrem Körper. Noch einmal schaute ich mir ihren angeschwollenen, verkrusteten roten Bauch an. Das Austragen, Füttern und Versorgen ihrer Welpen – und dazu vermutlich schlechte Ernährung und ein laxer Umgang mit den Fütterungen – hatten zu ihrem abgemagerten, mangelernährten Zustand beigetragen. Sollte Ruhe überhaupt je möglich gewesen sein, so war das schon so lange nicht für sie infrage gekommen, dass es ihr sicher nicht leichtfallen würde, sich zu entspannen. Aber sie sah wirklich bis ins Mark erschöpft aus. »Du bist echt am Ende, oder? Na komm, Maggie, es war ein aufregender Tag. Lass uns ins Bett gehen.«

Chris schlief schon, als Maggie und ich ins Schlafzimmer kamen. »Komm, leg dich hin, Schätzchen. Das sollte bequem sein.« Beim Zähneputzen beobachtete ich sie vom Bad aus dabei, wie sie an den Decken schnüffelte, die ich neben meiner Bettseite für sie bereitgelegt hatte. Ein Versuch, sich ein Bild von ihrer neuen Welt zu machen. Sie stupste die Decken vorsichtig mit der Pfote an, drehte sich ein paar Mal um sich selbst und legte sich dann hin.

Ich turnte über den Deckenhaufen ins Bett und bemühte mich, sie dabei nicht zu stören. Dann lag ich im Dunkeln da, atmete tief durch und versuchte, meine Gedanken zu ordnen und mir einen Reim auf die heutigen Ereignisse zu machen. Was für ein Tag!

Ich war zwar erschöpft, erwartete aber eine unruhige Nacht und stellte mich darauf ein. Immerhin ist die erste Nacht an einem unbekannten Ort immer schwierig, und in den letzten Stunden hatte sich Maggies Leben und ihre Welt bis zur Unkenntlichkeit verändert. Doch sie war auch extrem erschöpft, und ich hoffte, dass dies ihre Angst überflügeln würde und sie so die Ruhe bekäme, die sie brauchte.

Ich hätte mir keine Sorgen zu machen brauchen. Es dauerte nur wenige Minuten, bis sich unsere Atmung verlangsamte und unsere beiden überforderten Körper nebeneinander in den Schlaf fanden.

Von ein paar Pipi-Pfützen abgesehen und davon, dass Maggies Abendessen noch einmal auf dem Teppich erschien, schliefen wir beide gut. Nerven und Ängste machen komische Sachen mit unserem Inneren.

Während unseres frühmorgendlichen Spaziergangs rief ich meinen Chef an. »Also, John, es geht um einen Hund …«

Er kannte mich gut genug, um nicht im Geringsten überrascht zu reagieren. Sein fröhlicher Labrador, Jake, sorgte im Büro bereits für gute Laune, deshalb war die Überlegung, einen Hund mit zur Arbeit zu bringen, nicht ganz abwegig. Er war damit einverstanden, dass Maggie bis Weihnachten mit ins

Lager kam. Ich war dankbar für sein Verständnis – und unfassbar erleichtert, einen anderen Plan hatte ich nämlich nicht.

Noch eine Hürde genommen. Dranbleiben …

Seit unserer ersten Begegnung waren erst 24 Stunden vergangen, aber Maggie und ich fanden bereits zu einem gemeinsamen Rhythmus. Wir entwickelten langsam eine Routine. Mit jedem Ausflug vor die Tür zum Schnüffeln und Pinkeln und mit jedem Moment, den wir knuddelnd auf dem Wohnzimmerboden lagen, wuchs unsere Freundschaft. Bei der Arbeit und auch zu Hause kam es zwar zu ein paar Missgeschicken, aber das war nichts, was man nicht mit einer Flasche Desinfektionsspray und ein paar Rollen Küchenpapier hätte beheben können. Bei der Arbeit lag sie auf ihrer Bettdecke unter dem Packtisch, an dem ich meine Arbeitstage verbrachte. Sie gab sich mit der Beschäftigung mit einem großen Kauspielzeug zufrieden und freundete sich schnell mit den Leuten dort an. Sie fraß gut, und die Antibiotika und Schmerzmittel vom Tierarzt zeigten langsam Wirkung gegen die Infektion, die in ihrem Körper tobte. Es war leicht – viel leichter als gedacht. Irgendwie passten wir beide zusammen.

Am Wochenende machten wir entlang eines alten Bahndamms in der Nähe unseren ersten richtigen Spaziergang. Noch traute ich mich nicht, Maggies Freilauffähigkeiten auf die Probe zu stellen, allerdings nahm ich eine etwas längere Leine. Es war ein heller Wintertag, und die tief am Himmel stehende Sonne blendete mich, als eine Mutter mit ihrer Tochter stehen blieb um ein Schwätzchen zu halten.

»Wir haben sie kommen sehen – sie ist so schön!« Lächelnd bückten sie sich, um mit Maggie direkt zu sprechen. »Wie heißt sie denn? Klingt albern, ich weiß, aber als wir sie gesehen haben, haben wir beide gesagt, dass das bestimmt eine ganz sanfte

Seele ist. Da mussten wir einfach stehen bleiben und sie begrüßen. Ich hoffe, das macht Ihnen nichts aus.«

Stolz wärmte mir die Brust, als ich ihnen ihre Geschichte erzählte. Maggies Leben hatte aus Chaos, Angst und Sorgen bestanden, nie hatte sie Güte erfahren oder einen Freund gehabt. Sie hatte keinerlei Veranlassung, uns zu vertrauen. Aber sie tat es. In den letzten paar Tagen hatte ich beobachtet, wie sie neue Menschen wie alte Freunde begrüßte, ganz leise und sanftmütig. Ihr Blick war weicher geworden, und einige Nächte ungestörten Schlafs hatten die Augenringe kuriert. Regelmäßig gutes Futter und die medizinische Behandlung ihrer Beschwerden verhalfen ihr zu frischem Elan. Sie lebte auf.

Mit jedem Spaziergang, jeder Autofahrt und jedem Kuscheln auf der Couch wuchsen Mags und ich zusammen und wurden im Umgang miteinander entspannter und sicherer. Trotzdem lag noch ein weiter Weg vor uns. Weil sie früher ständig wütenden Händen und Füßen ausweichen musste, Fütterungen gelegentlich ausfielen, sie von Pontius zu Pilatus weitergereicht wurde und mittendrin noch ihre Welpen beschützen musste, hatte sich Maggie an ein Leben in ständiger Alarmbereitschaft gewöhnt. Wenn ich eine plötzliche Bewegung machte oder mich in der Küche zu schnell umdrehte, konnte es vorkommen, dass sie sich mit zurückgelegten Ohren, riesigen Augen und gesenktem Kopf an die gegenüberliegende Wand quetschte, um so wenig Angriffsfläche wie nur möglich zu bieten. Alte Erinnerungen und Gewohnheiten wird man nur schwer los, besonders diejenigen, die zum Selbstschutz entwickelt wurden. Hier mussten Liebe und Zeit Wunder vollbringen.

Bald stand Weihnachten vor der Tür und damit ein weiteres Hindernis. Chris und ich würden zwischen Weihnachten und Neujahr eine Hochzeit in den Highlands besuchen, und die Tierpensionen waren über die Feiertage alle ausgebucht.

Wohin mit Maggie? Weil ich nicht weiterwusste, tat ich, was jede anständige Tochter tun würde: Ich rief Mum und Dad an. Mein Dad, Archie, half gern – er war kein bisschen überrascht – und erklärte sich bereit, ein paar Tage auf Maggie aufzupassen.

Die Hochzeit war angemessen feierlich, und obwohl ich mich die meiste Zeit mit den anderen Gästen unterhielt und sogar zu einigen Tänzen überreden ließ, konnte ich einfach nicht aufhören, über Maggie nachzudenken – und darüber, wie müde ich war. In wenigen Tagen sollte Maggie in die Tierpension meiner Freundin Heather einziehen, wo sie sterilisiert, gechippt und geimpft werden würde und wo man ein tolles neues Zuhause für sie finden würde. Heather war sehr achtsam, und ich wusste, ich konnte mich darauf verlassen, dass sie Maggie nur zu Menschen geben würde, die sie liebten und gut zu ihr wären. Ich zweifelte nicht daran, dass Heather ein Heim für Maggie finden würde, wo sie glücklich werden und ein wundervolles Leben führen konnte.

Mit gesenktem Kopf rannte ich beschämt aufs Klo. Ich war froh, dass Musik, Gelächter und das Geräusch klirrender Gläser mein Schluchzen in der Kabine übertönten. Mir wurde bewusst, dass ich gar nicht wollte, dass Maggie von jemand anderem geliebt wurde. Sie hatte doch schon jemanden, der sie liebte. Mich. Ich liebte sie.

Ich tupfte meine Augen mit kaltem Wasser ab und wartete, bis die Röte abgeklungen war. Zurück bei der Festgesellschaft brauchte ich mir keine Ausrede auszudenken, um mich früh in unser Chalet zurückzuziehen. Die altbekannte, überwältigende Erschöpfung hatte mich im Griff. Dazu kamen die beinahe unerträglichen Schmerzen, die sich nach dem Essen immer bei mir einstellten und mich jeglicher Energie und Begeisterung beraubten.

In dem Chalet, in ausreichender Entfernung von der Festgesellschaft unter Bäumen gelegen, war es herrlich leise, dunkel und ruhig. Halb angezogen lag ich mit ungeputzten Zähnen und ungewaschenem Gesicht im Bett und weinte. Ich hatte kaum noch genug Kraft, um die Augen offen zu halten, aber meine Gedanken liefen wie üblich auf Hochtouren. Eine Stunde später hatte ich genug darüber nachgedacht. Ich atmete tief ein und lange aus. Ich hatte eine Entscheidung getroffen. Ich liebte Maggie, und sie und ich würden zusammenbleiben. Lächelnd und aufgeregt rief ich Dad an.

»Sie tapst durchs ganze Haus und sucht nach dir«, erzählte er mir.

Ich lächelte.

»Heute bin ich im Wald mit ihr Gassi gegangen. Ich hab versucht, sie mit über den Fluss zu nehmen, aber sie wusste nicht, was Wasser ist.«

»Ich geb sie nicht mehr her, Dad. Sie bleibt bei mir.«

Leicht würde es nicht werden, aber meine Entscheidung stand fest. Ich drehte mich zum Einschlafen um und dachte über die aufregende neue Zukunft nach, die sich da gerade vor mir auftat.

»Ich möchte Maggie behalten, Chris.« Es war der Morgen nach der Hochzeit, und ich versuchte, so leise wie nur möglich zu sprechen, weil sich die anderen im Chalet untergebrachten Gäste gerade fürs Frühstück fertig machten.

»Du weißt aber doch, dass wir in der Wohnung keine Haustiere halten dürfen. Du kannst sie nicht behalten.«

»Hör mir bitte einfach zu. In acht Wochen läuft unser Mietvertrag aus. Ich suche uns eine neue Wohnung, eine, in der Hunde erlaubt sind. Ich weiß, dass du die Wohnung magst, ich mag sie ja auch, aber ich werde mir Häuser in der Nähe von meiner Arbeit anschauen, damit ich über Mittag nach ihr sehen kann. Ich habe Heather schon angerufen und ausgemacht, dass sie bei ihr bleiben kann, bis ich etwas gefunden habe. Sie bleibt bei uns, Chris. Ich kann nicht … Ich will nicht mehr ohne sie sein.«

Er schloss die Augen und seufzte, und mein Herz verkrampfte sich.

Die ersten Januarwochen verbrachte ich mit der Wohnungssuche. Alle paar Tage rief ich Heather an, und wir brachten einander auf den neuesten Stand.

»Sie tobt gerne mit den anderen Hunden. Sie ist so ein feines Mädchen, sie kommt mit allen gut aus.« Heather schloss Mags zunehmend ins Herz.

»Ja, nicht wahr? Also, pass auf. Ich habe ein Haus für uns gefunden! Am 19. Februar bekommen wir den Schlüssel. Wär's okay, wenn Dad sie bei dir abholt, wenn er kommt, um uns beim Umzug zu helfen?«

Unser neues Heim war eine Doppelhaushälfte in einer Stadtrandsiedlung von York in der Nähe meiner Arbeit, also würde ich in der Mittagspause nach Hause und mit Maggie vor die Tür gehen können.

Am Tag, bevor Maggie eintreffen sollte, las ich bei Facebook ein Posting über einen blinden Husky namens Jack, der am nächsten Tag getötet werden sollte, weil seine Leute ungeplanten Nachwuchs erwarteten. *Armer Kerl … Ach, na ja, zwei Hunde machen auch nicht mehr Arbeit als einer.*

Jack traf eine Stunde vor Maggie ein. Nachdem er es geschafft hatte, sich im Badezimmer einzuschließen, die Badewanne zu zerstören, ein Loch in die Tür zu schlagen und den Siphon durchzunagen, begriff ich, dass es mit zwei Hunden nicht *ganz* das Gleiche war wie mit einem, wenn der zweite ein halbverrückter, jaulender, sich um sich selbst drehender blinder Husky war, der Toiletten fraß. Ich hatte von vornherein beabsichtigt, ihm ein neues Zuhause zu suchen, aber komischerweise standen die Leute nicht gerade Schlange. Jack und ich hatten ein sehr angespanntes Verhältnis. Er hasste Niesen, und er brachte mich zum Niesen. Betrat ich ein Zimmer, verschwand er daraus. Er schlief den ganzen Tag auf meinem Bett und ging dann nach unten, damit er mir nicht die ganze Nacht beim Niesen zuhören musste. Aber wir kämpften uns durch, und obwohl es eine ganze Zeit dauerte, fand Jack schließlich zu Matt. Matt hatte bereits ein paar Huskys und war außerdem jeden Tag in den Wäldern von Cumberland unterwegs. Jack würde ihn begleiten können. Es war Liebe auf den ersten Blick, und in weniger als einer halben Stunde lag der undankbare kleine Scheißer schlafend auf Matts Schoß.

Mags und ich machten da weiter, wo wir aufgehört hatten. Wir freuten uns sehr, wieder zusammen zu sein. Ich war müde und hatte Schmerzen, und wenn ich von der Arbeit nach Hause kam, war ich in der Regel ziemlich fertig. Deshalb verbrachten wir die Abende damit, gemeinsam unter einer Decke auf der Couch zu liegen, während Chris fernsah. Unter der Woche gingen wir um den kleinen Teich in unserer Wohnsiedlung spazieren, und am Wochenende verbrachten wir ganze Nachmittage im Landschaftspark in der Nähe. Alle paar Wochen besuchten wir Mum und Dad in Kilmarnock. Auch dort gehörte Maggie inzwischen fest zum Inventar. Aber am glücklichsten waren wir, wenn wir gemeinsam zu Hause herumhängen konnten.

»Na komm, Mags«, sagte ich und wühlte mich unter der Sofadecke hervor. »Zeit fürs Abendpipi.«

So spät war es noch gar nicht, aber ich konnte nicht mehr und musste ins Bett.

»Maggie … Komm schon, hoch mit dir!«

Nichts.

»Maggie! Ich weiß, dass du nicht schläfst, ich seh doch, dass du ein Auge aufhast. Auf geht's, runter vom Sofa!«

Nichts.

»Findest du das vielleicht witzig, Maggie?«

Klopf. Ein unwillkürliches Wedeln.

»Erwischt! Wusst ich doch, dass du nur so tust, als ob. Raus jetzt, pieseln.«

Sie seufzte, reckte sich und ging schwanzwedelnd zur Hintertür, voller Vorfreude auf die letzte Schnüffelrunde des Tages, ein Stück Toast und ihr Bett.

Kapitel 2

Zukünfte

Startklar hopste Maggie zum Auto. »Wo wollen wir hin, Mags? Loch Morlich? Oder unsere Rothie-Runde? Nein, Loch Morlich. Heute könnte es sogar schön genug für eine kleine Planscherei sein.« Beim Schließen der Heckklappe durchfuhren mich unterschiedliche Arten von Schmerzwellen. Weil ich das schon kannte, zwang ich mich zur Ruhe, während ich um das Auto herum hinkte und mich auf den Fahrersitz sinken ließ. »Heute wird's ein bisschen harzig, Mags.«

Chris' Arbeit im Hotelfach hatte uns einen neuerlichen Umzug beschert. Unser Zuhause war inzwischen ein gemieteter Bungalow gleich außerhalb von Aviemore im hohen Norden Schottlands. Ich war dankbar dafür, wieder in Schottland zu sein, und ganz besonders für diesen Ort. Er lag auch nicht weiter entfernt von meiner Familie und meinen Freunden als York, aber weil wir in meiner Kindheit in dieser Gegend Urlaub im Wohnwagen gemacht hatten, war sie mir vertraut, und ich fühlte mich willkommen. Als Kleinkind hatte ich ganze Sommer damit verbracht, mit Dad und Trouvee die Hügel zu erkunden, Mums Taschen mit Kiefernzapfen zu füllen und Märchen zu erzählen. Stundenlang konnte ich mich mit dem Bächlein beschäftigen, das an dem Campingplatz vorbeifloss und mit seinen unerschöpflichen Möglichkeiten die unerschöpfliche Vorstellungskraft eines einsamen, schlaflosen Kleinkinds stillte.

Wir bogen in die Skistraße Richtung Berge ein. Im Rückspiegel warf ich einen Blick auf Mags, deren Zunge heraushing und deren Ohren wippten, und wünschte mir, sie könnte mir etwas von ihrem Enthusiasmus und ihrer Kraft abgeben. Ein Straßenschild warnte vor Waldbrandgefahr. *Ja, klar, Waldbrandgefahr. Schon seit Wochen regnet es ... Überschwemmungsgefahr trifft's besser, vorher schwimmt wahrscheinlich das Schild weg ...*

Entlang der Straße hielten die vertrauten Landmarken die Stellung – eine Ausweichbucht zur Rechten, das knorrige Skelett eines schon lange abgestorbenen Baums zur Linken. Die Skistraße bringt Winter- und Sommertouristen von Aviemore zu den Wegen und Hängen des Cairngorm Mountain, durchschneidet einige Häuseransammlungen und einen Kiefernwald und setzt hier und da unterwegs Menschen an Lochs und Campingplätzen ab. Sie steigt und windet sich den Berg hinauf und bietet jenseits der Baumgrenze beeindruckende Aussichten auf die Hügel in der Ferne, auf tiefe Lochs und Spielzeugautos, die über die Straßen des faszinierenden, unvergesslichen Nationalparks dort unten kriechen.

Bei der nächsten Kehre kamen wir an einem völlig verbogenen Straßenschild vorbei – ein metallenes Durcheinander, das sich an einem Baum abstützte und dauerhaft daran erinnerte, dass hier jemand einen wirklich schlechten Tag gehabt hatte. Die Straßen um Aviemore sind idyllisch, aber auch berüchtigt. Geschwindigkeit, harte Winter, kurze Konzentrationsaussetzer, tragische Begegnungen zwischen Auto und Wild oder ganz einfach übles Pech in einer scharfen Kurve sind die Hauptfaktoren vieler schlimmer, manchmal so richtig schlimmer Unfälle. Ein dunkler Gedanke schoss mir durch den Kopf. *Wie es wohl wäre, einfach die Kontrolle zu verlieren ...?*

Als hätte eine unsichtbare Hand meine Eingeweide gepackt, wurde ich plötzlich von Krämpfen heimgesucht. Unwillkürlich krümmte sich mein Körper zusammen. Ich biss die Zähne zusammen und zwang mich, gleichmäßig zu atmen und auf die Straße vor mir zu achten. Der Krampf ließ nach, kurze Pause, und nun machte sich Übelkeit breit. Sekunden später baute sich über meiner rechten Hüfte wie in einem anschwellenden Crescendo ein Krampf auf. Stöhnend umklammerte ich das Lenkrad. *Bitte mach, dass es weggeht, nur eine Weile ...*

Dauerschmerz und lähmende Erschöpfung machten inzwischen jeden Moment zu einer Prüfung in Sachen Stehvermögen. Ein nicht enden wollender Kreislauf, bei dem ich über die Ziellinie des einen Marathons wankte, um anschließend sofort über die Startlinie des nächsten zu stolpern. In meinem Verstand hatte sich trostlose Taubheit breitgemacht, die allem, was sie berührte, das Leben raubte. Es fühlte sich an, als würde ich mich im Dunkeln an etwas Steilem, Glitschigem festklammern, vor dem ich mich zwar gruselte, doch ich fürchtete mich auch vor dem Abgrund, in den ich stürzen würden, falls ich losließ.

Ich sah noch einmal nach hinten zu Maggie, die erwartungsvoll unserem Spaziergang entgegenfieberte. Vor uns erhob sich meine alte Freundin, die Kiefer mit dem besonders dicken Stamm, verlässlich solide und unbeweglich. Die Straße machte einen Bogen, wich ihr aus und bestand darauf, dass auch ich das täte. *Aber was, wenn ich nicht drum herum fahren möchte? Was dann?*

Voller Vorfreude bewegte sich Maggie im Kofferraum. Eine weitere Schmerzwelle durchfuhr mich. Matt schaute ich in den Rückspiegel. Dort sah ich Maggies aufgeregtes Gesicht, sie war ganz heiß auf ihre Schwimmrunde. Ich konnte mir kaum vorstellen, wie ich es bis zum Parkplatz schaffen sollte, geschweige denn, um den Loch herum. »Freust dich schon, was, Mags?

Nicht mehr lange. Wir sind schon fast da …« Ich holte tief Luft und folgte brav dem Straßenverlauf um den Baum herum, weiter auf den Loch zu.

In unserem neuen Zuhause inmitten von Bergen, Lochs, Kiefernwäldern und der entlegenen, verlassenen Schönheit des Cairngorms-Nationalparks stand Maggie und mir eine verschwenderische Auswahl an Spazierwegen zur Verfügung: Waldwege, Schnüffelwege, Wege, an denen man planschen konnte, sandige Strandwege. In der Nebensaison sahen wir an den meisten Tagen niemanden, nur wir beide waren da und in alle Richtungen meilenweit nadelübersäte Pfade und Bäume. An guten Tagen, wenn Körper und Seele es mir erlaubten, liebte ich unsere Spaziergänge. Dann schaute ich Mags beim Planschen zu und ließ meine Gedanken ziehen, während ich Steine und Stöcke ins türkisfarbene flache Wasser des *An Lochan Uaine*, des Grünen Lochs, warf und lachend darüber den Kopf schüttelte, dass sie versuchte, an ein Stöckchen heranzukommen, das gerade … so … außerhalb … ihrer Reichweite war und sich mit den Krallen am sandigen Ufer festklammerte. »Trockenschütteln bringt nicht viel, solange du *im* Wasser bist, Mags!«

Wenn es im Sommer auf Stränden und Wegen vor Familien nur so wimmelte, trabte sie selbstbewusst neben mir her, wedelte mit dem Schwanz und schlenderte ganz entspannt zu jedem hin, der in ihre Richtung schaute, um sich erst einmal vorzustellen. Für ihr Leben gerne lernte sie neue Hunde kennen, und oft trafen wir einen, der ebenso bekloppt war wie sie selbst. Dann rannten die beiden eine Weile mit ihren Lieblingsstöckchen im Kreis und zeigten einander die besten Schnüffelstellen. In Mags Augen war jeder ein Freund. Sie stupste Fremde mit der Schnauze an, sah zu ihnen mit ihren sanften Augen auf und genoss die Aufmerksamkeit. Mehr als einmal folgte sie oben am Loch Morlich ihrer Nase zu einem Familienpicknick. Weil ich zu spät begriff, was vor sich ging, kam ich außer Atem nach ihr dort an und entschuldigte mich, während sie fröhlich eine Bestandsaufnahme des Angebots vornahm. Irgendwie schaffte sie es fast immer, auch noch mit einer Belohnung für ihre Dreistigkeit davonzukommen.

In der tröstlichen Waldeinsamkeit sprach ich mit ihr und mit mir selbst. An manchen Tagen gaben mir meine Gedanken Auftrieb und spornten mich an, an anderen erschlugen sie mich förmlich. Manchmal weinte ich, manchmal quatschte ich am Telefon mit Mum, und dann gab es Tage, an denen jeder Lebenszweck zu einer vagen Erinnerung verkommen war und ich nur einen Fuß vor den anderen setzte und mich kaum darum scherte, wohin mich meine Schritte führten. An Tagen mit etwas mehr Elan gingen wir weitere Strecken, am Rothie-Campingplatz vorbei hinauf zu Lairig Ghru, einem Bergpass, und Chalamaine Gap, einer Schlucht mit einem Felsenmeer, wo Dad und ich immer gewandert waren. Es gab nichts Aufregenderes, als einen Weg über Felsbrocken von der Größe eines Kleinwagens zu finden, denn nur einen Ausrutscher entfernt taten sich knochenbrecherische Felsspalten auf. An den besten Tagen stiegen Mags und ich den Weg hinauf, bis er hinter den Kiefern hervorkam, setzten uns auf unseren Stein am Wegesrand und blickten über die Bäume auf die Berge und Felsen, die ich mit Dad erkundet hatte. An anderen Tagen, an solchen wie heute, machten Erschöpfung und Schmerzen schon einen kurzen Gang um den Loch zu einer qualvollen Willensanstrengung oder fesselten mich gegen meinen laut protestierenden Verstand ans Bett, und wir gingen gar nicht spazieren.

Aus den Beschwerden, die mich anfangs dazu gebracht hatten, mich bei Hochzeitsfeiern etwas früher zurückzuziehen, wurde ein Zustand, der mich dazu zwang, meinen sehr verständnisvollen Chef im Lagerhaus in York anzurufen, um mich dafür zu entschuldigen, dass ich einmal mehr später kommen würde, weil ich darauf warten musste, dass die Handvoll Schmerzmittel, die ich zum Frühstück nahm, endlich so weit wirkten, dass ich überhaupt aufstehen konnte. Das Essen war eine qualvolle Notwendigkeit, und häufig führten Blockaden dazu, dass meine Eingeweide sich verkrampften und schließlich den Dienst versagten und ich mich stundenlang vor Schmerzen auf dem Badezimmerboden wand. Wenn ich von der Arbeit nach Hause kam, schaffte ich es an den meisten Tagen gerade noch so, die Tür hinter mir zu schließen, ehe ich neben Maggie, die dringend rausmusste und hungrig war und trotzdem treu an meiner Seite blieb, ohnmächtig vor Erschöpfung im Flur zusammenbrach.

Nachdem ich jahrelang so getan hatte, als wäre da nichts, und nachdem ich monatelang Untersuchungen über mich hatte ergehen lassen, bei denen ich meine Würde mit meiner Jacke an der Garderobe abgab, war die Ursache für die Schmerzen endlich als verbreiteter mittelschwerer bis schwerer Morbus Crohn diagnostiziert worden, also eine Autoimmunerkrankung des Verdauungstrakts. Mein Körper griff sich selbst an, was überall in meinen Eingeweiden zu Entzündungen, Narbenbildung und Geschwüren führte. Gleichzeitig wurde noch eine zweite Autoimmunerkrankung bei mir diagnostiziert, eine Arthritis, was die gnadenlosen Schmerzen in meinen Muskeln, Gelenken, Sehnen und Organen erklärte ... Alles war zum Abschuss freigegeben. Entzündungen griffen die Nerven in meinem Rücken an, was beim Stehen, Sitzen und Bewegungen aller Art Schmerzen wie Blitze durch meine Beine zucken ließ, und in der Haut meiner Fußsohlen kribbelte ein unerträglicher Juckreiz, der meine Geduld weit über die Grenzen hinaus strapazierte. In einem Winter stellte ich mich eine Stunde lang barfuß in den Schnee, sah meinen Füßen beim Blauwerden zu und genoss die Taubheit.

Trotz unseres Umzugs nach Aviemore ging unser Leben samt unseren Routinen weiter wie zuvor. Abends saß Chris in seinem Fernsehsessel und schaute irgendwelche Serien, während Maggie und ich unter unserer Decke auf der Couch lagen. Maggie hielt meine Füße warm, ich deckte sie fest zu, um ihren Rücken gegen die Zugluft zu schützen, und wir schliefen beide selig.

»Du hast doch gesagt, du würdest das mit mir anschauen ...« Immer öfter musste Chris mit meiner andauernden Müdigkeit und meinem Mangel an Energie fertigwerden.

Ich bewegte mich und setzte den langen, schmerzhaften Prozess des Aufstehens in Gang. »Entschuldigung. Ich versuch, wach zu bleiben. Möchtest du was aus der Küche?«

Ich hatte das Gefühl, als würde meine Krankheit einen Keil zwischen uns treiben, weil wir uns immer mehr auseinanderlebten und uns in unsere jeweils eigene Welt zurückzogen.

Als wir im Dezember 2010 von York nach Aviemore zogen, kamen wir in der Nebensaison an. Auf Chris wartete die Arbeit bereits, doch für mich erwies sich die Stellensuche als aussichtslos. Ich wusste nicht recht weiter und hing in der Luft und war daher sehr glücklich, als eine E-Mail von meiner Freundin Pam von der Edgar's Mission in Melbourne eintraf, deren Timing nicht besser hätte sein können. Pam brauchte dringend Hilfe für einige Monate, und ich brauchte Edgar's Mission nicht weniger dringend. Also zog Maggie im Februar für verlängerte Ferien bei Oma und Opa ein. Ich ließ den schottischen Winter hinter mir und verbrachte drei Monate im australischen Sommer mit der Pflege der geretteten Nutztiere, die Edgar's Mission ihr Zuhause nannten. Ich übernahm wieder lauter Aufgaben, an die ich mich noch von meinem vorigen Aufenthalt erinnerte und die ich nach wie vor liebte. Im März und im April war ich gemeinsam mit Pam Ziehmutter von vier neugeborenen, verwaisten Zicklein – Magpie, Sooty, Richmond und Frankie –, die auf dem Boden des Schlachthauses das Licht der Welt erblickt hatten, während ihre Mütter in der Schlange auf ihre Schlachtung warteten. Ich versuchte, nicht allzu viel darüber nachzudenken, denn wenn ich einmal damit anfing, setzten sich solche Gedanken bei mir fest und ließen mich nicht mehr los. Stattdessen konzentrierte ich mich darauf, ein Klettergerüst für Ziegen und ein zu jeder Tages- und Nachtzeit bereitstehender vollautomatischer Milchspender zu sein. Die verwaisten Zicklein waren entzückend und platzten fast vor Lebensfreude, und ich vergötterte sie.

Ich brauchte zwar immer ein Klo in der Nähe und war an manchen Tagen auf starke Schmerzmittel angewiesen, um auf ein erträgliches Maß zu kommen, doch in Edgar's Mission fand ich eine Energie wieder, von der ich gar nicht wusste, dass ich sie noch besaß. Jeden Morgen stand ich bei Sonnenaufgang auf und freute mich auf die Überraschungen, die der neue Tag bereithalten würde. Tagsüber merkte ich kaum, wie die Zeit verging. In der ersten Morgensonne trat ich aus meinem alten, maroden Wohnwagen heraus und stolperte achtzehn Stunden später wieder hinein, kaum noch in der Lage, die Augen offen zu halten. Sofort schlief ich ein, vor Erschöpfung tief und fest – aber es war eine erfüllende, gute Erschöpfung.

Maggie vermisste ich sehr. Aber einmal in der Woche rief ich Mum und Dad an und ließ mir von ihren Abenteuern berichten, und ich bekam auch häufig SMS von ihr, in denen sie mir erzählte, was sie auf ihren Spaziergängen erlebt hatte. Mittwochabends veranstalteten Pam und ich Filmabende in der Küche. Auf jedem Stuhl schlummerte eine Katze, und wir beide saßen auf dem Fußboden. Normalerweise hielt ich gerade mal bis zum Ende des Vorspanns durch, ehe ich langsam einnickte. Dann lachte Pam und deckte mich zu. Es war harte, anstrengende Arbeit, aber es war auch das reinste Glück.

Viel zu schnell ging der Mai zu Ende. Weder Chris noch die Fluggesellschaft wollten Ausreden für eine weitere Verschiebung des Rückflugs akzeptieren. Als Pam mich am Bahnhof in Melbourne ablieferte, war keine Rede davon, was mein Rückflug bedeutete. Im Halteverbot beschränkten wir unseren Abschied pragmatisch auf das Nötigste. Wir umarmten uns, und ich hievte meinen Rucksack auf den Rücken. Ich wollte nicht weg. Ich liebte Pam und Edgar's Mission und alle, die dort lebten.

»Okay, sag mal, Lex. Willst du fest bei Edgar's Mission arbeiten? Ich helfe dir bei der Beantragung der Staatsbürgerschaft und so.«

Perplex starrte ich sie an.

»Denk mal drüber nach. Jetzt muss ich aber los. Hab dich lieb! Pass auf dich auf! Ich werde dich sehr vermissen, Lex.«

Pam war immer beschäftigt. Ihr Leben bestand aus einer niemals endenden To-do-Liste; eine schwierige Entscheidung nach der anderen musste getroffen, ein Erfolg nach dem anderen gefeiert werden, jeder Tag war herausfordernd und anstrengend und Schlaf häufig ein optionaler Bonus. Sie gab immer alles und wenn nötig sogar noch mehr als das. Dieses Leben hatte ich kennengelernt und mitgelebt und wollte es auch für mich. Doch sosehr ich Pam und Edgar's Mission liebte – wollte ich wirklich den Weg eines anderen Menschen gehen? Wozu war ich in der Lage? Und nicht zuletzt: Auch wenn mein Herz und meine Seele in Edgar's Mission waren, Maggie war es nicht.

Nach meiner Ankunft im Frühsommer war es leicht, ein paar Teilzeitjobs an Land zu ziehen. Abends arbeitete ich im örtlichen Supermarkt an der Kasse und von morgens bis zum frühen Nachmittag an der Rezeption eines Thai-Spa. Die kleine Waldhütte, in dem das Spa untergebracht war, war ein friedlicher Ort, und ich genoss es, dort alleine zu sein, während die Besitzer reisten oder die Familie besuchten. Es war das reinste Labsal im Vergleich zum lärmenden Durcheinander im Supermarkt, das für mein benebeltes Gehirn oft eine verwirrende und überwältigende Herausforderung darstellte. Das Häuschen war außerdem klein, sodass ich mich an meinen schlimmsten Tagen immer irgendwo festhalten konnte, wenn ich mich vom Tresen zum Behandlungszimmer und wieder zurück schleppte. Nachmittags reichten ein paar Stunden zwischen den beiden Jobs, um die Hausarbeit zu erledigen und mit Mags spazieren zu gehen. Manchmal kam ich sogar dazu, mich für ein halbes Stündchen aufs Bett zu legen und weinend an die Decke zu starren, bevor ich mich wieder aufs Rad schwang und zu meiner Schicht im Supermarkt aufbrach.

Es war ein lauer Abend im Spätsommer, ich hatte meine Schicht im Supermarkt beendet und mein letztes bisschen Kraft dafür verwendet, die Skistraße hinauf nach Hause zu radeln. Unter Schmerzen schloss ich erschöpft mein Fahrrad an der Veranda an, schloss die Tür hinter mir und brach auf dem Fußboden zusammen. Die Fußmatte, auf der »Willkommen« stand, war ironischerweise ziemlich abweisend. Die feuchte, dreckige Jute kratzte mir über die Wange, und die Kälte der Holzdielen drang durch meine billige Nylonuniform. Maggie hatte mich gehört und treu und besorgt ihren Platz neben mir eingenommen.

Die Saison näherte sich ihrem Ende, und ich hatte nur noch ein paar Schichten vor mir, aber ich war völlig leer. Hoffnung und

Freude waren entfernte Erinnerungen, die unter Schmerz, Erschöpfung und Frustration begraben lagen. Bewegungslos starrte ich die Wand an. Ich hatte das alles so satt – die Müdigkeit, die Einsamkeit, die Düsterkeit, meine angeschlagene Ehe, die niemals endenden Schmerzen durch meine Erkrankung. Ich konnte mich nicht mehr daran erinnern, ob es jemals Farbe auf der Welt gegeben hatte, aber selbst wenn: Es fühlte sich an, als würde es niemals mehr so sein. Die Zukunft würde immer so aussehen wie der heutige Tag: ein unermessliches, trostloses, sinnloses Nichts.

Wie ich an das Messer gekommen war, weiß ich nicht mehr, aber ich musste es aus der Küchenschublade geholt haben. Ich hatte Aussetzer, mal funktionierte mein Verstand, mal nicht, manchmal bewegten sich meine Gedanken in die eine Richtung, dann wieder in eine ganz andere, manchmal überschlugen sie sich so sehr, dass ich kaum an einem einzelnen festhalten konnte, und machten dann eine Vollbremsung und blieben in einem unendlichen, leeren, schweren Nichts hängen. Ich musste raus, konnte aber nirgendwo hin. Ich griff nach Maggies Pfote. In meiner anderen Hand lag schlaff das Messer.

Nicht einmal das bringst du fertig ...

Als ich Maggie in die Augen sah, stieg mir die Schamesröte ins Gesicht. Ich fühlte mich wie der letzte Feigling. Ich hatte sie aufgenommen, aber wenn ich das jetzt durchzog, würde ich sie im Stich lassen.

Nur ein bisschen fester ... Einfach rein damit ... drei ... zwei ... eins ...

Ich hatte jeglichen Halt verloren. Ab jetzt konnte es nur noch in eine Richtung weitergehen. Mir kam es vor, als würden meine Schmerzen und mein Leiden nie mehr aufhören, es sei denn, ich setzte dem Ganzen selbst ein Ende. Ich war so in meiner Dunkelheit verloren, dass mich erst Maggies warme Zunge in meinem Gesicht aufschrecken ließ. Sie machte sich Sorgen. Ich sah sie an und spürte, wie verwirrt und fürsorglich sie war. Ich wusste, dass ich sie mehr liebte, als ich mir je hätte vorstellen können, überhaupt jemanden zu lieben, und ich wusste, dass sie diese Liebe erwiderte, und wünschte mir, ich würde diese Liebe in mir tatsächlich auch fühlen können. Maggie stupste mich am Ellbogen mit der Schnauze an. Tränen brannten mir in den Augen, als ich schamerfüllt das Messer in die Hosentasche steckte. »Hast du Hunger, Süße? Na, dann komm, dann holen wir dir mal deinen Toast.«

Einige Tage später ließ der Regen endlich nach und gab dem Sommer noch einmal eine Chance. Um das flüchtige gute Wetter voll auszukosten, ging ich mit ein paar Leuten vom Supermarkt nach der Arbeit auf ein paar Drinks ins Old Bridge Inn im Ort. Verloren im Gelächter und den Getränken und dem Sommerabend beschloss ich, mein Handy zu ignorieren, als ich es in meiner Tasche klingeln hörte. Ich wusste, dass es Chris sein würde. Nachdem man uns zur Sperrstunde hinausgeworfen hatte, landeten wir bei ein paar Picknicktischen auf der anderen Straßenseite und tranken uns durch eine ganze Batterie Pints. Es muss gegen zwei Uhr morgens gewesen sein, als ich endlich aufs Fahrrad stieg und einigermaßen wackelig nach Hause gurkte. Als ich ins Bett kroch, gab ich mir Mühe, Chris nicht zu wecken. Ich fühlte mich schuldig, weil ich nicht ans Telefon gegangen war, und wusste, dass er sich Sorgen gemacht hatte und sich über mich ärgern würde, aber inzwischen hatten wir uns so weit auseinandergelebt, dass ich ihn womöglich sogar provozieren wollte. Zu meiner Erleichterung verließ er das Haus am nächsten Morgen, ehe ich aufwachte.

Als ich an jenem Morgen hörte, wie sich die Tür zum Spa öffnete, kam ich aus dem Hinterzimmer zum Tresen. Im Empfangsbereich stand Chris. Mein Herz machte einen Satz.

»Wo warst du letzte Nacht?«

»Ich war mit den Leuten von der Arbeit unterwegs. Hab ich dir doch geschrieben. Sie haben mich gefragt, ob ich nach Feierabend noch mit in den Pub gehe. So spät war ich gar nicht zu Hause.«

Ich wusste, dass ich spät zu Hause gewesen war, und ich wusste, dass ich nicht zu der Zeit heimgekommen war, die ich ihm gesagt hatte. Ich hatte auf der Bank vor dem Pub getrunken und gelacht und mein Handy in die Tasche gesteckt und die Anrufe meines Mannes ignoriert. In jenem Moment– und jetzt – wusste ich um die Folgen meiner Entscheidungen. Adrenalin durchflutete mich, und meine Eingeweide machten sich bemerkbar. Jahrelanger Verfall und dämmernde Erkenntnis waren diesem Moment vorangegangen.

»Ich hab draußen nach dir gesucht! Du bist nicht ans Telefon gegangen. Als du nach Hause gekommen bist, bist du nicht einmal ins Bett gekommen.«

»Ich hab noch bei Facebook reingeschaut …«

»Alexis. Willst du diese Ehe noch oder nicht?«

Ich senkte meinen Blick auf seine Füße und holte tief Luft.

»Nein … Ich will … Ich kann nicht … Chris, du wusstest doch, dass es so kommen würde … Es ist wirklich schlimm geworden … Ich kann nicht mehr. Da ist nichts mehr.«

Schuld, Scham, Erleichterung.

Schweigend sah mich Chris eine Weile an. »Du machst einen großen Fehler«, erklärte er mir, drehte sich um und ging durch die Tür.

Ich verließ Chris, nahm Maggie und ein paar Habseligkeiten mit und war obdachlos, weil das Haus an Chris' Arbeitsstelle gekoppelt war. Mum und Dad boten an, Wintergarten und Esszimmer zu einem Schlafzimmer und Wohnzimmer für Mags und mich umzubauen, sodass wir bei ihnen wohnen und sie sich um mich kümmern könnten, wenn ich gesundheitlich weiter abbaute. Ich wusste die Güte und die Unterstützung meiner Leute sehr zu schätzen, aber sie verstanden auch, dass mich der Gedanke, mich dermaßen abhängig zu machen, in die Flucht schlug.

Um alles etwas einfacher zu gestalten, zog Maggie wieder einmal für einen verlängerten Ferienaufenthalt bei ihnen ein. Mir schenkten sie meine Unabhängigkeit in Gestalt eines leuchtend grünen, dreitürigen, elf Jahre alten SUV, eines Toyota Rav 4. Der war alt und nicht das Gelbe vom Ei, was Autos angeht, aber ich liebte ihn. Und so zog ich mit einem Schlafsack, ein paar Wechselklamotten, einem Buch und einigen Tragetaschen voller Dinge aus dem Leben, das ich gerade hinter mir gelassen hatte, in den Rav ein.

Während der nächsten Wochen wohnte ich in einem Hostel in Aviemore, schlief manchmal im Auto oder bei Freunden auf der Couch, legte mir neue Bekannte zu und trank so oft es ging so viel ich konnte. Angeheitert torkelte ich von einer Runde draußen vor dem Inn, die auch schon mal bis vier Uhr morgens dauern konnte, zur Arbeit, zu furchtbarem Scheidungskram, zur Arbeit und dann zur nächsten Saufrunde. Wenn das Hostel ausgebucht war und ich nirgendwo anders hinkonnte, feierten meine neuen Freunde und ich auf dem Parkplatz gegenüber Partys im Rav, und meine beste Freundin Karen kam für ein paar Tage her, um nach dem Rechten zu sehen. Unsere Freundschaft hatte sich über fünfzehn Jahre entwickelt und war gereift, und so wusste sie, was zu tun war. Sie machte meinen Quatsch mit, brachte mich zum Lachen wie kein Mensch sonst und trank ungefähr ebenso viel wie ich. Das war zwar genau das, was ich emotional brauchte, aber so mit einem Körper umzugehen, der sich sowieso schon gegen allerhand Attacken zur Wehr setzen musste, war schlicht und ergreifend ziemlich dämlich.

Ich vermisste Maggie, bekam aber urkomische SMS von ihr, in denen sie mir schrieb, was sie auf ihren Spaziergängen erlebt hatte.

Hallo, Lexis, heut war ich mit Oma Gassi am See. Im Wasser habbich mit eim großen Stock gespielt u dann hab ich mein Kopf geschüttelt u Oma ist ganz nass worden. Kussi! Maggie

Wenn ich mich dazu in der Lage fühlte, fuhr ich alle paar Wochen Richtung Süden, und Mum, Dad und Maggie fuhren Richtung Norden, und dann trafen wir uns in der Mitte, in Pitlochry. Dort picknickten wir am Auto, streunten durch das Herbstlaub, und ich quetschte die Knuddeleinheiten von zwei Wochen in zwei Stunden und versprach Maggie, dass wir bald wieder zusammen sein würden.

Es wurde dunkler und die Tage kürzer, und dass ich so sehr auf Reserve lebte, laugte mich langsam aus. Trotzdem spürte ich, wie die gute Stimmung, die Energie und der Enthusiasmus, die ich in Australien gefunden hatte, langsam zurückkehrten, und ich fühlte mich dazu bereit, mich wieder niederzulassen und mir mein Leben wieder aufzubauen. Dad hatte gerade eine ziemlich saftige Erbschaft von seinem Onkel William bekommen, den wir Wull nannten. Einen großen Teil meiner Kindheit hatte ich auf seiner Schaffarm zugebracht, mir auf seinem Schoß sitzend eingebildet, ich würde den Traktor wirklich selbst fahren, und dabei geholfen, den Lämmchen die Flasche zu geben. Hilfsbereit wie immer boten mir meine Eltern einen Teil des Geldes an, damit ich mir eine Wohnung in Aviemore kaufen konnte. Dankbar ergriff ich diese Chance auf Unabhängigkeit, auch wenn ich dadurch in finanzieller Hinsicht unwiderruflich und beschämend abhängig war.

Maggie und ich sammelten unsere wenigen Habseligkeiten zusammen und zogen am 11. November 2011 in unser neues Zuhause ein. Vielleicht kehrte die Farbe ja doch zurück, und vielleicht konnte ich uns ein Leben aufbauen. Vielleicht gab es eine Zukunft.

Kapitel 3

Zwölf Tage George

Als der Dezember so richtig Fahrt aufnahm, traf auch der erste Schnee des Winters ein. Er war ein bisschen später dran als sonst und schien nach Kräften darum bemüht, das Versäumte aufzuholen. Die ineffizienten Speicheröfen in unserer Wohnung liefen schon seit einigen Wochen auf Hochtouren, und auf den feuchten Fenstersimsen sammelte sich Kondenswasser. Aviemore liegt im Norden, im Landesinneren und relativ hoch. Der Winter dort ist aggressiv und hartnäckig – und überaus willkommen, weil das wirtschaftliche Überleben der Stadt im Winter davon abhängt, dass in den Bergen Schnee fällt und die Skitouristen auf die Piste gehen. Wer sich bei zehn Grad minus und Schnee bis über die Knie so richtig wohlfühlt, für den sah der Winter dieses Jahr so richtig gut aus.

Die letzten Winter waren besonders hart gewesen. 2010 war die Hauptader in die Highlands hinauf, die A 9, vom Schnee blockiert gewesen, der sich weit über die Kapazitäten der Schneepflüge auftürmte, die ihn wegräumen sollten. Die Skitouristen waren bei Temperaturen um die minus zwanzig Grad eingeschneit und freuten sich über eine ungeplante Urlaubsverlängerung. In der Stadt gingen Gerüchte um, dass Nahrungsmittelpakete per Helikopter abgeworfen werden sollten. Ich freute mich auf die dramatischen Winter in Aviemore.

Unsere Wohngegend – wir wohnten in einem niedrigen Mehrfamilienhaus am südlichen Ende der Hauptstraße – war ruhig und weit genug von den Läden und Restaurants entfernt. Über den Hügel, der sich um die Wohnungen herum erhob, zog sich Kiefernwald. Das schluckte viel Licht, und im Gebäude war es dadurch ein bisschen dunkel und feucht, aber Mags und ich liebten unser kleines Heim, und wir machten es uns in den Bahnen unserer neuen Routine gemütlich. In unserer ersten Zeit dort empfand ich vor allem Dankbarkeit. Ich war nur wenige Monate lang obdachlos gewesen, doch das hatte gereicht, um in mir die Sehnsucht zu wecken, einfach nur mit mir selbst alleine zu sein, und um es ein bisschen sattzuhaben, den kleinen grünen Rav als Kleiderschrank, Küche, Schrank, Bett und Nachtclub zu nutzen.

Ich konnte die Wohnung ganz nach meinem persönlichen Geschmack einrichten und fand heraus, dass ich nicht zueinander passende Zierkissen mochte und viel zu viele Überwürfe und Decken auf dem Sofa, Lichterketten, wo immer ich sie befestigen konnte, und ein Fensterbrett, das fast überquoll vor lauter Pflanzen aus dem Alles-muss-raus-Regal im Supermarkt. Für die Renovierung der für den Verkauf cremefarben gestrichenen Wände hatte ich weder Zeit noch Geld, aber ich füllte die Wohnung mit hübschen Sachen in Rottönen, Schwarz und hellen Grüntönen, und die kleinen Lichtpunkte der Lichterketten wärmten und umfingen uns, wenn wir nach der Kälte riechend von unseren Spaziergängen nach Hause kamen.

Als Chris und ich gerade nach Aviemore gezogen waren, hatte ich mich mit Mandi in Verbindung gesetzt, die das Tierheim für

Hunde hier am Ort leitete, und ihr meine Hilfe angeboten. Damals gab es nicht viel, was ich praktisch hätte tun können – ein Hund »reichte« –, aber wir blieben in Kontakt, und ich verfolgte die Nachrichten über Mandis Einrichtung auf Facebook. Als ich eines Morgens die Zeit vertrödelte, stach mir ein Posting ins Auge. Ich griff zum Telefon und rief sie sofort an. »Hi, Mandi! Du, dieser alte Labrador, über den du bei Facebook gepostet hast ... So ein Mist ...«

Von der Pflegekraft, die George gefunden hatte, wussten wir, dass George in einer Hundehütte gehalten worden war und dass sein älterer Besitzer unter anderem unter Demenz und anderen gravierenden gesundheitlichen Problemen litt. Der gesundheitliche Zustand des Mannes hatte sich zunehmend verschlechtert, und damit war er auch immer weniger in der Lage gewesen, sich um den inzwischen vierzehnjährigen Hund zu kümmern. Dieser hatte die letzten vier Jahre unter Schmerzen, alternd und alleine, ohne Bett und ohne jegliche Gesellschaft in einer offenen Hundehütte verbracht, sogar im Winter. Im Dreck liegend musste er dabei zusehen, wie das Leben um ihn ohne ihn weiterging. Und weil er zur Essenszeit häufig vergessen wurde, war er auch dauernd hungrig. Vielleicht konnte ich etwas tun.

»Ob er wohl bei uns wohnen könnte, Mandi? Meinst du, er würde sich mit Mags vertragen?«

»Doch, ja, ich glaube, er ist an andere Hunde gewöhnt. Aber bist du dir sicher? Ich glaube, seine Verfassung ist wirklich nicht die beste. Kann sein, dass er nicht mehr lange zu leben hat, aber ich wüsste nicht, wo er sonst hinsollte. Meine Pflegestellen sind alle besetzt.«

»Wir könnten es doch versuchen und schauen, ob er sich hier eingewöhnt. Ich halt's nicht aus, Mandi, ich halt den Gedanken an das, was er da durchgemacht hat, einfach nicht aus.«

»Na, dann sehen wir mal zu, dass dieser alte Herr ein Zuhause bekommt.« Und damit machte sich Mandi daran, die notwendigen Verabredungen zu treffen, um George zu holen.

Mit wachsender Panik saß ich auf der Armlehne des Sofas und versuchte zu verstehen, was ich da gerade angestellt hatte. George würde bei uns einziehen, ich würde mich in ihn verlieben, und er würde womöglich sterben. Vorauseilende Trauer breitete sich in meiner Brust aus.

Ich riss mich zusammen. Keine Zeit für so was. Auf dem Teppich zu meinen Füßen machte Maggie auf dem Rücken liegend ein Schläfchen. »Du, Mags, hör mal, Schätzchen. Wir bekommen Besuch.«

In der Sackgasse, in der Mandi wohnte, türmte sich der Schnee auf dem Bordstein, als ich nachmittags bei ihr auf den Parkplatz fuhr. Neben ihr stand mit gesenktem Kopf ein alter schwarzer Hund. Beim Aussteigen beobachtete ich, wie er begann, durch den Schnee zu trampeln. Sein Fell war dicht und gewellt. Um seine milchigen alten Augen und um die Schnauze herum hatte sich das Schwarz in Grau und Weiß verwandelt. Langsam und vorsichtig stakste er über den Parkplatz. Ein starker Wille trieb seinen steifen, in sich zusammengesunkenen Körper auf eine kleine Grasfläche zu, wo er sein Bein heben und seine Würde bewahren konnte. Er schnupperte an einem weggeworfenen Stück Verpackung im Schnee und machte sich dann auf den Rückweg zu Mandi. An ihrer Seite kam er ungelenk zum Stehen.

»Oje, Mandi.«

»Ja, es ist schlimm, Lexy. Richtig, richtig schlimm.«

Es begann wieder zu schneien.

Ich kauerte mich neben ihn. »Hallo, mein Lieber. Wie geht's, hm?« Auf wackligen Beinen unsicher schwankend untersuchte er bedächtig meine Hand und wandte mir dann den Kopf zu, um dem Geruch ein Gesicht zuzuordnen. Ich strich ihm den

Schnee vom Mantel und spürte Schultern, die weit weniger gepolstert waren, als sie hätten sein sollen. Sein Fell war voller Staub und Schmutz, und wo er auf der Erde gelegen hatte, war es schwieliger Haut gewichen. »Oh, Schatz …« Ich nahm sein Gesicht in meine Hände und blinzelte die Tränen weg, während ich ihn auf den Kopf küsste. Dann stand ich auf. »Komm, mein Schöner, wollen wir nach Hause?« Er schaute zu mir auf und wedelte mit dem Schwanz.

Zurück in der Wohnung nippte ich an meinem Tee und sah vom Sofa aus zu, wie Maggie George fröhlich in ihrem Zuhause willkommen hieß. George, der die Eindrücke seiner neuen Umgebung erst einmal in sich aufnehmen musste, folgte ihrer sicheren Führung, während sie gemeinsam im Wohnzimmer herumschnüffelten. Ich hatte ihn gebadet und mit dem Handtuch abgerubbelt und konnte sehen, dass er sich darüber freute, sauber zu sein. Vier Waschgänge waren nötig gewesen, bis das Wasser in der Dusche sauber ablief. »Schau mal einer an, mein Herr!«, sagte ich bewundernd zu ihm. »Ganz glänzend bist du und duftest nach Kokosnuss!«

Als er meine Stimme hörte, kam er herüber, legte sein Kinn auf meinem Knie ab und schaute schwanzwedelnd zu mir auf. Überrascht und begeistert davon, wie schnell er mich als seine Freundin akzeptiert hatte, beugte ich mich vor und barg seinen Kopf in meiner Hand. Mit dem Daumen streichelte ich über seinen Scheitel und strich ihm das graue Fell um die Augen glatt. Ich küsste seine Schnauze und fuhr mit den Fingern in das dichte, gewellte Fell an seinem Hals, wo ich seine steifen Muskeln massierte. Seufzend schloss er die Augen. Ich spürte, wie mir die Tränen kamen. Ihm hatte so viel gefehlt – Futter, ein Bett, ein Zuhause –, aber was ihm wirklich fehlte, wonach er sich mehr sehnte als nach irgendetwas sonst, das war Liebe. Danach, dass ihn jemand beachtete, sich um ihn kümmerte, seinen schmerzenden

Körper massierte, ihn im Arm hielt und alles besser machte. So lange hatte er auf einen Freund gewartet, und trotz all der Jahre der Traurigkeit und Einsamkeit sehnte er sich danach, jemanden lieben zu können. Ich wischte mir das Gesicht mit dem Ärmel ab, besann mich und stand auf. Mehr Traurigkeit brauchte er wirklich nicht. »Das hat dir gefallen, was? Dann komm, mein Alterchen, Zeit, dass wir dir was zu essen verschaffen.«

Er folgte mir in die Küche und schaute mir bei der Vorbereitung seines Futters zu. *Ausgefallene Mahlzeiten,* schoss es mir durch den Kopf, das Warten, der nagende Hunger, der Futternapf, der nicht kam. Ich sah zu diesem wackligen, klapprigen alten Hund hinunter, der so geduldig auf das Futter wartete, von dem er unübersehbar inständig hoffte, dass es für ihn wäre. Ich wollte ihn bis oben hin mit Futter, Wärme und Liebe füllen. »Bitte schön, mein Lieber …« Ich stellte ihm sein Abendessen hin. Langsam leerte er den Napf und schleckte ihn sauber.

»War's lecker, ja?« Mit vollem Bauch stand George in der Küchentür. Ich kniete mich auf dem Läufer hin, und er stupste mich mit dem Kopf an. Ich schlang meine Arme um ihn und verbarg mein Gesicht in seinem warmen, weichen Fell. Seine Lebenswirklichkeit in den letzten vier Jahren konnte ich mir nicht einmal ansatzweise vorstellen. Worüber er wohl nachgedacht hatte, wenn er aus seiner Hütte hinausschaute? Was er wohl gefühlt hatte, wenn wieder ein Tag der Nacht wich und er auf demselben Fleck Erde, der schon in der Nacht zuvor als Bett hatte herhalten müssen, seine Augen zum Schlafen schloss? Wie hatte er die bittere Kälte ausgehalten, die ihm in die Knochen gekrochen sein musste?

Vier Jahre alleine in einer Hundehütte. »Oh, Schätzchen … Das kann ich mir nicht einmal vorstellen.« Ich massierte ihm noch ein bisschen den Nacken. Er ächzte und sank langsam gegen mein Knie. Ich beugte mich vor und küsste sein Fell, und er küsste mich zurück, direkt auf die Nase. So lange hatte er ohne jede Zuwendung gelebt. Wie hatte sein Herz nur die Erinnerung daran bewahrt, wie man liebte?

Es wurde langsam spät, und es war ein langer Tag gewesen. »Komm, mein Lieber, Schlafenszeit.«

Ich hatte ihm vor dem Heizkörper im Wohnzimmer neben Maggies Bettdecke ein Bett aus dicken Fleece-Decken gemacht und ein kleines knochenförmiges Bonbon auf seinem Kissen platziert (so nenne ich Hundeleckerchen). Ich wollte, dass er es jetzt so bequem wie nur irgendwie möglich hatte. »Schau mal her, George! Das ist dein gemütliches, warmes Bett. Wart, ich helf dir beim Einsteigen.« Er schnüffelte an den Decken und zögerte, als müsste er sich erst einmal daran erinnern, was er jetzt tun sollte. Dann begann er, die oberste Fleece-Decke mit Pfoten und Schnauze zu bearbeiten. Ein paar Minuten lang wühlte er darin herum, drehte sich um sich selbst und machte sein Bett neu. Als er endlich zu dem Schluss kam, dass es jetzt zu seiner vollsten Zufriedenheit zurechtgemacht war, ließ er sich endlich nieder. Neben ihm hatte sich Maggie in ihrem Bett schon eingerichtet und den Kopf auf die Kante gelegt und beobachtete uns. Als Georges kaputter alter Körper in die weiche Oberfläche sank, schloss er die Augen. Ich küsste ihn auf den Kopf und steckte ihm am Rücken die Decke zurecht. »Gute Nacht, mein lieber Alter. Schlaf gut.«

In jener Nacht schlief George zum ersten Mal seit Langem mit vollem Bauch in einem warmen Bett und einer Freundin an seiner Seite in einem Zuhause mit einer Tür ein.

Am nächsten Morgen wachte George früh auf. Aus meinem Schlafzimmer konnte ich seine langen Krallen auf dem Laminatboden des Wohnzimmers tapsen hören. Verschlafen stapfte ich hinüber. Eine gute Mütze Schlaf hatte Wunder gewirkt. Er stand wartend im Wohnzimmer und sah schwanzwedelnd eifrig zu mir auf und versuchte mir etwas zu sagen.

»Musst du mal pinkeln, mein Freund?«

Wir zogen die Mäntel über und gingen raus. Seine alten klapprigen Knochen waren ohne die Treppe besser dran, also nahm ich ihn oben auf dem Treppenabsatz auf den Arm und setzte ihn am Fuß der Treppe vorsichtig wieder ab. Die grauen Wolken hatten sich verzogen, und so schlurften wir drei unter einem klaren Himmel durch den frischen Schnee. In Mags zweiten Wintermantel eingemummelt wackelte George über den Grünstreifen, der das große Feld neben unserem Haus säumte, und sog eifrig alle Gerüche in sich auf.

Ich sah ihm dabei zu, wie er sich von Schnüffelpunkt zu Schnüffelpunkt vorarbeitete. Der natürliche Verfall, Gleichgültigkeit und zu viele brutale Winter hatten ganz offenkundig ihren Tribut gefordert. Seine gebrechlichen Beine schwankten und zitterten, und sein Rücken war gebeugt und steif. Appetit hatte er wohl, aber das war nicht der Appetit eines gesunden, lebhaften Hundes. Sein Verstand jedoch war willig, und sein Lebenslicht flackerte weiter, ganz besonders sichtbar in seiner bebenden Schnauze.

Während er seinen neuen Tummelplatz erkundete, rief ich Mags Tierärztin Gaby an und vereinbarte noch für den gleichen Tag einen Termin. Mir war klar, dass ich höchstwahrscheinlich etwas erfahren würde, was der feige Teil meiner Persönlichkeit eigentlich lieber nicht wissen wollte.

Um wenigstens eine grobe Vorstellung davon zu bekommen, was mit George los war, wurden in der Tierklinik einige Blut- und Röntgenuntersuchungen durchgeführt. Beim Warten auf die Ergebnisse erkundeten wir die Riechenswürdigkeiten, die Granton-on-Spey zu bieten hatte, und strolchten gemächlich um den Block. Wieder zurück, wackelte George schwanzwedelnd neben mir hinein, und Gaby teilte uns die Neuigkeiten mit.

»Sieht nicht gut aus, Lex. Seine Leber ist in einem wirklich schlechten Zustand, und seine Nieren sind auch nicht gut beieinander.«

Die Röntgenaufnahmen zeigten, dass jahrelange Arthrose zur Versteifung der Wirbelsäule geführt hatte, dass die Hüften sich in Auflösung befanden und die Organe allmählich versagten. George war bereits bei unserem Kennenlernen im Begriff zu sterben, und die Schäden waren nicht über Nacht entstanden. Er musste schon lange unter Schmerzen gelitten haben.

»Das Einzige, was wir noch für ihn tun können, ist, seine Schmerzen zu lindern«, sagte Gaby.

Die Worte schlugen mir auf den Magen. »Sonst können wir gar nichts machen, Gaby? Wir müssen ihm doch irgendwie helfen können. Wir müssen … Er braucht mehr Zeit!«

»Es tut mir leid. Der Schaden ist nicht mehr rückgängig zu machen. Uns bleibt nur noch, es ihm so angenehm wie nur möglich zu machen.«

Schock und Seelenschmerz verschlugen mir die Sprache. Das konnte doch nicht wahr sein, er hatte so lange gewartet, und jetzt war er sicher und hatte es warm und ein Zuhause und eine Familie, die ihn liebte. Ich wollte ihn unbedingt für alles entschädigen, was er in den letzten Jahren hatte durchmachen müssen. Ich hielt die Tränen zurück und zwang mich zu der Frage, deren Antwort ich nicht hören wollte. »Wie lange noch, Gaby? Wie lange hat er noch zu leben?«

»Ihm geht es wirklich nicht gut. Vielleicht zwei Wochen. Vielleicht auch weniger.«

Ich kniete mich neben ihn, wühlte meine Finger durch die dicke schwarze Fellkrause an seinem Hals und legte meine Stirn an seine. Mein Herz tat weh. »Wir sprechen also von Tagen?«, hakte ich nach.

»Wahrscheinlich. Er hat nicht mehr lange. Nimm ihn mit nach Hause und mach ihn glücklich. Du wirst merken, wenn es Zeit ist.«

An die Heimfahrt erinnere ich mich nicht. Die Zukunft, die ich mir für George erhofft hatte, hatte sich gerade vor unseren Augen in Luft aufgelöst. All die langen, elenden Jahre hatte er auf Liebe und Freundschaft gewartet, darauf, dass ihn jemand bemerken und ihm ein Zuhause geben würde. Vier Jahre lang hatte er gewartet, und jetzt blieben ihm nur noch einige Tage, um herauszufinden, wie es war, geliebt zu werden. So unfair konnte es doch nicht sein. Das durfte es einfach nicht.

Während der nächsten beiden Tage fanden Mags und ihr labradorförmiger Schatten schnell zu einer behaglichen Ungezwungenheit. Sie teilten sich alles, was es zu erschnüffeln gab, und machten in ihren Betten vor dem Heizkörper Seite an Seite ihr Schläfchen. George genoss die Erleichterung, die ihm die gewaltige Menge Schmerzmittel verschaffte.

Während um uns herum der Winter tobte, kuschelten wir drei uns auf dem Sofa in unserer gemütlichen Wohnung aneinander. Alle viere von sich gestreckt lag Mags schnarchend auf der Decke und hielt meine Füße warm, und George hatte sich neben mir zusammengerollt und mir das Kinn aufs Knie gelegt. Ich deckte seinen Rücken noch einmal neu zu, und er rutschte näher an mich heran und schmiegte sich an mein Bein. Mit aller Macht versuchte ich, jeden glücklichen Moment festzuhalten und nicht an die Finsternis zu denken, die sich am Horizont vor uns auftat. Ich war ganz entzückt über die neu gefundene Freude meines Freundes, tat mich gleichzeitig schwer damit, zu akzeptieren, dass er sterben würde, und verlor mich in der Trauer, die sich ankündigte – ich wusste schlicht nicht, wie ich mich fühlen sollte.

An Heiligabend lagen fünf herrliche Tage hinter uns. Sogar nach dieser kurzen Zeit wirkte er schon etwas fülliger und seine Augen klarer. Sah man Mags und George zusammen, hätte man glauben können, sie würden sich schon seit Jahren kennen. Ich hatte bereits geplant, dass Mags und ich Weihnachten bei Mum und Dad in Kilmarnock verbringen würden, und die beiden freuten sich über den zusätzlichen Gast. Die Fahrt nach Süden war lang, und um diese Jahreszeit war es nicht ungewöhnlich, dass eine Straße aufgrund von Schnee oder Unfällen einige Stunden lang gesperrt werden musste. Tatsächlich wurde unsere Reise durch eine Schneeverwehung am Drumochter Pass unterbrochen. George und Maggie schliefen hinten auf ihrer Bettdecke, und hin und wieder sah ich einen verschlafenen Hundekopf im Rückspiegel auftauchen, der einen prüfenden Blick aus dem Fenster warf, um zu schauen, wie es voranging, und dann zufrieden wieder verschwand, weil offensichtlich noch genug Zeit zum Schlafen blieb. »Das Leben ist hart, was, ihr beiden?!« Ich lachte und wandte mich wieder meinem Buch zu, während wir darauf warteten, dass die Schneepflüge ihre Arbeit erledigten.

Spätabends an Heiligabend kamen wir an. Dad half mir, das Auto auszuladen, während Mum Teewasser aufsetzte und Maggie George aufgeregt ihr Feriendomizil zeigte und ihn durch den Garten, die Küche und zu den Katzenfutterstationen führte, wo man hin und wieder etwas abstauben konnte.

»Er ist Häuser nicht gewöhnt, hast du erzählt? Scheint ihm aber nichts auszumachen.« Dad und ich schauten zu, wie George schnüffelnd den Hausflur erkundete und schwanzwedelnd die Schnauze in die vielversprechendsten Winkel steckte.

»Er ist unglaublich, Dad. Keine Ahnung, wie er es schafft, so zu sein, wie er ist. Er ist ein richtig zufriedenes Kerlchen.«

Als der Tee so weit war, setzten Mum und ich uns zu einem Schwätzchen ins Wohnzimmer. Wir unterhielten uns über

George, und ich erzählte Mum seine Geschichte. »Es ist einfach nicht fair – echt nicht fair. Er ist so ein Feiner. Er liebt sein Leben so sehr. So lange hat er auf das alles gewartet. Ich halte das nicht aus, Mum.« Ich hatte Mühe, mich zusammenzureißen.

Auf einmal flackerten alle Lichter, und das ganze Hause wurde dunkel.

»Ach, verfluchter Mist!«, rief Dad aus der Küche. »Er hat in die scheiß Steckdose gepisst!«

»Hey, George! Es ist Weihnachten! Komm, hier sind Geschenke, die du auspacken musst!« Ohne zu wissen, weshalb er eigentlich aufgeregt war, entfaltete George in seinem Bett beim Heizkörper im Hausflur, so schnell er konnte, seine Gliedmaßen. »Na komm, mein Freund. Dein allererstes Weihnachten! Kurz draußen Pipi machen, und dann ist es Zeit für die Bescherung!« Ich drängte die Traurigkeit beiseite und lächelte zu ihm hinunter. *Das erste Weihnachten, nicht das letzte.*

Während wir Toast und Tee frühstückten, wühlte sich Maggie durch haufenweise Geschenke, immer auf der Suche nach allem, was quietschte oder essbar war. Unter dem Baum hingen zwei Strümpfe, die mit *Maggie* und *George* beschriftet und voller bunter, glänzender Päckchen waren.

»Oh, schau mal, George! Du hast sogar deinen eigenen Weihnachtsstrumpf!«

In seinem Blick lag Staunen, und er hechelte aufgeregt, als er zu mir aufschaute. Er hatte keinen Schimmer, was los war, aber was es auch war, es war gut. Das Allerbeste.

Zusammengenommen hatten Mum, Dad und ich eine ordentliche Auswahl Geschenke für den alten Herrn aufgefahren. Quietschspielzeug, Kauknochen, Kekse und ein schicker neuer Wintermantel ganz für ihn allein. Während Maggie ihre Päckchen aufriss, angesabbertes Geschenkpapier in der Gegend verteilte und aufgeregt jedes neue Spielzeug inspizierte, lag George mit seinem Geschenkestapel zwischen den Pfoten einfach nur da und schaute abwechselnd mich, Mum und Dad und dann wieder mich an.

Ich kniete mich neben ihn und begann, an den Ecken des Geschenkpapiers zu zupfen. »Ach, Alterchen, das ist alles ganz schön verwirrend, was? Schau mal – so!«

Wir lachten, als er seinen Geschenkehaufen anschaute und dann wieder abwechselnd uns, Maggie und dann wieder seine Geschenke. Er wusste, dass er uns zum Lachen brachte, und er genoss es in vollen Zügen. *Meine Familie.*

Als alle Geschenke geöffnet waren und die Aufregung etwas nachließ, machte Mum den beiden ein Weihnachtsessen zurecht. Seite an Seite standen sie vor ihren Futternäpfen in der Küche. Mit den Partyhüten, die wir ihnen über die Ohren gezogen hatten, sahen sie furchtbar komisch aus. Bei dieser Mahlzeit war vollste Konzentration gefordert, um all die neuen leckeren und überraschenden Geschmacksnoten zu würdigen. George leckte seinen Napf aus. Der war vollkommen leer, bis auf ein Röschen Rosenkohl, das verschmäht übrig geblieben war. Mit einem letzten angewiderten Schnüffeln ließ er es liegen und ging fort.

»Die magst du nicht, was, mein Alter? Ich auch nicht.« Ich folgte ihm, als er den Flur hinunterwackelte. »Komm, gib mir mal den Hut her. Wie du aussiehst!«

Nach dem Mittagessen gingen Dad, Maggie, George und ich ein Ründchen um den Golfplatz. Als wir wieder zurückkamen, suchte sich George den besten Ort im ganzen Haus, das Fleckchen vor dem Feuer im Wohnzimmer, und döste. Hin und wieder öffnete er ein Auge, um seine Familie dabei zu beobachteten, wie sie den restlichen Tag verbrachte, nämlich mit dem, was wir an Weihnachten immer taten: unsere neuen Bücher lesen, ächzen, dass wir zu viel gegessen hätten, und vor dem Fernseher einschlafen.

»Na, wie war das, mein Freund? Wie war dein erstes Weihnachten? Bisschen verwirrend, oder? Dein Gesicht, als du deine Geschenke gesehen hast … Du hast das alles genossen, oder?« Ich quasselte ihn voll, während ich ihn ins Bett brachte. Er war hundemüde; Zeit, schlafen zu gehen. Es war so ein guter Tag gewesen, und er hatte jede Sekunde davon genossen. Sein erstes Weihnachten mit dem besten Geschenk aller Zeiten: Er hatte es mit seiner Familie verbracht. *Sein letztes Weihnachten.* Eine Welle der Trauer erwischte mich. Schniefend flüsterte ich ihm ins Ohr: »Ich hab dich lieb, alter Mann. Ich hab dich so, so lieb.« Ich küsste seine Schnauze, gab ihm ein letztes Leckerchen und ging selbst zu Bett.

Für mich waren es die ersten Weihnachtsfeiertage seit meiner Trennung von Chris, daher begleitete mich Dad auf der Rückfahrt nach Norden, damit ich an Hogmanay – an Silvester – nicht alleine war. Auf unserem Heimweg hielten wir in einem Wald an, um uns die Beine zu vertreten. In seinem neuen Mantel sah George richtig schick aus und erkundete einmal mehr einen neuen Ort voller neuer Düfte. Es war bitterkalt und grau, ein richtig winterlicher Wintertag vom Feinsten, und wir bibberten bei unserem Gang um den kleinen Loch. Unter unseren Füßen knirschte das dünne Eis auf den Matschpfützen.

Plötzlich blieb ich wie angewurzelt stehen. »Wo ist George?«

Er war gleich hinter uns gewesen, war artig immer der Nase nach hinter uns hergetrottet, jetzt aber weit und breit nicht mehr zu sehen.

»Shit, Dad, wo ist er? Geh du mal weiter in den Wald, ich geh den Weg langsam zurück.«

Platsch.

Da war er, im Loch, schwamm fröhlich umher und sah ganz und gar begeistert aus.

»Oh, shit, George! Es ist doch saukalt! Was zum Teufel machst du denn da?«

Scheiß auf die Kälte, dieser alte Hund hatte einen Mordsspaß.

»Typisch Labrador.« Dad lachte, als George am anderen Ufer ankam und wir ihn herausfischten. Nach dem überstandenen Abenteuer packten wir ihn wieder ins Auto, trockneten ihn ab, drehten die Heizung auf die höchste Stufe und steckten die Bettdecke rund um ihn herum fest. Er wirkte sehr selbstzufrieden.

»Du bist schon so einer, George – du bist schon so einer!«

Nach unserer Rückkehr fiel mir immer öfter auf, dass George abbaute. Mir tat das Herz weh, weil ich dabei zusehen konnte, wie seine Augen Tag für Tag müder wurden. Für Spaziergänge war er immer noch zu haben, und er schien auch keine Schmerzen zu haben, aber irgendetwas ging da verloren. Sein Lebenslicht verblasste.

Es war Silvester und Dad war kurz zum Laden gegangen, um für später Wein zu kaufen.

»Essen kommen, mein Lieber!«, rief ich George aus der Küche zu.

Nichts.

»George? Alles in Ordnung? Willst du kein Abendessen?«

Ich ging hinüber ins Wohnzimmer, wo er in seinem Bett lag. Irgendetwas war anders.

»Hey, mein Schatz, was ist los?«

Ich kniete mich auf den Teppich neben ihn, und er schaute mich abgekämpft an.

»Wollen doch mal sehen, ob wir nicht doch etwas finden, das dir schmeckt, hm, mein Guter?«

Ich holte seinen Napf und einen Löffel und begann, ihn mit seinem Lieblingsfutter zu locken, aber ich sah, dass alleine der Gedanke daran ihm Übelkeit verursachte. Als ich ihn im Arm hielt, war mir, als würde etwas entweichen.

»Ich liebe dich, George. Bitte, nicht jetzt schon ...«

Krank vor Sorge und voller Zweifel rief ich Mandi an.

»Wie werd ich es wissen, Mandi? Wie werd ich merken, dass es Zeit ist?«

»Das merkt man einfach. Er wird's dir sagen. Und denke dran – lieber eine Woche zu früh als eine Stunde zu spät.«

Gegen 16 Uhr legte ich mich ein bisschen ins Bett, weil mich Schmerzen und Müdigkeit wieder einmal voll erwischt hatten.

»Alexis ...« Dad rief mich aus dem Wohnzimmer. Sein Tonfall weckte die schlimmsten Vorahnungen in mir und ließ mich erschauern.

Shit, nein.

George stand mit hängendem Kopf an der Tür und sah ganz und gar erbärmlich aus. Er hatte sich übergeben, vor ihm zierten zwei Gallepfützen den Fußboden. Angst durchflutete mich, als ich seine Lefze anhob. Sein Zahnfleisch war gelblich – Gelbsucht war eins der Symptome, die mir Gaby als sicheres Zeichen dafür genannt hatte, dass seine Leber den Geist aufgab. Das konnte doch nicht sein. Es war zu früh.

Du wirst merken, wenn es Zeit ist.

Ich kniete mich vor ihn hin und hob seinen Kopf an. Sein müder Blick traf meinen, und ich sah es in seinen Augen. Sein Lebenslicht war erloschen.

Schluchzend und völlig außer mir ging ich in den Flur, um Gaby anzurufen.

»Ach, Lex«, sagte sie. »Okay, bring ihn her.«

Dad fuhr uns in die Tierklinik. Ich saß hinten im Auto mit George, der seinen Kopf in meinen Schoß gelegt hatte. Er verschwand zusehends. Er hatte noch einige Male erbrochen, und seine Beine konnten sein Gewicht kaum noch tragen, weil seine Leber ihren Dienst versagte und Giftstoffe seinen Körper durchfluteten. Ich streichelte ihm Kopf und Gesicht und flüsterte ihm tröstende, beruhigende Worte zu.

»Ich bin hier, Schatz, ich bin ja hier …« Alle paar Minuten öffnete er die Augen und sah sich verwirrt um. »Schon okay, mein Lieber, ich bin hier. Ruh dich aus, Schatz. Alles wird gut, versprochen.« Ich konnte kaum atmen.

Als wir ankamen, konnte er kaum noch laufen. Das graue, verwaschene Licht des Winternachmittags wich der Dämmerung, als ich meinen Freund vom Rücksitz hob und in die Praxis trug. Jeder Schritt war die Hölle.

Gaby wartete an der Tür auf uns. »Hier hinein, Lex. Alles ist vorbereitet. Wir machen es ihm so angenehm wie möglich, es wird schnell gehen, versprochen.«

»Können wir denn gar nichts mehr tun? Gar nichts? Medikamente? Oder sonst irgendetwas?«, flehte ich sie an, obwohl ich wusste, dass es vergebens war.

Die Trauer umfing mein Herz und drohte es zu ersticken. Die Zukunft, auf die George so lange gewartet hatte, war vorbei, obwohl sie doch gerade erst begonnen hatte.

Auf dem Boden des Sprechzimmers kniend legte ich George hin und stützte seinen Kopf in meinem Schoß ab. Er war kaum noch wach. Schluchzend, verrotzt und nach Luft schnappend schlang ich meine Arme um ihn und vergrub mein Gesicht in seinem Fell. Es war warm und weich und roch immer noch ein bisschen nach Kokosnuss. Ich wollte die Zeit anhalten.

»Halt ihn einfach weiter fest und sag ihm, dass du da bist. Sprich weiter mit ihm. Ich gebe ihm zuerst ein Beruhigungsmittel. Es wird sein, als würde er einschlafen.«

»Zwölf Tage, Gaby. Er hatte nur zwölf Tage.« Ich konnte mir nicht vorstellen, dass sich irgendetwas schlimmer anfühlen könnte als dieser Moment. »Ich bin hier, mein Lieber, ich bin hier«, versicherte ich George. »Ich hab dich so lieb, mein Guter. Ich hab dich so, so lieb. Ich bin hier …«

Die Spritze gab ihren Inhalt in die Vene ab, und seine Atmung verlangsamte sich. Einige Sekunden später hörte sein Herz auf zu schlagen. Er war fort.

Draußen in den Straßen tummelten sich Familien, die sich auf ihre Neujahrsfeiern vorbereiteten. Leer, wie ausgehöhlt, schlich ich zum Auto und stieg ein. Während Dad uns nach Hause fuhr, wandte ich mich ab und starrte blicklos in die Dunkelheit.

Als uns das Glockengeläut endlich mitteilte, dass ein neues Jahr angebrochen war, lag ich im Bett, wo mir Mags an ihrem Stammplatz die Füße warm hielt. *Zwölf Tage.* So lange hatte er auf diese zwölf Tage gewartet. Ob er glücklich gewesen war? Hatte ich seine letzten Tage gut genug gestaltet? Ich rieb mir die Augen und ging die Tage in Gedanken noch einmal durch. Ja, er *war* glücklich gewesen. Er war richtig glücklich gewesen. Zwölf Tage voller Herumstrolchen, Schnüffeln und Freundschaft hatte er gehabt. Zwölf Nächte in einem warmen Bett, in einem Zuhause mit einer Tür. Was er zuvor durchgemacht hatte, konnte ich nicht ändern, aber ganz zum Schluss hatte er zwölf Tage voller Liebe erlebt.

Ich drehte mich um und stopfte mir die Decke am Rücken fest.

»Gute Nacht, alter Mann. Ich liebe dich.«

Kapitel 4

Ein schöner Ort zum Sterben

»Ist das gut, Mags? Hast du Spaß beim Planschen, ja?«

Sie spazierte herum und vergnügte sich im flachen Wasser am Ufer des An Lochan Uaine, des Grünen Lochs, damit,
schwimmende Stöckchen zu begutachten und immer wieder
innezuhalten und nach den Duftnoten in der Brise zu wittern.
Von meinem Sitzplatz auf dem geglätteten, verwitterten Über-
bleibsel eines seit Langem toten Baumstamms am sandigen
Strand aus schaute ich ihr zu und lächelte angesichts dieses
glückerfüllten Augenblicks, als mich unversehens eine neue
Welle der Trauer überfiel. Der Anblick von Maggie, die sich im
Wasser amüsierte, erinnerte mich an Georges spontanes Bad
bei unserem Spaziergang an Weihnachten. Wie zufrieden er
mit sich selbst gewesen war! Die Trauerattacken überraschten
mich immer noch. Es kam vor, dass ich mit Mags spazieren
ging oder eine Decke zusammenlegte, die ich einmal um Georges Schultern herum festgesteckt hatte, und sie mich ohne
jede Vorwarnung überkamen, genauso frisch und überwältigend wie beim ersten Mal, als ich auf dem Boden der Tierarzt-
praxis seinen Körper in den Armen hielt. Manchmal gelang es

mir, meine Gedanken in eine andere Richtung zu drängen und mich darauf zu konzentrieren, wie glücklich George in den wenigen letzten Tagen seines Lebens gewesen war. Das nahm dem Schmerz ein wenig die Härte, aber auch drei Monate später noch quälten mich die Trauer und der Gedanke an die Ungerechtigkeit, die sein Leben und seinen Tod geprägt hatte. Maggie hatte es geliebt, einen Freund zu haben, und auch ihr fehlte er, es fehlte ihr, ihn um sich zu haben. Der alte Mann, der nicht lange bleiben konnte, hatte eine große Leerstelle in unser beider Leben hinterlassen.

Gleichzeitig raubte mir der Morbus Crohn immer noch die Kraft. Für die einfachsten Aufgaben musste ich all meine Kraft aufwenden. Mir war immer weniger danach, den Willen selbst für die einfachsten Haushaltspflichten aufzubringen. Nur allzu oft erwischte ich mich dabei, wie ich angewidert das Gesicht verzog, weil ich wieder einmal eine halb leere Packung verschimmelten Hummus in den Mülleimer warf, der gut und gerne schon vor einer Woche hätte geleert werden können. An viel zu vielen Tagen hoppelte ich mit Maggie, die ganz dringend pinkeln musste, blamabel spät die Treppe hinunter, und das auch noch im Schlafanzug, den ich wahrscheinlich tragen würde, bis es wieder Zeit war, ins Bett zu gehen.

Meine beiden Arbeitsverträge aus dem Vorjahr waren ausgelaufen. Das Fortschreiten sowohl des Morbus Crohn als auch der Arthritis machten es wirklich schwer, eine neue Stelle zu finden, auch wenn ich zwischendurch als Putzfrau in dem Hostel arbeitete, in dem ich im vorigen Jahr einige Monate gewohnt hatte. Ich litt unter starken Schmerzen und war lethargisch und frustriert, vor allem über mich selbst, und ich schämte mich. Meistens waren Mags und ich einander die einzige Gesellschaft, und es war Mags, die mich davon abhielt, einfach ins Bett zu fallen und nie wieder aufzustehen. Ja, oft schleppte ich mich ein bisschen spät zum Morgengassi die Treppe hinunter, aber immerhin schaffte ich es jeden Tag, mich trotz Schmerzen und Müdigkeit und Was-soll-das-alles aus dem Bett zu hieven, die Treppen hinunter zu quälen und den restlichen Tag irgendwie zu bewältigen.

Gelangweilt und rastlos, aber zu schwach, um ein normales Leben zu führen, verbrachte ich sehr viel Zeit im Internet. Anfang des Jahres fing ich an, bei der Vermittlung von Streunern aus dem Tierheim mitzuhelfen, indem ich die Postings der Organisationen teilte und sie mit Geldspenden unterstützte, wenn es mir möglich war. Ich hatte keine Ahnung gehabt, dass streunende Hunde in britischen Tierheimen immer noch getötet wurden, und war entsetzt, als mir klar wurde, dass dies jede Woche mit Hunderten Hunden in ganz Großbritannien geschah. Eines Tages fand ich mich auf der Facebook-Seite einer Tierschutzorganisation wieder, die so viele Hunde wie nur möglich vor der Tötung bewahren wollte. Diese kleine Gruppe Engagierter netzwerkte eifrig, um Heimplätze in privaten Tierasylen und Pflegestellen und feste Vermittlungen zu finden, organisierte den Transport der geretteten Hunde und versuchte, das nötige Geld für das alles zu beschaffen. Da war ein Foto, und auf dem Foto blickte mir ein verwunderter Staffie entgegen.

Diese hübsche Dame ist Roxy. Sie ist ein freundliches Mädchen, das gerne ein bisschen herumzickt. Roxy wurde auf einem Rastplatz zurückgelassen, ist nicht gechippt und trägt keine Hundemarke.

Wie jeder andere Streuner in einem städtischen Tierheim in Großbritannien hatte Roxy sieben Tage Zeit, in denen sie entweder von ihren Besitzern identifiziert und abgeholt oder an einen Pflegestellen- oder Endplatz vermittelt werden musste.

Davon blieb ihr jetzt noch ein Tag. Es gab seitenweise Fotos anderer Streuner in genau derselben Situation. Ob Chihuahua, Staffordshire-Bullterrier Lurcher oder Springer-Spaniel. Alle waren sie verwirrt und verängstigt und fragten sich, was zum Teufel da eigentlich los war, nachdem sie auf der Straße ausgesetzt oder an einer Straßenlaterne festgebunden zurückgelassen worden waren. Die mitleiderregenden Fahndungsfotos der Tierheime fingen die flehentliche Traurigkeit der Insassen ein, die perplex zwischen den Gitterstäben der Todeszellen hindurchschauten.

Das ertrug ich nicht. Ich fühlte mich hilflos. Was die Tiere durchmachten, grub sich allmählich in meine Gedankenwelt ein und begann mich zu verfolgen. In jener Nacht lag ich stundenlang wach und dachte an Roxy, die alleine und verängstigt in ihrem Zwingerabteil saß, deren Zeit beinahe um war und die am nächsten Tag getötet werden sollte. Am nächsten Morgen wachte ich panisch auf und setzte in der Hektik nicht einmal die Brille auf, bevor ich mit der Nase am Smartphone hing, um herauszufinden, ob gerade noch rechtzeitig ein Wunder geschehen war. Zu Roxys großem Glück war das der Fall, und ich sank erleichtert zurück in mein Kissen. Doch ich wusste, dass bei anderen solche Wunder nicht passierten, und jedes Mal, wenn ich daran dachte, starrte ich im Bett liegend an die Decke und weinte. Ich verstand einfach nicht, warum wir in so einer verdammt brutalen Welt leben mussten.

Im März 2012 sah ich auf der Facebook-Seite einer Gruppe, die ich unterstützte, zwei Fotos. Ri und Annie lebten mehrere Meilen voneinander entfernt, konnten aber ähnlich traurige Geschichten erzählen: Beide waren ausgesetzt und ins örtliche städtische Tierheim gebracht worden. Noch zwei unerwünschte Hunde unter Tausenden. Wie üblich gab es nicht besonders viele Informationen, doch in Ris Steckbrief wurde sie als schüchterner rot-weißer Staffordshire-Bullterrier beschrieben, knapp drei Jahre alt und mit noch zwei Tagen Frist, ehe sie getötet werden sollte. Sie war gechippt, und so hatte das Tierheim ihre Besitzer ausfindig gemacht und angerufen, um ihnen mitzuteilen, dass sie dort sei und getötet werden würde, falls sie nicht abgeholt wurde. »Ja, alles klar«, hatte es geheißen. »Wir wollen sie nicht zurückhaben – schläfern Sie sie einfach ein.«

Das verstand ich einfach nicht. Wäre Maggie verschwunden, hätte ich die Welt aus den Angeln gehoben, um sie wiederzufinden.

Annie war ein brauner Mischling mittleren Alters, vielleicht ein bisschen Collie und ein bisschen Staffie. Ihr Gesäuge hing durch, eine Erinnerung an ihr Leben als Welpenwurfmaschine, und sie war sehr untergewichtig. In ihrer Beschreibung stand, sie sei sehr ängstlich und litte unter Schmerzen und dass es Anzeichen dafür gebe, dass sie sich anderen Hunden gegenüber aggressiv verhalte.

Ich wusste, dass Ri und Annie nicht mehr viele Optionen blieben, vor allem, weil die städtischen Tierheime und privaten Tierschutzorganisationen zum Bersten voll waren. Schwer genug, Pflegestellen und neue Besitzer für gesunde, junge, ausgeglichene Hunde zu finden; für zwei ältere, traumatisierte und möglicherweise aggressive Hunde war es nahezu unmöglich. Es hieß Pflegestelle oder Tod, und langsam wurde die Zeit knapp.

George hatte bleibende Spuren hinterlassen. Ja, in meinem Herz steckten scharfe Scherben aus schmerzender Trauer, die es manchmal erneut zu zerschneiden drohten, aber wenn das der Preis für seine zwölf Tage voller Liebe und Familie waren, dann war das eben so. Das Ganze war den Schmerz nicht nur wert, ich war manchmal sogar froh um ihn. Es war wirklich schlimm, jemanden so sehr zu vermissen, aber mir war es trotzdem lieber, ihn gekannt zu haben, als dass ich ihn nie kennengelernt hätte. Ich wusste, dass zwei Hunde mehr in der Wohnung eine Riesenherausforderung werden würden, aber ich wollte, dass Ri und Annie eine Chance bekamen, zu leben, so wie George. Bange und ein kleines bisschen aufgekratzt schrieb ich ihre zuständige Tierschutzaktivistin Shelle an, um den beiden einen Pflegeplatz anzubieten.

Nur wenige Stunden vor dem endgültigen Aus verließen Ri und Annie an einem Sonntagmorgen Ende März das Tierasyl in Essex, wo man sie für ihre lange Reise gen Norden untergebracht hatte. Hunde müssen oft weite Strecken zu ihren Pflegestellen reisen, und der Transport wird häufig als eine Art Stafette organisiert, bei der mehrere Fahrerinnen und Fahrer im Team zusammenarbeiten, um längere Distanzen zu überwinden. An vereinbarten Treffpunkten, normalerweise Raststätten, erfolgt die Übergabe. Ein heikles Unterfangen, bei dem eine ganze Menge schiefgehen kann. Was diesmal natürlich auch passierte.

Es war ein furchtbar nervenaufreibender Tag, und gegen Mitternacht wurde klar, dass die Sache so gründlich schiefgelaufen war, dass ich selbst die Hunde aus einer Tierklinik in der Mitte Englands würde abholen müssen, wo man sie über Nacht untergebracht hatte. Wohl wissend, dass es eine Quälerei werden würde, brach ich gegen zwei Uhr morgens in Aviemore zu der neunstündigen Fahrt auf. Maggie ließ ich zu Hause. Ich hatte mit einer Nachbarin vereinbart, dass diese morgens nach ihr sehen und sie füttern würde. Die Fahrt an sich war schon anstrengend und ermüdend, aber dazu raubte mir noch ein neuerlicher Krankheitsschub die Kraft. Während ich bei einer Pause in der Schlange der anderen Fahrer anstand, die ebenfalls alle auf ihr Koffein-High warteten, dämmerte es mir. Ich war unterwegs, um zwei Hunde abzuholen, von denen einer oder gar beide möglicherweise aggressiv waren, gefährlich aggressiv; ich hatte bereits einen Hund, um den ich mich kümmern musste; und an manchen Tagen kam ich kaum aus dem Bett. Irgendwie musste ich einen Weg finden, um dieses Trauerspiel in meiner Zwei-Zimmer-Wohnung in der ersten Etage über die Bühne zu bringen.

Fast 24 Stunden nachdem ich losgefahren war, bog ich wieder in den Parkplatz vor meiner Wohnung ein. Ri und Annie waren ebenso schockiert und verwirrt wie ich. Sie waren nicht die Einzigen, die sich fragten, was zum Teufel eigentlich los war und was wohl als Nächstes passieren würde.

»Da haben Sie sich wohl übernommen«, erklärte mir meine Nachbarin fröhlich, als sie mich zwei verängstigte, besorgte Hunde einen nach dem anderen die Treppe hinaufflocken sah.

Ja, könnte hinkommen.

Während der ersten traumatischen und sehr anstrengenden Tage kaute, kratzte oder pinkelte Ri an jedem einzelnen Möbelstück im Gästezimmer. Als wir eines Nachmittags von unserem Spaziergang nach Hause kamen und ich mich nach der kostenlosen Lokalzeitung auf dem Fußabstreifer bückte, muss das eine schlimme Erinnerung in ihr hervorgerufen haben, weil sie sich schlagartig und völlig verängstigt bäuchlings auf den Boden warf.

Nach einigen Spaziergängen wurde deutlich, dass ich mit Annie in Gegenwart anderer Hunde überaus vorsichtig sein musste. Der einzige sichere Ort, den ich aufgrund ihrer Probleme für sie finden konnte, war eine große Hundebox in meiner kleinen Küche. Wenn ich mich daran vorbeiquetschte, um an den Schrank dahinter zu kommen, machte sie sich in der hintersten Ecke ihrer Box meistens so klein wie möglich, aber manchmal preschte sie knurrend vor und drückte ihre gefletschten Zähne gegen die Gittertür. Je mehr ich sie kennenlernte, desto mehr begriff ich, dass die Wurzeln dieses Verhaltens in Vernachlässigung und Quälerei zu suchen waren, die sie jahrelang erleiden musste, und obwohl ich natürlich wachsam war, wusste ich doch, dass sie mir nicht wehtun wollte. Sie verstand nur nicht, wie sie sich sonst verhalten sollte. Das Leben hatte diese Abwehrmechanismen erforderlich gemacht, und sie würde sie so schnell nicht vergessen. Das Innere ihrer Ohren und ihre Pfotenballen waren eine wunde, juckende, entzündete, vernarbte Katastrophe. Einige ihrer Narben sahen verdächtig nach Brandwunden von Zigaretten aus, und an ihrer Flanke befand sich eine kleine, rautenförmige Narbe, die offensichtlich eingeritzt worden war. Diese chronischen Entzündungen von Ohren und Haut, die so lange nicht behandelt worden waren, trieben sie beinahe in den Wahnsinn. Ich bemühte mich, sie in den Griff zu bekommen, hatte aber meine Schwierigkeiten dabei. Ich hatte das Gefühl, dass Annie schon sehr, sehr lange keinen Frieden mehr erlebt hatte. Sowohl Ri als auch Annie waren in höchstem Maße traumatisiert, zerstörerisch und unberechenbar. Verständlich, aber auch mühsam – für sie, für mich und für Maggie.

Ausdauer, Geduld und Sturheit hielten uns in Gang, und im Laufe der Monate beruhigte sich die Lage zum Glück langsam. Meine zuvor trägen Tage waren über Nacht voll verplant. Ich musste mit allen einzeln spazieren gehen, und nachdem ich mit jedem Hund eine Runde Treppe-runter-durch-den-Wald-Treppe-wieder-hoch hinter mir hatte, blieb gerade genug Zeit für eine Tasse Tee, bevor ich wieder von Neuem anfangen konnte. Es war unfassbar anstrengend. Weil mir der Morbus Crohn die Kraft abzog, war es an manchen Tagen schon schier unmöglich, einfach nur einen Fuß vor den anderen zu setzen. Aber sie brauchten mich ebenso wie Maggie, und so schwer es normalerweise auch war, wusste ich doch, dass es auch für mich das Beste war, mich aus dem Bett zu bemühen.

Wenn ich nicht gerade draußen war, versuchte ich, meine Zeit, so gut es nur ging, zwischen den dreien aufzuteilen und darauf zu achten, dass sie alle genug Gesellschaft und Zuwendung bekamen. Inzwischen war es ein herrlicher Sommer geworden, und wir verbrachten die warmen, angenehmen Tage damit, um die Wiese oder in den Wäldern hinter dem Haus herumzustromern und im kleinen grünen Rav Ausflüge zu weiter entfernten Zielen in der Wildnis zu unternehmen. Es kostete viel Mühe, aber mit ein bisschen Konsequenz und ganz viel Willenskraft von uns allen schafften es Ri, Annie, Maggie und ich, uns an etwas zu gewöhnen, was halbwegs einer normalen, zufriedenen Alltagsroutine gleichkam.

An den langen Mittsommerabenden machte ich mich manchmal auf die zwanzigminütige Fahrt über die kurvenreiche, einspurige Straße zum Loch an Eilein. Vom Ufer aus beobachtete ich, wie Maggie und Ri beim Planschen im ruhigen Flachwasser kleine Wellen über die Wasseroberfläche schickten. Ich genoss die langen Sommertage des hohen Nordens, diese Tage, an denen nicht ganz klar war, wo der eine endete und der nächste begann. Wenn ich zu der alten Burgruine auf der Insel inmitten des Wassers hinüberschaute, die vor dem gegenüberliegenden steilen, bewaldeten Ufer in der aufgeschobenen Dämmerung immer noch sichtbar war, kam es mir vor, als wären wir in eine andere Welt eingetreten. Das liebte ich sehr.

Im Laufe des Sommers waren Maggie und Ri gute Freundinnen geworden. Obwohl sie inzwischen sehr viel entspannter und zufriedener war, litt Ri immer noch unter ihren Ängsten und hatte den ein oder anderen Aussetzer, wenn sie Maggies Absichten missverstand und glaubte, sie müsste sich verteidigen, aber das wurde nie ernst. Ihr breites Staffie-Lächeln und ihr liebendes Herz waren ein Muntermacher, sie hatte einen wunderbar schwungvollen Gang, und ihr Fell glänzte. Ganz typisch Staffie musste sie mir immer so nah sein, wie es nur irgendwie ging, und mir so viele Küsschen geben, wie nur gerade in den Tag passten, und im Bett war ihr kleines nackiges Staffie-Bäuchlein mein mollig warmer Fußwärmer. Wir hatten einander lieb.

Auch Annie und ich vergötterten einander inzwischen, strapazierten die Geduld der anderen aber auch bis zum Äußersten. Jahrelange Vernachlässigung forderte ihren Tribut, aber darunter steckte Annie voller Liebe – und wie George hatte sie trotz allem nicht vergessen, wie man mit dieser Liebe umging. Sie hatte große braune Augen und schwarze Augenbrauen, die sie höchst wirkungsvoll in einem großen Repertoire der unterschiedlichsten Gesichtsausdrücke einzusetzen wusste. Sie hatte immer noch mit ihren Problemen zu kämpfen, und ich musste mich immer noch so verhalten, als hätte ich einen menschenfressenden Velociraptor zum Haustier, aber gemeinsam fanden wir Dinge, die ihr halfen, die Vergangenheit zu vergessen und Neues zu entdecken, das sie aufleben ließ.

Eines Nachmittags entdeckten Annie und ich eine solche Sache. Ich versuchte immer, entlegene Orte für uns auszukundschaften, an denen nicht so viele andere Spaziergänger unterwegs waren – und vor allem keine anderen Hunde –, und wir hatten ein herrliches Fleckchen am Fluss gefunden, das wir beide liebten und das am Ende eines kleinen Pfads in den Kiefern verborgen weitab der Horden im Park lag. Das war eine Art Stammplatz für uns geworden, und während ich am Ufer an eine alte Kiefer gelehnt in meinem Buch las, planschte und schnüffelte Annie in der Gegend herum und genoss ihre Freiheit. Ich hatte gerade mein Buch aufgeschlagen und es mir gemütlich gemacht, als ich eine Unruhe im Fluss bemerkte. Alarmiert sprang ich auf. Annie befand sich in der Flussmitte. Ihr Kopf war unter Wasser, und ihre Hinterbeine ragten in die Luft. Panisch rannte ich ans Wasser, doch als ich genauer hinsah, erkannte ich, dass sie mit strampelnden Hinterbeinen und schwanzwedelnd kräftige Wellen schlagend in den Steinen im Flussbett herumwühlte. Da wurde mir klar, dass sie kein bisschen in Not war, sondern nach Steinen tauchte und dabei einen Mordsspaß hatte.

Sekunden später tauchte sie rotznasig, atemlos und begeistert mit einem riesigen Stein im Maul platschend wieder auf. Sie wuchtete sich aus dem Wasser und deponierte ihren Schatz am Ufer. So etwas hatte ich noch nie gesehen. Ganz offensichtlich war sie mehr als zufrieden mit sich selbst.

»Los, Annie! Mach das noch mal!« Es war ein herrlicher Anblick, aber ich hätte sie gar nicht anzufeuern brauchen.

Den restlichen Sommer über verfeinerte Annie ihre Technik. Ihre Tauchgänge wurden immer gewagter, länger und tiefer, und der Lohn für ihre Mühen waren größere und bessere Schatzfunde. Sie entwickelte sogar eine Kategorisierungsmethode. Bei jedem Tauchausflug legte sie drei Steinhaufen an. Jeder Stein musste einem dieser drei Haufen zugeordnet werden: Der Haufen, der dem Wasser am nächsten lag, war der für die ganz gewöhnlichen Allerweltssteine, der zweite, ein bisschen weiter vom Wasser entfernte Haufen für die etwas wertvolleren, aber noch-nicht-schatzwürdigen Steine, und am weitesten vom Wasser entfernt machte sie einen Haufen mit Königssteinen, den wahren Prachtstücken. Sorgfältig sortierte sie ihre Fundstücke jeweils an den richtigen Ort, warf mir einen schnellen, begeisterten Blick zu und rannte anschließend, so schnell sie nur konnte, wieder ins Wasser, um noch einmal von vorn anzufangen. Selbst als wir uns dem Ende der Stein-Tauch-Saison näherten und das kalte Wasser sie innerhalb kürzester Zeit rosa färbte, blieb sie drin, solange ich es ihr erlaubte, und ich musste sie oft zitternd vom Wasser wegzerren. Jedes Mal nahmen wir den größten Stein – den Stein des Tages – mit nach Hause.

Ich hatte eigentlich von Anfang an geplant gehabt, ein neues Zuhause für Ri und Annie zu suchen, beschloss aber Ende des Jahres, dass wir zusammenbleiben würde. Ri war ein tolles Mädchen, bis oben hin voll mit der ganzen Herzlichkeit, die Staffies so an sich haben. Ich hatte mich verliebt, Maggie auch, und der Gedanke an ein Leben ohne Ri war einfach nicht auszuhalten. Annie und ich hatten lange gebraucht, um Vertrauen zueinander aufzubauen, aber wir hatten es geschafft und waren wirklich gute Freundinnen geworden. Allmählich fand sie Frieden, aber wenn andere Hunde dabei waren, war sie immer noch eine Scheißbelastung und ein unkalkulierbares Risiko, da wollte ich sie nicht aus ihrem Umfeld herausreißen oder sie samt ihren Problemen jemand anderem aufbürden. Deshalb beschloss ich, dass auch sie bei mir bleiben würde, so schwierig dieser Drahtseilakt auch war. Die letzten Monate waren für uns alle anstrengend und herausfordernd gewesen. Oft waren Tränen geflossen, Tränen der Frustration und der Wut an den derberen Tagen und Freudentränen, wenn wir einen Durchbruch erlebten, aber wir hatten uns durchgewurschtelt und würden uns auch weiter durchwurschteln.

Weil eine Arbeitsstelle wegen meines lächerlichen Körpers immer noch nicht zur Debatte stand, tat ich, was ich nur konnte, um den Tierheimhunden zu helfen und die Menschen kennenzulernen, die sich nach Kräften darum bemühten, so viele wie möglich zu retten. Ständig mussten sie darum kämpfen, genug Geld für die Transporte der Hunde und die tierärztliche Versorgung zusammenzubringen, und ich wünschte, ich könnte mehr beisteuern, hatte aber kaum genug Geld für unsere eigenen Grundbedürfnisse. Also begann ich nachzudenken. Ob ich wohl irgendwie Spenden für die Hundehilfe sammeln konnte? Manchmal mussten sie sterben, weil sie nirgendwo hin konnten, aber manchmal lag es auch daran, dass das Geld für die Reise an einen sicheren Ort fehlte, ein in meinen Augen fast noch größerer Vertrauensbruch. Geld hatte ich nicht viel, aber Zeit hatte ich genug. Deshalb streckte ich meine Fühler aus und fragte die Leute, die den Hunden halfen, ob eine verlässliche Spendenquelle dazu beitragen würde, dass mehr Hunde gerettet werden könnten. Die einstimmige Antwort lautete »Ja«. Bevor ich mich bremsen konnte, hatte ich auch schon einen Plan.

Im Fundraising hatte ich keinerlei Erfahrung, wusste eigentlich auch nicht so recht, was zu tun war, und außerdem fehlte mir das Selbstbewusstsein. Aber die Frauen in meiner Familie haben alle eine sture Ader, und die frisch geschlüpfte Idee würde mich doch nicht in Ruhe lassen, ehe sie nicht losfliegen und sich ausprobieren durfte. Ich investierte meine angesparten 200 Pfund in den Kauf einer Internet-Domain und eines Hosting-Pakets und machte mich an die Arbeit. Ich wusste nicht, wie man eine Website baut, hatte keine Ahnung davon, wie professionelles »Fundraising« geht, und mein Körper war ein Wrack, das sich langsam in seine Bestandteile auflöste. Trotzdem schaffte ich es irgendwie, mit oder trotz meiner technischen Möglichkeiten und denen meines ramponierten alten Laptops im Februar 2013 eine Internetseite in Betrieb zu nehmen, die ich »Pounds for Poundies« nannte. Poundies sind die Hunde im Tierheim (= Dog Pound). Mein Plan war, jedem Hund eine eigene Seite zu widmen, auf dem ein Foto, eine kurze Beschreibung und der geplante Tötungstermin stehen sollten. Ich wollte die Spenden diesen individuellen Seiten zuordnen und das Geld für die Kosten des Transports, Notunterbringung und tierärztliche Behandlung verwenden. Ich hoffte, dass es den Tierrettungsorganisationen so leichter fallen würde, Pflegestellen anzubieten, weil sie dadurch die Sicherheit hätten, dass zumindest ein Teil der Kosten gedeckt wäre. Ich wusste nicht, ob es funktionieren würde, aber wenn jeden Monat nur ein paar Hundert Pfund zusammenkämen, würde das einigen Hunden schon auf dem Weg in eine sichere Zukunft helfen.

Nur wenige Tage nachdem ich den Sprung ins kalte Wasser gewagt und »veröffentlichen« angeklickt hatte, schaute ich verblüfft dabei zu, wie mein Smartphone klingelnd eine Spende nach der anderen verzeichnete. In der ersten Woche kamen über »Pounds for Poundies« über 10 000 Pfund zusammen, und nur wenige Wochen nach der Veröffentlichung der Seite beantragte ich den offiziellen Status einer gemeinnützigen Einrichtung. Ich war verwirrt, begeistert und hatte unglaubliche Angst. Innerhalb kürzester Zeit bestimmte das mein Leben, und je größer die Sache wurde, desto mehr Geld war im Spiel; binnen weniger Monate pflegte ich täglich Dutzende Hunde auf der Website ein und sammelte und verteilte jede Woche Tausende Pfund, um zu ihrer Rettung beizutragen. Selbst mit der engagierten Hilfe meiner Freundin Iona waren mindestens zwölf Stunden Arbeit pro Tag nötig, um alles in Gang zu halten, und es gab immer ein paar Nächte pro Woche, in denen noch in den frühen Morgenstunden Spenden für Transportkosten eingingen, weil wir uns im Wettlauf gegen die Zeit darum bemühten, jemanden aus der Todeszelle zu befreien. Ich war im Stress und überfordert, aber ich fühlte mich auch endlich wieder nützlich und freute mich über die Maßen, dass mein Plan aufgegangen war. Die Langeweile hatte ich vergessen, und mein Leben fühlte sich wieder bunt an – vielleicht hatte es ja doch einen Sinn.

Mags, Ri und ich streiften durch die Wälder. Durch die Baumwipfel fiel streifenweise Licht. In den letzten paar Tagen hatte sich die Luft verändert; der Wind brachte die Kühle des Herbstes mit sich, und die Welt reagierte darauf: Die Blätter verloren ihren Halt an den Zweigen, und die Eichhörnchen machten sich auf die Suche nach guten Verstecken, in denen sie ihre zusammengeklaubten Schätze sicher über den Winter bringen konnten. Ich kickte Herbstlaub vor mir her, während ich mit Dad telefonierte und hin und wieder einen Blick Richtung Maggie und Ri warf, um zu gucken, was die beiden so anstellten.

»Ich hab die Laborergebnisse bekommen, Dad. Genau das, was wir uns schon gedacht hatten. Jetzt geht's an die Leber.« Das Chemotherapeutikum, das man mir verschrieben hatte, um mein Immunsystem zum Gehorsam zu zwingen, löste ernsthafte Nebenwirkungen aus. Alle zwei Wochen musste ich zur Blutuntersuchung, und die letzten Laborergebnisse deuteten auf beginnendes Leberversagen hin.

»Und was passiert dann jetzt? Können sie dir eine andere Arznei geben?«

Ich hörte die Besorgnis in seiner Stimme. Ich verabscheute es, dass meine Krankheit ihm und Mum so viel Kummer machte.

»Ich weiß nicht, Dad. Bei meinem Kontrolltermin nächste Woche frage ich nach. Aber das Zeug kann ich jedenfalls nicht mehr nehmen.« Oft schon hatte ich zwischen Pest und Cholera gesteckt; die Medizin, die meinen Körper davon abhalten sollte, sich selbst anzugreifen, verursachte verheerende, lebensbedrohliche Nebenwirkungen. Mein Leben hing am seidenen Faden, und mir gingen langsam die Möglichkeiten aus – und Zeit und Willenskraft auch.

Ende 2013 fraß der Morbus Crohn andauernd an mir, zwang mich, mich in nicht enden wollenden Krämpfen zusammenzukrümmen. Essen war die reinste Folter. Feste Nahrung fühlte sich an wie zermahlenes Glas, das sich seinen Weg über das wunde, entzündete Gewebe bahnte, und selbst Wasser verursachte mir Schmerzen, die so stark waren, dass ich hätte schreien können, wenn es die Geschwüre und Abszesse in meinem Magen berührte. Als das Essen zu schmerzhaft wurde, hielten mich drei grässliche Trinkmahlzeiten mit Apfelgeschmack pro Tag am Leben, manchmal über Monate.

Auch die Arthritis hatte ein »gutes« Jahr hinter sich. Jeder Schub fand ein neues Ziel, an dem er sich austoben konnte. Meine Muskeln, Gelenke und Sehnen schwollen schmerzhaft an, und auch durchs Innere meiner Knochen schoss dumpfer Schmerz. Einmal wurde ich mit Verdacht auf einen gebrochenen Fuß in die Notaufnahme gebracht, aber dann stellte sich heraus, dass mein Körper die Gelenke in meinen Zehen mit einer solchen Brutalität angriff, dass es sich nur so anfühlte, als wäre was gebrochen.

»Komm schon, Mags, mein Schatz. Das schaffst du!« Ich tat mich schwer damit, die Treppe zu meiner Wohnung zu bewältigen, und so langsam machten die Stufen auch Maggie zu schaffen. Sie war jetzt ungefähr sieben Jahre alt, und ihre Gelenke spürten die Beanspruchung zweifellos. Seit George gestorben war, hatte ich immer wieder über Mags Tod nachgedacht. Es kam vor, dass ich ihr beim Schnuppern, Erkunden und Schlafen zusah und darüber grübelte, wie es wohl wäre, wenn sie nicht mehr da war. Ich spielte den Gedanken immer wieder durch, bis mich die Trauer überwältigte, und verbrachte dann die nächste Stunde damit, mich elend zu fühlen und über etwas zu weinen, das noch gar nicht eingetreten war. Ich versuchte, die Gedanken abzuschütteln und unsere gemeinsamen Momente zu genießen, aber sie flogen nie weit genug weg, um nicht bald darauf wieder zurückzukehren.

Im November schaffte ich es kaum noch aus dem Bett. Jeden Morgen kam es mir vor, als würde ich auf ein anstrengendes, bergauf eingestelltes Laufband steigen, das nie stillstand. Nur die Wohnung hielt mich in Aviemore, und selbst die Wohnsituation wurde für Maggie und mich langsam schwierig.

»Ein Garten wäre praktisch«, sagte Dad, als er mir und Mags bei einem Besuch die Treppe hinunterhalf.

»Ja, das wäre praktisch«, stimmte ich ihm zu. Der Gedanke an einen eigenen sicheren Raum für uns alleine, wo wir frei sein konnten und uns keine Sorgen um Begegnungen mit anderen Hunden zu machen brauchten, war ein herrlicher, quälend verlockender Traum.

»Warum schauen wir uns nicht einmal um?«, schlug er vor. »Mal gucken, ob es nicht etwas gibt.«

Jetzt im Winter war der Immobilienmarkt etwas träge. Trotzdem konnte ich innerhalb weniger Wochen ein kleines, mit Holzschindeln verkleidetes Häuschen besichtigen, das auf einem 2000 Quadratmeter großen Waldgrundstück ein Stück nördlich von Aviemore in Ballindalloch in der Nähe des Spey-Tals lag, mitten im Herzen des schottischen »Malt Whisky Country«. Das Cottage befand sich irgendwo im Nirgendwo, und der Garten war mehr als nur ausreichend groß, um Maggie, Ri und Annie an meinen schlimmsten Tagen die Beschäftigung zu bieten, die sie brauchten. Das Häuschen war perfekt. Mit Dads Hilfe gab ich ein Angebot ab, das angenommen wurde, und im Januar 2014 packten Mags, Ri, Annie und ich unsere Habseligkeiten und zogen in unser kleines Häuschen im Wald.

Im Cottage gab es zwei Schlafzimmer und ein helles Wohnzimmer mit einem kleinen Holzofen. Die Küche war altmodisch, und an manchen Stellen löste sich die Tapete von der Wand, aber vom Wohnzimmer und vom Sonnenzimmer hatte man einen Blick auf den Garten und in den Wald hinaus und konnte zwischen den Bäumen den Fluss A'an glitzern sehen. Dieser Flecken Erde war außerdem die Heimat von Fasanen, Spechten, Eulen, Eichhörnchen und Rotwild, und am Tag fuhr höchstens ein Dutzend Autos hier vorbei. Das Häuschen schenkte uns dringend benötigten Frieden in unserem Leben und fühlte sich wie unser Zuhause an, sobald wir über die Schwelle traten. Als ich an unserem ersten Morgen die Tür zum Garten öffnete, um Annie ganz alleine hinauszulassen, ohne Geschirr und ohne Leine, schaute sie ganz ungläubig zu mir auf.

Das Versprechen wärmerer Zeiten lag in der Luft, als ich auf der Veranda an meinem Tee nippte. Ich sah Mags zu, wie sie mit wippendem Schwanz, zuckender Schnauze und wackelnden Ohren schnüffelnd durch den Garten zockelte. Diese Art der Grundstückskontrolle war zu ihrer täglichen Morgenrunde geworden, bei der sie sich schön viel Zeit ließ. Als sie fertig war, hockte sie sich auf einen Grashügel mitten im Garten, von dem sie ihr neues Territorium mit der Schnauze im Wind überblicken konnte. Ich war unglaublich dankbar für diese neue, friedfertige Art zu leben und die Freiheit, die damit einherging. Wir vier hatten eine Menge durchgemacht, und jetzt waren wir hier, von der Welt verborgen in unserem kleinen Cottage im Wald. Ich zuckte schmerzhaft zusammen, als der Tee in meinem Magen ankam. Der erste Krampf des Tages. Wir vier hatten endlich einen friedlichen Ort zum Leben gefunden, einen Ort, der – obwohl das unausgesprochen blieb – auch ein guter Platz zum Sterben war.

Kapitel 5

Sechs Wochen

Mit einem Schritt nach hinten wich ich dem grauen Schnee-matsch aus, den der Reisebus beim Einscheren in die Halte-bucht auf den Gehweg spritzte. Mags und ich waren zum Schutz gegen die Januarkälte warm eingemummelt, aber mir steckte trotzdem der Frost in den Knochen. Die Tür öffnete sich, und irgendwo in der Schlange wartete Mum. Sie kam mich ein paar Tage besuchen, einerseits zu meinem Geburtstag, andererseits, um mit mir im Krankenhaus die Ergebnisse der aktuellsten Un-tersuchungen einzuholen.

Ich schüttelte den Kopf und rieb mir die Augen, um die Be-nommenheit loszuwerden, die mich ständig begleitete. Mum und ich hatten uns einige Monate lang nicht gesehen; bei unse-rer Begrüßungsumarmung und unserem Schwätzchen auf dem Heimweg wollte ich fröhlich und munter sein. Die Leine, die ich mir ums Handgelenk geschlungen hatte, zerrte mich vor-wärts. Mags hatte ihre Oma oben an der Treppe entdeckt. Vor lauter Begeisterung vergaß sie ihre guten Manieren und presch-te an den Menschen vorbei, die darauf warteten, einsteigen zu können. Lächelnd betrachtete ich die beiden, die sich so sehr über ihr Wiedersehen freuten – Maggie, die sich förmlich um Mum herumwickelte und sie beinahe umwarf, Mum, die sich nach vorne beugte und versuchte, Mags zu fassen zu bekommen, um ihr ein Küsschen zu geben. Die beiden liebten einander von Herzen.

»Wie war die Fahrt? Hast du deine Tasse Tee bekommen?«, fragte ich, während wir uns umarmten. Wir witzelten immer darüber, dass Mum mit ihrem Grufti-Pass die Fahrt in der Erste-Klasse-Reisebuslinie, dem schicken *Gold Bus*, gratis bekam und es dort kostenloses Irn-Bru und Tee gab. Als wir uns aus unserer Umarmung lösten, stellte ich zu meiner Überraschung fest, dass sie weinte.

»Was ist los, Mum? Alles in Ordnung?«

»Du … Du siehst nicht gut aus.«

Mich im richtigen Leben zu sehen hatte sie überrumpelt. Ich war mich selbst ja gewohnt und bemerkte mein hohlwangiges graues Gesicht und meinen ausgemergelten Körper kaum, der ungefähr fünfzig Jahre älter aussah, als er tatsächlich war.

»Ich bin okay, Mum, ich bin nur müde«, versicherte ich ihr. Die Lüge war nur allzu offensichtlich. »Komm, ab ins Auto, es ist eiskalt.«

Es war schön, Gesellschaft zu haben, und Mum hatte sich in den Kopf gesetzt, sich um mich zu kümmern. Das Leben war wirklich beschwerlich geworden. Ich war ihr dankbar dafür, dass sie sich einige Tage lang um alles kümmerte, während ich meine Arbeit für die Poundies erledigte, schlief und mich mit Seriengucken ablenkte. Am nächsten Tag hatte ich einen Termin im Krankenhaus, um die Ergebnisse eines MRT zu besprechen, das neulich gemacht worden war, sowie für einige Untersuchungen. Mum wollte mich begleiten. Wir wussten, dass die Neuigkeiten nicht gut ausfallen würden, aber ich hatte das alles doch schon öfter gehört. Die Krankheit schritt fort, die Medizin half nicht, ich war kränker als beim letzten Besuch … Das Übliche. Mit dem Leben als Gefangene in einem nicht funktionierenden, unrettbar falsch zusammengesetzten Körper hatte ich mich längst abgefunden.

»Alexis? Hallo, schön, Sie zu sehen.« Der Internist stand in der Tür seines Sprechzimmers und lächelte mich an wie ein alter Freund. Mit Mum an meiner Seite, die meine Jacke und meine Tasche trug, schlurfte ich zusammengekrümmt den Flur hinunter. Der Internist war freundlich und verständnisvoll. In seiner Gegenwart fühlte ich mich wohl, er vermittelte mir das Gefühl, mit den Tücken des Lebens mit Morbus Crohn umgehen zu können. Ich ließ mich auf einen Stuhl bei seinem Schreibtisch fallen.

»Also, Alexis, hier haben wir die Ergebnisse des letzten MRT.«

Mum, die neben mir saß, umklammerte meine Hand.

»Sieht nicht gut aus«, sagte der Internist. »Die Schmerzen in Ihrer rechten Seite rühren daher, dass sich die Krankheit verschlimmert hat. Das ist jetzt Stadium Drei. Es bilden sich Fisteln.«

Im Laufe der letzten zehn Jahre hatte ich viel über Morbus Crohn gelernt und deswegen schon so etwas in der Richtung vermutet. Die Entzündungen hatten es mit ihren erbarmungslosen Angriffen gegen meine Eingeweide endlich geschafft, sich durch die Darmwand zu fressen und auf der anderen Seite in meinem Bauchraum herauszukommen. Ein großer Teil meines Darms bestand nur noch aus einer löchrigen, entzündeten, kranken, glibberigen Masse und wurde nur noch gerade so eben von Narbengewebe zusammengehalten.

»Wir können das nur beheben, indem wir es operativ entfernen, aber Ihre Blutwerte sind alles andere als gut. Sie sind zu schwach für eine Operation, das wäre zu gefährlich. Es tut mir leid.«

Mum schluchzte auf und presste meine Hand, aber ich war nicht im Geringsten überrascht, dass mein Körper ausgemustert worden war wie ein kaputter alter Boiler. Ich hatte bereits vermutet, dass ich im Sterben begriffen war.

Aus mehreren Gründen hatte ich beschlossen, dass ich die heftigen Medikamente, die mir für die Behandlung des nächsten und letzten Stadiums angeboten worden waren, nicht nehmen wollte. Kurioserweise hatte ich einige Monate zuvor jedoch eine Frau kennengelernt, die ebenfalls unter schwerem Morbus Crohn litt und diesen seit ein paar Jahren erfolgreich mit pflanzlicher Medizin behandelte. Sie war in Remission und kurierte ihren ehemals abgeschriebenen Körper in Eigenregie. Darüber hatte ich seit unserer Begegnung nachgedacht. Ob ich meinen kranken, ausgelaugten Körper wohl auch auf eine andere Weise behandeln und heilen konnte?

»Ich habe viel über Cannabis-Öl recherchiert«, sagte ich, »ich würde gerne ausprobieren, ob das hilft.« Ich wusste, dass er mir nicht dazu raten konnte, aber ich musste ihm offen erklären, was ich vorhatte.

»Gut, ja … Tja, was auch immer Sie vorhaben: Tun Sie's schnell. Ihnen bleiben noch etwa sechs Wochen.«

Das war einen Tag vor meinem 34. Geburtstag.

»Mir geht's gut so weit, Dad. Aber doch, ja, es tut schon noch weh.«

Jeden Abend rief Dad an, um sich zu vergewissern, dass ich noch auf den Beinen war. Zwölf Wochen waren vergangen, seitdem Mum und ich im Krankenhaus waren, und obwohl ich entgegen aller Wahrscheinlichkeit den Löffel noch nicht abgegeben hatte, war ich wirklich am Kämpfen. In den vergangenen Monaten hatte ich meine gesamte Energie darauf verwendet, nach Mitteln und Wegen zu suchen, die meinem Körper helfen und zu seiner Genesung beitragen konnten. Nachdem ich jahrelang nicht ordentlich essen oder verdauen konnte, war ich gefährlich unterernährt, und so suchte ich nach Möglichkeiten, wie ich mich wiederaufbauen könnte. Ich hatte einen Arzt für Naturheilverfahren aufgesucht, der mir einige Mittel verschrieben hatte, die das entzündete Gewebe beruhigen und mein übereifriges Immunsystem in Schach halten sollten, und Mum und Dad hatten das Cottage mit Nahrungsergänzungsmitteln, Säften und nahrhaften Lebensmitteln gefüllt. Ich bemühte mich, aber ich spürte kaum eine Verbesserung – wenn überhaupt. Ich fühlte mich, als stünde ich am Rand eines Vulkans und versuchte, dessen Wut mit einem Eiswürfel zu beschwichtigen. Weiterzumachen war ein täglicher Kampf.

»Was ist mit dem Öl?«, fragte Dad. »Zeigt das schon irgendeine Wirkung?«

An meinem Geburtstag hatte ich angefangen, das Cannabis-Öl einzunehmen. Ich fürchtete mich irgendwie vor dem Zeug und war misstrauisch und nahm immer nur winzige Mengen, die weit unter der medizinischen Dosis lagen.

»Das nehme ich, Dad, aber da tut sich nichts.« Normalerweise machte mir meine Erkrankung keine Angst, aber mein Kampfeswille ließ nach, und ich lebte bereits auf geborgter Zeit. »Was, wenn's nicht hilft?«

Ich konnte das Auto auf dem Parkstreifen am Ende der Schotterstraße sehen, die im Tal dem Flusslauf folgend zum Golfplatz führte. An diesem hellen, hoffnungsvollen Apriltag ließ sich Annie Zeit. Ganz entspannt genoss sie unseren Spaziergang und untersuchte einige getrocknete Blätter. Eine neuerliche Übelkeitswelle packte mich, und ich musste mich würgend zusammenkrümmen. Ich stolperte an den Wegesrand, um mich zu übergeben, aber da kam nichts; schon seit Tagen hatte ich nichts mehr essen können. Ich versuchte aufzustehen. Schwindel raubte mir einige Sekunden die Sicht, alles wurde weiß, und meine Beine und Eingeweide versagten den Dienst. Als beschämtes Häuflein Elend fiel ich gegen das trockene, welke Gestrüpp am Wegesrand in mich zusammen. Annie schaute mich besorgt an. Ich wappnete mich innerlich und versuchte aufzustehen, doch meine Beine machten nicht mit. Ein Blick den Weg hinunter zeigte mir, dass wir noch zweihundert Meter vom Auto entfernt waren. Ich schloss die Augen und atmete tief durch. Ich war körperlich und seelisch am Ende. Mit Annie an meiner Seite saß ich auf dem Grünstreifen. Selbstmitleid, Angst und Demütigung liefen mir in Gestalt heißer Tränen über das Gesicht. Wenn dies das Leben war, dann wollte ich es nicht. Ich war verdammt noch mal fertig damit. Noch ein tiefer Atemzug, dann drehte ich mich um und begann, auf Händen und Knien zum Auto zu krabbeln.

Zu Hause angekommen stolperte ich durch die Haustür in den Flur und von dort aus in die Küche. Ich stützte mich auf der Arbeitsplatte ab, öffnete den Schrank und griff nach der kleinen, immer noch fast vollen Ölflasche. Ich schraubte den Deckel ab und nahm einen großen Schluck. Dann machte ich mich sauber, hinkte ins Schlafzimmer, fiel aufs Bett und ließ mich von der Erschöpfung in einen tiefen Schlaf reißen.

Als ich die Samtvorhänge öffnete, strömte vielversprechender Frühlingssonnenschein ins Schlafzimmer. Maggie und Ri waren immer noch im Bett und wachten blinzelnd auf. Ich tappte in die Küche, um Teewasser aufzusetzen, während sie ihre morgendlichen Dehnübungen absolvierten.

»Kommt, ihr beiden, raus mit euch, Pipi machen.«

Gähnend zockelten sie aus dem Schlafzimmer zur Haustür. Kurzes Innehalten auf der Treppe, um zu wittern, was der heutige Tag wohl zu bieten hatte. Während ich an meinem Stammplatz auf der Veranda meinen Tee trank, folgte mein Blick Mags, die sich hingebungsvoll ihrer täglichen Kontrollrunde widmete. Sie blieb stehen, um an einigen wagemutigen Narzissen zu schnuppern, die ihre Köpfchen aus der Erde steckten, um zu gucken, ob es schon Zeit für das große Frühlingserwachen war. Die Sonne verleitete mich dazu, noch ein bisschen länger draußen zu bleiben, also setzte ich mich auf die Verandatreppe und ließ meinen Blick über den Garten schweifen, bis ich Ri entdeckte, die sich, alle viere von sich gestreckt, in einem warmen Fleckchen sonnte. Ich stutzte. *Moment mal.* Ich hatte meinen Tee schon fast ausgetrunken und spürte nichts. Nichts. Kein Ziehen, kein Krampf. Warum fühlte es sich nicht so an, als hätte ich gerade einen Becher gemahlenes Glas geschluckt? Wo blieb der Schmerz?

Die Tage vergingen. Obwohl ich noch oft unter dumpfen Schmerzen, Ziehen und Krämpfen litt, schien mir das Öl immer häufiger schmerzfreie Zeiten zu schenken. Vorher hatte sich der Schmerz zu einer solchen Konstante aufgespielt, dass er mir wie andauernder Hintergrundlärm vorgekommen war, und ich hatte mich daran gewöhnt, ihn bis auf die schlimmsten Spitzen, so gut es ging, auszublenden. Aber jetzt erlebte ich, wie es war, wirklich ganz ohne Schmerzen zu sein, selbst wenn das nur gestohlene, herrliche kurze Momente waren. Ich schlief auch viel besser, und obwohl ich immer noch düstere Phasen hatte, fühlte ich mich sehr viel weniger, als würde mir jederzeit irgendetwas ganz Furchtbares passieren können.

Erstaunlicherweise konnte ich nicht nur essen, sondern hatte auch das erste Mal seit beinahe zehn Jahren tatsächlich Appetit. Der kam und ging, aber langsam fand ich wieder Geschmack an Dingen, die ich früher ausgesprochen gerne gegessen hatte. Jeden Tag stopfte ich mich mit Vitaminen, Nahrungsergänzungsmitteln, Arzneitränken und Rote-Bete-Saft voll, und obwohl ich mich manchmal ganz streng ermahnen musste, statt Tee und Toast lieber etwas Nahrhafteres zu essen, nahm ich fast jeden Tag kleine, gesunde Mahlzeiten zu mir. Das war eine Offenbarung. Nachdem ich so lange verinnerlicht hatte, dass Essen mit Schmerzen gleichzusetzen war, hatte ich vergessen, wie es war, es zu genießen oder sich nach einer Mahlzeit besser zu fühlen anstatt schlechter.

»Hallo Alexis, schön, Sie zu sehen! Wie geht es Ihnen?«

Ich war zu einer Kontrolluntersuchung im Krankenhaus. Seit Januar war ich zum ersten Mal wieder hier, und jetzt war schon Mai. Schwungvoll betrat ich das Sprechzimmer. Ich konnte es kaum erwarten, ihm zu erzählen, wie es mir ging. Ängstlich, nervös und ein bisschen aufgeregt stemmte ich mich auf die Untersuchungsliege hoch.

»Ich taste nur mal eben schnell Ihren Bauch ab, um zu gucken, was da los ist«, versicherte er mir. »Ich bemühe mich, Ihnen nicht wehzutun.«

»Nur zu. Das passt schon. Drücken Sie einfach drauflos.« Ich lächelte und lag ganz entspannt da, während er meinen Bauch um meine Eingeweide herum abtastete und drückte.

»Tut das weh?«

Ich schüttelte den Kopf.

»Hier vielleicht?«

Es tat nicht weh, kein bisschen.

»Ich weiß gar nicht, was ich sagen soll«, murmelte er. »Die Entzündung ist weg.«

»Siehst gar nicht übel aus«, erklärte ich meinem Spiegelbild beim Zähneputzen. Meine Wangen waren rosiger und ein wenig runder, und obwohl ich immer noch spindeldürr war, sah ich langsam nicht mehr aus, als wäre ich frisch exhumiert worden.

Während der Frühling allmählich in den Frühsommer überging, überraschte ich mich damit, wie weit ich gehen konnte, und die Hunde und ich entdeckten neue interessante Routen, die uns immer weiter ins Tal hineinführten. Das Gras streckte sich himmelwärts, und ich konnte den Rasenmäher nicht nur anwerfen – im vorigen Sommer noch eine unbezwingbare Herausforderung, wegen der ich vor lauter Frust herumgebrüllt und geweint hatte –, sondern sogar den ganzen Rasen auf einmal mähen. Ich war völlig begeistert von mir. Meine Kraftreserven entleerten sich immer noch rasend schnell, und ich brauchte lange, um meine Batterien wieder aufzuladen, aber ich schaffte jetzt Sachen, von denen ich mir Monate zuvor nicht hätte träumen lassen, dazu je wieder in der Lage zu sein. An schönen Tagen aß ich auf der Wiese zu Mittag, las wieder mehr und backte. Sogar zwei Truthähne hatte ich adoptiert, William und James, und mein Traum davon, einigen geretteten Legehennen ein Zuhause zu bieten, war auch wahr geworden. Anfangs achtete ich sehr sorgfältig darauf, die Hunde, vor allem Annie, von ihnen fernzuhalten, aber die schienen sich an unseren gefiederten Freunden nicht weiter zu stören. Wie durch ein Wunder kam mein Lebensfunke zurück, der Teil meiner selbst, der alles andere befeuerte, und ich fühlte mich leicht und frei. Jetzt war ich nicht mehr, gefangen in meinem Inneren, zum Zuschauen verdammt.

Ich drehte den Wasserhahn zu, trocknete mir den Mund ab und ging ins Wohnzimmer, wo ich die Stereoanlage aufdrehte. Mir war nach Tanzen zumute.

Mit einem Schritt nach hinten wich ich dem Regenwasser aus, das der Reisebus beim Einscheren in die Haltebucht auf den

Gehweg spritzte. Mit der Jacke über dem Arm und ihrem Buch in der Hand grinste Mum von der oberen Stufe aus Maggie entgegen.

»Na, hast du deine Tasse Tee bekommen?«, neckte ich sie, während wir uns umarmten und dabei fast über Maggie fielen, die um uns herumzappelte und uns die Leine um die Beine wickelte. »Ach, um Himmels willen! Warum weinst du denn jetzt schon wieder?«

»Na, wegen dir! Du siehst so gut aus!« Sie lächelte.

»Wie wär's mit Mittagessen im Mountain Café, Mum? Ich lade dich ein.«

Kapitel 6

Kommen drei Hunde, ein Huhn und ein Schaf in eine Bar …

Jetzt, da die Lebenskraft wieder durch meine Adern strömte, verfügte ich endlich über genug Energie, um etwas gegen die Unzufriedenheit und die Einsamkeit zu tun, die in aller Stille an mir genagt hatten. Ich liebte mein neues Leben in unserem Häuschen, liebte es, Zeit mit den Hunden, Hühnern und Truthähnen zu verbringen, und sonnte mich in der Erleichterung, nicht mehr ständig unter Erschöpfung und Schmerzen zu leiden. Aber ich sehnte mich nach jemandem, mit dem ich das alles teilen konnte, und befürchtete zudem, dass man mir nicht ganz zutrauen konnte, das Leben allein kompetent genug zu bewältigen.

Weil ich das Haus eigentlich nur verließ, um spazieren zu gehen oder in Elgin Hühnerfutter zu kaufen, ging die Wahrscheinlichkeit, im wirklichen Leben jemanden kennenzulernen, stark gegen null. Und weil mir auch keine andere Art und Weise einfiel, dachte ich – scheiß drauf, versuche ich es eben im Internet. Mein Profil – *Ich liebe Hunde und Hühner und schau gerne den Tornados auf dem Militärflugplatz in Lossiemouth beim Starten zu* – hatte in den wenigen Wochen, in denen ich mich mutlos, aber angefixt immer wieder einloggte, um nach möglichen Treffern zu schauen, kaum Erfolge gebracht. Vor zwei Wochen hatte ich den Sprung ins kalte Dating-Wasser gewagt und mich in Glasgow mit jemandem auf ein paar Drinks getroffen, aber die anfängliche Aufregung war schnell abgeflaut. Inzwischen fühlte sich das Ganze eher an, als hätte man auf einer Immobilienseite Kriterien im Wert von 500 000 Pfund eingegeben, obwohl man nur ein Budget von 100 000 Pfund zur Verfügung hatte, weniger wie die Suche nach der großen Liebe.

Ich hatte ein paar Tage bei meinen Eltern in Kilmarnock verbracht, um den Geburtstag meiner Freundin Karen zu feiern. Annie, Mags und Ri hatte ich wie immer mitgenommen und dazu noch ein Huhn namens Mary, weil das in der letzten Zeit nicht ganz auf der Höhe gewesen war und ich ein Auge auf es haben wollte. Ich war noch nicht bereit, die Qualen des Dating-Zirkus aufzugeben, und hatte mich für den Abend mit einem Mann auf einen Drink in Ballater verabredet, zwei Autostunden südlich von meinem Cottage, im Herzen des Cairngorms-Nationalparks. Ursprünglich hatte ich vorgehabt, so früh in Kilmarnock loszufahren, dass ich genug Zeit hatte, nach Hause zu fahren, mein Gefolge abzusetzen, mich vorzeigbar zu machen und dann wieder zu meiner Verabredung nach Süden zu sausen.

Ich war gerade im Aufbruch, als mir meine Freundin Clare, mit der ich bald zwanzig Jahre Lachen, Frust, Freude und Verzweiflung – Leben eben – geteilt hatte, schrieb, sie hätte gerade ganz schlimme Nachrichten bekommen. Schnell änderte ich meinen Plan. Ich würde erst zwei Stunden bei Clare verbringen, mich bei ihr umziehen und dann rechtzeitig aufbrechen, um direkt nach Ballater zu fahren. So würde ich zwar die Hunde und Mary nicht erst bei uns zu Hause absetzen können, aber eine Stunde oder so würden sie im Auto schon durchhalten. Musste ich mich eben auf einen Drink beschränken und mich beizeiten entschuldigen. Nicht gerade optimal, aber was sein muss, musste sein. Ich sammelte unsere Siebensachen zusammen, umarmte Mum und Dad zum Abschied, legte noch einen Umweg zum Supermarkt ein, um Kuchen und Kettle Chips zu kaufen, und machte mich auf den Weg zu Clares Wohnung in Glasgow.

Während Clare und ich miteinander Tee tranken, Chips aßen und weinten, schlenderten die Hunde abwechselnd durch den Garten, und Mary das Huhn half Clares kleinen Jungs gackernd beim Gärtnern und Sandkuchenbacken.

»Oh, shit, so spät schon?«, sagte ich. »Ich muss los, sonst komm ich noch zu spät zu dieser scheiß Verabredung ...«

Natürlich hatten wir die Zeit völlig aus den Augen verloren. Ich verstaute meine Zöglinge im Auto, Clare die ihren in der Wohnung. Vor der Haustür der alten, zugigen, traditionellen Glasgower Mietskaserne hielten wir einander lange in den Armen. Eine Auf-Wiedersehen-hab-dich-lieb-pass-gut-auf-dich-auf-Umarmung.

»Also, jetzt muss ich aber wirklich los. Ruf mich an, wenn du irgendwas brauchst, okay? Bis bald!«

»Bis bald! Und fahr vorsichtig – nicht rasen!«

Clare winkte mir nach, als ich, in den gleichen Klamotten, die ich tags zuvor schon getragen hatte, drei Stunden Fahrt vor mir und schon jetzt zu spät dran – *und* mit drei Hunden und einem Huhn im Schlepp – zu meiner Verabredung aufbrach.

Wir waren fast eine Stunde nördlich von Perth und lagen ganz gut in der Zeit. Statt meines normalen Heimwegs hatte ich in Perth eine Straße genommen, die mitten durch die höchsten und entlegensten Gebiete des Cairngorms-Nationalparks führte. Die Bergstraße war schmal und immer wieder von Ausweichstellen gesäumt, und es war mitunter schwierig zu unterscheiden, was jetzt Straße, was Berg und was steil abfallende Böschung war. Herbstregen zog sich in dunstigen Schleiern über die Geröllhalden und färbte alles bunte Leben grau. Die auf den höher gelegenen Abhängen weidenden Schafe sahen aus wie verschwommene weiße Tupfen in einer grauen Welt. Mags, Ri, Annie und Mary kauerten sich im Auto zusammen und wappneten sich gegen die Wendungen und Kehren. Die Scheibenwischer flappten hin und her.

»Alles klar bei euch dahinten?« Mich schauderte, und ich streckte die Hand aus, um die Heizung ein paar Grad höher einzustellen. Die öde, kalte, menschenleere Landschaft weckte in mir das Bedürfnis, jemanden, den ich liebte, in eine Kuscheldecke einzuwickeln. Ein Schwall Regenwasser, das sich in Pfützen auf der Straße gesammelt hatte, spritzte auf die Windschutzscheibe, als wir um eine scharfe Kurve fuhren und über eine alte bucklige Brücke hoppelten. Kaum dass wir von der Brücke herunter waren, nahm ich stirnrunzelnd den Fuß vom Gas. Mein Blick war an etwas hängen geblieben, aber woran? *War das ein Lamm?* Mein Schafradar schlug an; hier stimmte etwas nicht.

Ich bremste ab und setzte in eine Ausweichbucht zurück. Dann sah ich auf die Uhr: kurz vor halb sieben. Ich hatte noch eine Stunde bis zu meiner Verabredung, und wir hatten noch eine knappe Stunde Fahrt vor uns. Machbar, gerade so machbar, wenn ich mich beeilte.

Beim Öffnen der Tür wappnete ich mich gegen den kalten Wind und schaute in beide Richtungen. Mit gesenktem Kopf rannte ich durch den strömenden Regen auf die Brücke zu. Einige in der Nähe weidende Schafe schreckten auf, hielten kurz inne und verschwanden dann den Hügel hinauf im Nebel. Durch den Regen konnte ich eine an die alten Steine angelehnte Gestalt erkennen: ein in sich zusammengekauertes, völlig durchnässtes zitterndes Lamm. *Shit.*

Darum bemüht, es nicht zu erschrecken, ging ich langsam näher und hockte mich hin. Es sah aus, als wäre es etwa sechs Monate alt. Sein Kopf war vornübergesunken, und seine langen schwarzen Ohren hingen ihm schlaff über die geschlossenen Augen. Es konnte kaum seinen Kopf halten, und seine Schnauze berührte schon beinahe den nassen Asphalt. Sanft legte ich ihm die Hand auf den Rücken. Es zuckte zusammen und wandte den Kopf ab.

»Ach, Schätzchen.«

Selbst durch seine dicke Wolle konnte ich die Wirbelsäule spüren. Es schwankte etwas auf seinen Beinchen, die das Gewicht kaum tragen konnten. Es war durchgeweicht, zitterte vor Kälte, und die Wolle hing in kleinen, triefnassen Wirbeln an seiner kalten rosa Haut. Als ich meine Arme um es schlang, fühlte ich, wie das Wasser aus seiner Wolle durch mein T-Shirt sickerte. Ein gesundes Lamm, das nie mit Menschen zu tun gehabt hatte, wäre jetzt schon halb den Berg hinauf gewesen. Hier stimmte offensichtlich etwas ganz und gar nicht.

Sachte hob ich seinen Kopf an, um nach seinem Zahnfleisch zu sehen: Es war klebrig, kalt und blass; Anzeichen von Unterkühlung und Dehydration oder gar Schlimmerem, wie ich wusste. Keine Ahnung, wie lange es schon auf der Brücke war, aber es befand sich in höchster Not, und ich wusste, dass es die Nacht nicht überleben würde, wenn ich es dort zurückließe. Im Norden Schottlands, wo oft viele Tausend Morgen Land zu einem Berghof gehören, war es aussichtslos, nach dem Besitzer zu suchen. Blieben mir zwei Möglichkeiten: es zurücklassen und sterben lassen oder mitnehmen.

Ich stand auf, wischte mir mein nasses Haar aus dem Gesicht und pustete Wassertropfen von meiner Nasenspitze. Der Regen traf meine Haut wie Nadelspitzen. Es war noch gar nicht so lange her, dass ich diejenige gewesen war, die am Straßenrand zusammengebrochen war und sich elend, hilflos und verzweifelt gefühlt hatte. Dieses Lämmchen brauchte Wärme, einen vollen Bauch und jemanden, der ihm eine Weile die Last abnahm. Es brauchte einen Freund. Es gab nur eine Möglichkeit.

»Ich weiß, Kleines, ich weiß … Warte hier. Ich komme gleich wieder.«

Ich trabte zum Auto und schnappte mir das Hundehandtuch und eine Decke aus dem Kofferraum, schob Marys Transportkorb auf dem Rücksitz etwas zur Seite und vergewisserte mich, dass Annie auf dem Beifahrersitz sicher angeschnallt war.

»Verdammter Mist, Mädels. Auf ein Neues.«

Auf dem Weg zurück zur Brücke sah ich erleichtert, dass es sich immer noch befand, wo ich es kurz zuvor zurückgelassen hatte. Es konnte kaum stehen.

»Alles gut, Schätzchen. Ich tu dir nicht weh.«

Es gab keinen Grund, warum es mir hätte glauben sollen. Als ich das Handtuch um es wickelte, versuchte es panisch, sich davon zu befreien.

»Ich weiß, mein Liebes, ich weiß. Versuch, keine Angst zu haben. Tut mir leid.«

Ich hielt es fest im Arm, hob es schnell hoch und presste seinen Körper an den meinen. Hilflos und entmutigt ließ es sich in meine Arme sinken. Sein Köpfchen fiel gegen meine Brust. Ich küsste die nasse Wolle auf seinem Kopf und rieb meine Nase an seinem Fell, während mir die Tränen kamen.

»Ist schon gut, Kleines, alles wird gut.«

Das Wasser aus seinem Pelz durchdrang meine Jeans, während ich zum Auto zurück halb joggte, halb torkelte. Irgendwie bekam ich die Tür auf, stemmte es hoch und legte es auf den Rücksitz. Es war untergewichtig, aber ich konnte erkennen, dass es zu besseren Zeiten wohl ein großes, strammes Böckchen gewesen war, das es kräftemäßig mit mir hätte aufnehmen können. Mit weit aufgerissenen Augen schaute es mir blinzelnd beim Einsteigen zu.

»Ganz schön gruselig, Bürschlein, was? Versuch, dich zu beruhigen. Also, jetzt müssen wir dich erst mal trocken kriegen.«

Mags und Ri sahen vom Kofferraum aus zu und Annie vom Beifahrersitz, fehlte eigentlich nur noch eine Tüte Popcorn. Mary, die beschlossen hatte, dass das, was da geschah, nicht wichtig oder interessant war, hatte den Kopf unter den Flügel gesteckt und schlief oder tat jedenfalls so. Auf dem Rücksitz lag das Böckchen ganz still. Es war lebensbedrohlich unterkühlt und musste unbedingt etwas Wärme in die Knochen bekommen, um überhaupt eine Überlebenschance zu haben. Ich beugte mich über den Schaltknüppel und drehte Heizung und Lüftung voll auf. Während warme Luft das Auto füllte, rubbelte ich den Kleinen mit dem Handtuch trocken. Winzige Wollfusseln blieben an meinen Fingern kleben. Nicht zuletzt, weil ich einmal beinahe aufgrund von Erfrierungen meine Finger verloren hätte, als ich den Cobbler bestieg, einen spektakulären Gipfel in den südlichen Highlands, und diesem Schicksal nur entgangen war, indem ich meine Hände in Dads Achselhöhlen gesteckt und eine Stunde lang vor Schmerz gebrüllt hatte, wusste ich, dass man wirklich aufpassen musste und die Körpertemperatur nur ganz langsam und gleichmäßig erhöhen durfte, sonst drohten weitere Schäden. Ideal wäre eine direkte Wärmequelle gewesen, eine Heizlampe beispielsweise, eine Wärmflasche oder Körperwärme. Hier draußen in den düsteren, verlassenen Bergen war die einzige Wärmequelle, die mir zur Verfügung stand, ich selbst.

Zwischen einem Huhn und einem Schäfchen auf dem Rücksitz eingequetscht wand ich mich aus meinen durchweichten Kleidern. Meine Haut war kalt und klamm, und mein T-Shirt hatte sich vor lauter Regen und nassem Lamm in eine Zwangsjacke verwandelt. Ich drängelte mich zwischen seinen wolligen Körper und den Sitz und bemühte mich, es nicht aufzuregen. Es zuckte kaum zusammen, als ich es an mich heranzog und die Fleece-Decke von Maggie und Ri eng um uns beide wickelte. Sobald ich meine Arme um seinen frierenden, zitternden Körper schlang, fühlte ich, wie die Kälte in mich eindrang. Es bebte und verkrampfte sich immer wieder, während sein Körper alles gab, um zu überleben.

»Komm schon, Schätzchen. Kämpf weiter ...«

Während wir zusammengekuschelt auf dem Rücksitz lagen, stellte ich mir vor, wie verängstigt und verwirrt es sein musste. In den etwa sechs Monaten, die es auf der Welt war, hatte es Menschen womöglich nur in Autos vorbeibrausen sehen. Und jetzt befand es sich in einem Auto, war verletzlich und schwach und nicht in der Lage zu fliehen, saß in der Falle, zusammen mit einem Menschen, der wer weiß was mit ihm vorhaben mochte. Ob ich das Richtige getan hatte?

Etwa eine Dreiviertelstunde lagen wir zusammen auf dem Rücksitz. Ich flüsterte ihm leise zu, versuchte, es zu ermutigen, und hatte mein Gesicht in seiner feuchten Wolle vergraben. Im Bewusstsein, dass es immer später wurde, hob ich meinen Kopf, um einen Blick auf die Uhr im Armaturenbrett zu werfen: kurz vor halb sieben, fünf Minuten, bevor ich in Ballatar erwartet wurde. *Mist.* Ich zwängte meine Hand in seine Achselhöhle, um die Temperatur zu überprüfen, und stellte mit immenser Erleichterung fest, dass ich ein kleines bisschen Eigenwärme spüren konnte. Dann schaute ich nach seinem Zahnfleisch, und auch hier war ein Hauch Leben zurückgekehrt. Ich schloss die Augen. *Danke.*

Ich wühlte mich unter ihm hervor und wickelte die Decke eng um seinen Körper. Erschreckt bewegte es sich und versuchte, den Kopf zu heben, um zu schauen, was los war. Es hatte noch einen langen Weg vor sich, und ich musste zusehen, dass ich es nach Hause brachte und etwas Nahrhaftes in es hineinbekam. Ich war mir ziemlich sicher, dass ich noch Schafmilchpulver im Haus hatte, weil ich im Frühling welches für eventuelle Lämmchen-Notfälle gekauft hatte. Aber zuerst musste ich zu dieser verdammten Verabredung. Weil der arme Kerl schließlich schon zwei Stunden gefahren war, um mich zu treffen, fühlte ich mich verpflichtet, wenigstens eine halbe Stunde lang mein Gesicht zu zeigen, auch wenn das wirklich das Letzte war, wonach mir der Sinn stand. So elegant, wie ich sie ausgezogen hatte, schlüpfte ich Grimassen schneidend wieder in meine pitschnassen, klebrigen, schafsnassen Kleider. Maggie, Ri und Annie, die das Interesse an diesem Film verloren hatten, als es langweilig und leise wurde, hatten sich hingelegt, und ich ließ sie kurz zum Pinkeln nach draußen, während ich mein Hemd zuknöpfte und wieder in meine nassen Stiefel stieg.

Wir waren immer noch eine Stunde von Ballater entfernt, und eigentlich sollte ich in etwa dreißig Sekunden dort sein. Obwohl ich dafür berüchtigt war, immer und überall peinlich spät aufzukreuzen, kam es mir in diesem Fall wenigstens berechtigt vor. Blieb nur zu hoffen, dass meine Verabredung das auch so sah.

Zurück auf dem Fahrersitz überprüfte ich mein Aussehen kurz im Rückspiegel. Im gedämpften Licht konnte ich sehen, dass mein Gesicht von Matsch und Blut – *Blut?* – besprenkelt und mein triefnasses Haar teils an den Kopf geklatscht war, teils kraus abstand. Der Rest meines alibimäßig aufgetragenen Make-ups, ein bisschen Eyeliner, war verschmiert. Weil ich mir außerdem aufgrund meiner Angststörung seit Jahren zwanghaft immer wieder die Wimpern ausriss, sah ich nun aus wie ein Maulwurf mit einem mordsmäßigen Kater. Langsam wurde ich panisch und griff nach meiner Handtasche, um den Eyeliner herauszuholen. Eine nasse Haarsträhne kitzelte mich am Auge. Von Sekunde zu Sekunde aufgeregter wollte ich sie mir aus dem Gesicht streichen, tatzte mir aber ungelenk derartig ins Gesicht, dass ich mir die Kontaktlinse aus dem Auge schlug. *Oh, shit!* Jetzt war ich ein halb blinder verkaterter Maulwurf, stank nach nassem Schaf und sah aus, als hätte ich ein Jahr in den Bergen gelebt, anstatt nur eine Stunde lang im Auto dort unterwegs gewesen zu sein.

Scheiß drauf.

Ich startete den Motor und brach, nun mit drei Hunden, einem Huhn und einem Schaf im Schlepp, zum dritten Mal zu meiner Verabredung auf. Ob aller guten Dinge wirklich drei waren?

Mit einer Stunde und fünfzehn Minuten Verspätung bog ich, unruhig, aufgewühlt und ziemlich verdreckt, auf den dunklen, verlassenen Parkplatz ein. Die Stadt wirkte an einem so deprimierend scheußlich verregneten Abend beinahe so trist und unwirtlich wie die Berge, die sie umgaben. Ich riss mich zusammen und stieg aus. Errötend zog ich den Reißverschluss meiner Winterjacke über meinem feuchten Hemd zu und ging zu meiner Verabredung.

»Hi. Tut mir leid, dass ich nach nassem Schaf rieche«, platzte ich heraus. Als Eröffnungssatz ein echter Brüller.

Befangen stellten wir uns vor, und ich begann zu erklären, was passiert war.

»Du hättest es einfach dort sterben lassen sollen«, unterbrach er mich. »So ist die Natur halt.«

»Nicht dein scheiß Ernst, oder?« *Oh, shit.* »Entschuldigung«, sagte ich. »War wirklich ein langer Tag …« Ich ruderte wild zurück und lächelte hoffnungsvoll. »Sollen wir irgendwo hin und was trinken?«

Mein Instinkt sagte mir, ich sollte zusehen, dass ich mitsamt meinem wachsenden Gefolge nach Hause kam, aber ich konnte auch nicht einfach aus der Situation abhauen, die ich selbst herbeigeführt hatte. Meine Verabredung hatte geduldig gewartet, und ich schuldete ihm wenigstens einen Drink. Das Lamm wurde wärmer, und ich nahm an, dass eine halbe Stunde wohl keinen großen Unterschied machen würde. Schuldig fühlte ich mich trotzdem.

»Tut mir leid, aber wir müssen was finden, wo Hunde erlaubt sind …« Hinsichtlich Annies Selbstkontrolle machte ich mir nichts vor; ich wusste, dass die nicht so weit reichte, dass ich sie mit einem wehrlosen Beutetier unbeaufsichtigt im Auto lassen konnte.

Glücklicherweise waren an einem trostlosen, verregneten Mittwochabend im September nicht viele Menschen unterwegs, und so fanden wir innerhalb weniger Minuten ein Hotel, dessen gastfreundlicher Besitzer uns erlaubte, mit Annie im Foyer zu sitzen. Nachdem ich aus dem Nieselregen kam, bis aufs Mark fror und dringend Wärme brauchte, war ich froh, dass im Kamin ein Feuer brannte und das Sofa davor frei war. Wir machten uns über unsere Getränke und eine Schüssel Pommes her, während Annie neben mir auf dem Boden auf meiner Jacke saß. Ihre Leine hatte ich fest um mein Handgelenk geschlungen. Was auch immer der arme Kerl mir erzählte, ich hörte ihm nicht zu. Ich wollte einfach nur zurück ins Auto, mich vergewissern, dass es dem Lamm gut ging, und es nach Hause bringen.

Es – er – braucht einen Namen … Angus …Ja, das ist schön. Angus.

Während wir so dasaßen, uns wanden, an unseren Getränken nippten und zwischen den langen Schweigepausen, in denen wir auf den Boden starrten und immer wieder Annie als Gesprächsobjekt bemühten, quälenden Small Talk machten, fiel mir auf, dass der Mann langsam vom Sofa herunterrutschte. Während wir verzweifelt nach Gesprächsthemen suchten, glitt er Zentimeter für Zentimeter weiter zu Boden, bis nur noch sein Nacken und sein Kopf am Sofapolster lehnten und sein Körper auf dem Tartanteppich fläzte und sich ins Foyer streckte. *Was zum Teufel machte er da?* Betrunken war er nicht; wir tranken beide Orangensaftschorle mit Zitronenlimonade. Ich sah zu Annie hinunter, die meinen Blick mit hochgezogenen Augenbrauen erwiderte. Verlegen trank ich schneller, war verwirrt wie noch was und dachte an Angus. Am liebsten hätte ich mich nach Hause gebeamt, aber bis wir ausgetrunken hatten, saß ich fest, während sich der Mann mit seinen Brustwarzen unterhielt und ich mit seinem Scheitel Bekanntschaft schloss.

Schließlich und endlich verabschiedeten wir uns auf dem Parkplatz voneinander. Wir hofften beide, der andere wäre nicht höflich genug, noch einen zweiten Versuch dieser sterbenspeinlichen Katastrophe vorzuschlagen. Als er losfuhr, sah ich nach Angus und ließ die Hunde zum Pinkeln raus. Gott sei Dank hielt das Lamm seine Körpertemperatur und wirkte stabil. Ich stieg ein und schloss seufzend die Tür. Ich war so erleichtert, dass meine Verabredung endlich vorbei war! Ich hatte ausgesehen und gerochen, als hätte ich mit drei Hunden, einem Huhn und einem Schaf in einer Höhle gelebt, und er hatte es irgendwie trotzdem geschafft, noch verschrobener zu wirken. Es gab wohl doch noch Hoffnung für mich.

Als ich aufwachte, versuchte ich benommen, mich zu besinnen, wo ich war und warum ich Hufe über den Teppich trappeln hörte. Ich drehte mich um und griff nach meiner Brille. Neben mir umrahmten zwei große schwarze Ohren ein Gesicht, das mich neugierig anschaute.

»Oh, hallo, Angus ... Wow, schau mal einer an!«

Als wir am Vorabend endlich zu Hause angekommen waren, hatte ich ihn ins Haus getragen, und die Wärme hatte angefangen, sich in seinem Körper auszubreiten. Endlich kam wieder Leben in ihn. Ich hatte die Milch und ein passendes Fläschchen gefunden, und mithilfe des bisschen Energie durch die Wärme hatte er ein Maulvoll Abendessen geschafft. Das Gästezimmer schien mir der beste Schlafplatz für uns beide. Dort war es warm, und ich konnte im Bett schlafen und ihn die Nacht über im Auge behalten. Die Nahrung und ein ordentlicher Schlaf an einem sicheren, warmen Ort hatten gewirkt. Er hatte es ganz alleine geschafft, aus seinem Bett vor dem Heizkörper aufzustehen, und ein paar wenige zertrampelte Köttel auf dem Teppich deuteten darauf hin, dass er nicht untätig gewesen war, während er darauf wartete, dass ich aufwachte. Ganz offensichtlich fühlte er sich viel munterer und allem Anschein nach fragte er sich, wo wohl das Frühstück blieb.

Ich rollte mich aus dem Bett und kniete mich neben ihn auf dem Boden. »Geht's dir besser, ja?« Ich schlang meine Arme um ihn und schmiegte mit einem erleichterten Lächeln mein Gesicht in seine warme, trockene Wolle. »Hast du Hunger, Kleiner?«

Mit schräg gelegtem Kopf blinzelte er mich an. Sollte er nicht Angst vor mir haben? Vor diesem unheimlichen Menschen, der ihn nur wenige Stunden zuvor im Grunde entführt hatte?

»Ja, dann – Frühstück. Kommst du?«

Ich zog mich schnell an und fütterte Maggie, Ri und Annie und meine gefiederten Freunde draußen. Während ich sein Fläschchen vorbereitete, hoppelte Angus mit Maggie und Ri in der Küche herum, die unseren Gast ebenso selbstverständlich akzeptierten wie am Vorabend. Weil er über Nacht so aufgelebt war, war auch ich nun erheblich hoffnungsvoller. Dennoch wusste ich, dass es ja einen Grund geben musste, warum er in diesem Zustand auf der Brücke gelandet war; und wenn es nur ganz einfach Pech war. Ich rief die Tierärztin in Elgin an und vereinbarte einen Termin für denselben Tag.

»Na dann, Großer, rein damit ...«

Als Angus die Milch roch, wackelte er mit den Ohren, leckte sich das Schnäuzchen und trottete hinter mir her in sein Zimmer. Mit sechs Monaten war er eigentlich zu alt für die Flasche, aber über die Milch würde er alle Nährstoffe erhalten, die er brauchte. Außerdem konnte er sie gut verdauen. Was für eine Erleichterung, ihn mit so viel Gusto trinken zu sehen.

»Heiliger Bimbam, das war ja weg wie nichts!« Ich stellte die leere Flasche auf den Nachttisch und rutschte vom Bett neben ihn auf den Boden. »Komm her, lass dich knuddeln ...« Ich lehnte mich ans Bett und zog ihn an mich.

Die warme Milch machte ihn schläfrig. So alleine auf der Brücke hatte nicht nur sein Körper tüchtig was einstecken müssen. Da draußen überhaupt zu überleben, musste ihm alles an Wille und Geist abverlangt haben. Vor ihm lag noch ein langer Weg bis zur Genesung. Noch eine Mütze voll Schlaf, dazu ein voller Bauch und eine Auszeit von seinem Kummer waren ein guter Anfang.

Müde und zufrieden und nicht mehr in der Lage, der Versuchung zu widerstehen, sank er in meine Arme. Ich beugte mich über ihn, küsste die schwarzen Löckchen auf seinem Kopf und zog mein Fleece-Hemd um uns zurecht. Die Ereignisse des vorigen Tages hatten auch mich müde gemacht, und mir fiel es ebenso schwer wie Angus, einem Schläfchen zu widerstehen. Wir hatten noch zwei Stunden Zeit, ehe wir zu seinem

Tierarzttermin aufbrechen mussten. Ich lehnte mich ans Bett und schloss lächelnd die Augen: Was zwölf Stunden doch ausmachten!

Für einen Donnerstagnachmittag war es erstaunlich voll. Die einzige Parklücke, die ich halbwegs nahe der Tierklinik finden konnte, befand sich auf einem Supermarktparkplatz auf der gegenüberliegenden Straßenseite. Bis zum vorigen Tag hatte Angus' Lebenswirklichkeit aus Bergen, Geröllhalden und Schafen bestanden. Ich selbst fand Städte schon überwältigend, konnte mir also kaum vorstellen, was er davon halten würde. Vorsichtig öffnete ich die Heckklappe.

»Okay, mein Junge, dann komm mal auf den Arm …«

Er war wachsam, lag aber da und sah glücklicherweise nicht aus, als würde er ausbüxen wollen. Vorsichtig wickelte ich ihn ein und nahm ihn fest in die Arme. Um die Heckklappe zu schließen, musste ich Angus mit meinem Bein hochstemmen.

»Dann mal los!« Ich beeilte mich, so gut ich konnte, während ich 35 Kilo lebendiges Schäflein über den Parkplatz schleppte und den Blicken der Kundinnen und Kunden auswich, die voll beladene Einkaufswagen zu ihren Autos zurückschoben. Angus war ein ganz erstaunlicher Bursche. Selbst zwischen Autos, Krach und Gestank, die ihm doch sicher den Eindruck vermitteln mussten, in einer anderen Dimension gelandet zu sein, zuckte er nicht einmal mit der Wimper. Ich balancierte ihn auf einem Knie, um die Tür zur Tierklinik zu öffnen, und mit nur wenigen Minuten Verspätung stolperten wir in den Wartebereich.

»Alles gut, Kleiner.«

Die Tierärztin hatte Angus für die Untersuchung auf den Behandlungstisch gehoben, und ich streichelte seinen Kopf, während sie Herz und Lunge abhörte und sein Zahnfleisch kontrollierte. Sicher war ich mir nicht, aber mir schien er irgendwie müder als noch am Morgen. Vielleicht der Stress? Besorgt flüsterte ich ihm etwas zu und küsste sein Köpfchen, während die Tierärztin vergeblich nach einer Vene suchte, um ihm für einige Laborwerte Blut abzunehmen. Angus wurde immer unruhiger. Sein Blick sprang von mir auf die Tierärztin auf die Wände und zurück.

»Ach, Schätzchen, ich weiß doch, ich weiß …« Tief in mir spürte ich, dass etwas nicht stimmte.

»Okay, bin drin«, sagte die Tierärztin. Blut tropfte langsam in die Spritze. »Ich werde ihm auch noch Flüssigkeit zuführen müssen, er ist sehr dehydriert.«

Ich zwang mich zur Ruhe und legte ihm den Arm um die Schultern. Er versuchte aufzustehen, konnte aber kaum den Kopf heben, ehe es ihm zu viel wurde und er wieder auf dem Tisch zusammensank.

»Alles gut. Bald sind wir wieder zu Hause.« Mir drehte sich der Magen um. Morgens war er so gut drauf gewesen, hatte sein Fläschchen verputzt und war im Schlafzimmer herumgetänzelt, aber mein Instinkt sagte mir, dass hier etwas grundverkehrt war. Während die Tierärztin das Blut untersuchte, kniete ich neben Angus und versuchte ihn zu ermutigen. Er atmete sehr schnell und hatte die Augen vor Angst weit aufgerissen. Ich küsste seine feuchte Schnauze und legte meine Stirn an die seine. »Alles gut, mein Kleiner, alles gut …«

Seine Atmung verlangsamte sich. Ich war gerade im Aufstehen begriffen, als die Tierärztin, den Blick auf einen Papierstreifen gerichtet, die Tür öffnete. Ich wusste es, bevor sie überhaupt etwas sagte.

»Keine guten Nachrichten, fürchte ich. Leber und Nieren versagen bereits, und sein Herz ist nicht gesund. Er ist sehr unterernährt. Ihm fehlt's an fast allem: Kalium, Kalzium, Magnesium.«

Ich nahm ihn in den Arm. »Wird er's schaffen? Wird er gesund werden?«

»Sein Zustand ist sehr schlecht. Was auch immer er hat, hat er schon länger. Ich werde ihm Flüssigkeit und Antibiotika geben, damit er sich etwas besser fühlt. Und Schmerzmittel, vorbeugend. Ich weiß nicht, was das Ganze verursacht hat, aber ich fürchte, der Schaden ist nicht mehr rückgängig zu machen.«

Am Morgen noch hatte ich zu hoffen gewagt, dass sein ganzer Überlebenskampf, all der Mut, der nötig gewesen war, um trotz Kälte und Regen, in Schmerzen und Einsamkeit und Verzweiflung durchzuhalten, dass all das es wert gewesen war und dass er nun endlich das Leben leben durfte, an dem er trotz allem so sehr hing. Wir kannten uns weniger als vierundzwanzig Stunden, aber ich wusste, dass Angus leben wollte, und hatte gehofft, ich würde in der Lage sein, ihm dabei zu helfen. Ich starrte zu Boden, während sich der letzte Hoffnungsschimmer auflöste.

»Hallo, Angus. Wie geht's dir, mein Kleiner? Zeit fürs Abendessen ...«

Als er hörte, dass ich die Tür öffnete, drehte er sich zu mir um. Seine viel zu großen Ohren ragten aufrecht über seinem warmen, schläfrigen Gesicht auf. Er brachte mich zum Lächeln. Als wir am Abend von der Tierärztin nach Hause gekommen waren, hatte ich uns vor dem Holzofen im Wohnzimmer ein Bett zurechtgemacht. Dort hatten wir die Nacht verbracht, gemütlich in die Decke gekuschelt gedöst und waren immer wieder eingeschlafen und aufgewacht. Er hatte etwas gefressen; nicht ganz so begeistert wie am ersten Tag, aber doch ausreichend viel, um ihn auf den Beinen und meine Hoffnung in Gang zu halten. Mit müden Augen sah er mir zu, wie ich im Wohnzimmer herumhantierte und aufräumte, während seine Milch abkühlte. Draußen lärmten die beiden Truthähne William und James, weil ein Laster zur Destillerie fuhr oder von dort kam.

»Hörst du den Radau, Angus? Irgendwann bist du das, der da draußen auf der Wiese Alarm schlägt!«

Ich prüfte seine Milch auf meinem Handrücken, zog meine Hausschuhe aus und quetschte mich neben ihm unter die Bettdecke.

»Na, dann komm mal her …«

Ich räumte unser Bett ein bisschen um, machte es ein wenig ordentlicher und brachte ihn neben mir in Position. Dann konnte er trinken; ich hielt ihm die Flasche vor die Nase. Er schnupperte kurz daran und drehte den Kopf weg.

»Komm schon, Kleiner, du musst etwas trinken. Du musst doch bei Kräften bleiben.«

Ich versuchte es noch einmal, indem ich etwas Milch auf seine Lippen spritzte. Er wandte sich ab: *Nein.*

Ich schloss die Augen. *Bitte nicht.*

Es begann, dunkel zu werden. Ich knipste die Deckenlampe und die hübschen kleinen Lichter am Bücherregal an, die Libellen auf die Wände warfen, und schlängelte mich vorsichtig um Angus herum, um das Feuer zu schüren und noch ein Holzscheit aufzulegen. Maggie, Annie und Ri hatten ihr Abendessen gehabt. Weil Angus' Bedürfnisse gerade alles andere ausstachen, mussten sie ein paar Tage auf Spaziergänge verzichten, gaben sich aber tagsüber mit einem Ausflug in den Garten und nachts mit einem Schläfchen auf ihrem Sofa vor dem Feuer zufrieden. Ich hatte frische Milch für Angus vorbereitet. Solange sie abkühlte, ging ich nach draußen, um die gefiederten Freunde ins Bett zu bringen.

Zurück im Wohnzimmer bot ich Angus das Fläschchen an. »Komm schon, mein Kleiner, nur ein kleines bisschen? Bitte?«

Er wandte seinen Kopf ab. Ich stellte die Flasche beiseite und wühlte mich neben ihn unter die Decken. Auf dem Kopfkissen lagen wir uns gegenüber. Ich gab ihm ein paar Küsse auf die wuschelige Wolle über seiner Nase, und er drückte seine Schnauze an meinen Hals.

»Ich hab dich lieb, mein Kleiner …«

Sein Blick flackerte. Er konnte mich hören, wurde aber tiefer und tiefer in einen Schlaf hineingezogen, gegen den er sich kaum noch wehren konnte.

»Sicher, dass du nichts willst?«

Und während wir da in unserem gemütlichen Nest vor dem Feuer lagen und einander ins Gesicht sahen, nahm er all seine Kraft zusammen, öffnete die Augen und sagte mir, was ich nicht hören wollte. Sein Geist hatte es versucht, aber er konnte seinen kranken, ausgelaugten Körper nicht mehr gesund machen. Sein Lebenslicht war erloschen. Er war am Ende.

Ich wusste, wie es war, in einem kaputten Körper festzusitzen, und wünschte dieses Gefühl wirklich niemandem. Ich konnte seine Cheerleaderin sein und ihn anfeuern und tragen und ihm Nahrung und Wärme und Liebe geben und ein warmes Bett und dafür sorgen, dass er keine Schmerzen hatte, aber der Kampf … das war seine Sache. Sein Kampf. Wenn er nicht mehr kämpfen wollte – oder konnte –, blieb mir nur, das zu verstehen und zu akzeptieren, egal, worauf ich sonst gehofft hatte. Ich stellte die immer noch volle Flasche auf den Ofen und steckte die Decken um uns fest.

In unserem warmen Bett vor dem Feuer dösten wir in der Stille der Nacht immer wieder ein und wachten wieder auf. Hin und wieder bewegten wir uns, räkelten uns und räumten ein bisschen um, und dann schürte ich das Feuer und deckte uns wieder gut zu. Angus schmiegte seinen Kopf an meinen Hals, wo sein warmer, süßer Atem mein Ohr kitzelte. Meine Nase hatte ich in seine warme Wolle gesteckt, die so tröstlich weich war und nach Schaf roch.

Ich glaube, ich habe immer gewusst, dass unsere gemeinsame Zeit kurz sein würde. Was auch immer Angus genau fehlte, hatte ihn schon länger geplagt, schon bevor wir einander begegneten. Doch irgendwie hatten sich unsere Wege auf dieser trostlosen, kalten Straße gekreuzt. Was vorher geschehen war, konnte ich nicht ändern, und auch den Griff des Todes um meinen Freund konnte ich nicht lockern. Vieles konnte ich auf dieser Welt nicht ändern, aber Kälte, Hunger und Einsamkeit durch Wärme, einen vollen Bauch und Liebe ersetzen, das konnte ich.

Als der Morgen dämmerte, erwachte ich. Angus war immer noch zufrieden in meinen Arm gekuschelt, doch seine Atmung hatte sich verlangsamt, und ich konnte spüren, dass er weiter abgeglitten war. Er bereitete sich auf sein Weggehen vor.

»Es ist Zeit, mein Kleiner, nicht wahr?«

Kaum merklich bewegte er sich und entspannte sich in meinen Armen. Ich küsste die krause schwarze Wolle auf seinem Kopf und streichelte die weiche Stelle an seinem Ohr, und während um uns herum die Welt erwachte, lagen wir zusammen in der Stille und warteten auf das, was kommen würde.

Kapitel 7

Wir kommen und wir gehen

»Warte, Mags, lass mich dir helfen.«

Mags, die halb auf dem Bett, halb unten stand, schaute mich an. Nur widerwillig gestand ich mir ein, dass es ihr inzwischen schwerfiel, ohne Hilfe ins Bett zu klettern, aber neuerdings fiel es mir doch sehr auf, dass sie sich damit abplagte. Ich nahm sie in die Arme und hievte sie hoch.

»Keine Sorge, Mäuschen, das geht uns allen irgendwann so«, sprach ich ihr Mut zu. »Bitte schön. Komm her, dann decke ich dich zu.«

Ich wollte es erst nicht wahrhaben, aber in den letzten Monaten war Maggie zunehmend ungelenker geworden, die Arthrose machte sich in ihren Knochen breit. Ihre Hüften und Knie wurden allmählich steif und schmerzten. Mir tat das Herz weh, wenn ich sah, wie sie sich abmühte, wenn sie auf die Couch oder ins Auto klettern wollte. Es war noch gar nicht lange her, dass sie sich ohne nachzudenken schwungvoll auf das Bett warf, aber inzwischen musste ich sie jeden Abend hineinheben und ihr dabei zuschauen, wie sie sich langsam in ihre Schlafposition drehte. Es war gar nicht mehr so einfach, es sich bequem zu machen! Sogar das Aufstehen aus dem Liegen wurde mühsam, und ich zuckte schmerzhaft zusammen, wenn sie ihre widerspenstigen Hüften nach einem Schläfchen vor dem Feuer wieder in Gang brachte.

Alle zwei Wochen gingen wir zu ihrer Tierärztin, Ailidh, wo sie eine Akupunktur bekam. Außerdem massierte ich sie, was die Schmerzen linderte und zu ihrer Mobilität und ihrem Wohlbefinden beitrug. Obwohl sie langsamer wurde, war sie munter und zufrieden, liebte ihre Gartentage und machte sich so begeistert wie immer über ihr Futter und ihren Gute-Nacht-Toast her. Dem Futter fügte ich Nahrungsergänzungsmittel für die Gelenke bei, und ich gab ihr jeden Tag Medikamente, um die Schmerzen in Schach zu halten, doch obwohl ihr Verstand immer putzmunter war, sah man, dass ihr Körper mittlerweile alles etwas anstrengend fand. Vor Altersverfall konnte man sich nicht drücken, aber ich hatte die Hoffnung, dass sie bei sorgfältigem Umgang und vielleicht mit einer Rampe für das Auto und einigen anderen Hilfsmitteln doch noch eine ganze Menge Schönes vor sich hatte.

Einige Wochen später war ich mit Saubermachen beschäftigt. Als ich nebenbei Mags bei ihrer üblichen Schnüffelrunde durch den Garten beobachtete, fiel mir auf, dass ihre Taille ein wenig geschwollen aussah. Sorge durchfuhr mich wie ein Blitz.

»Hierher, Mags, lass mich dich einmal anschauen.« Beim Umarmen befühlte ich ihren Bauch. »Hey, sitz still!« *War das Flüssigkeit?* Ihr Bauch fühlte sich an wie eine Wasserbombe. Warum sollte da Flüssigkeit drin sein?

Soweit ich das beurteilen konnte, wirkte alles andere normal. Sie zockelte munter im Garten herum, schnüffelte, erkundete die Gegend und sonnte sich – tat eben all die Dinge, die sie liebte. Sie fraß mit der gleichen Begeisterung wie immer und hatte noch mit keinem Mucks angedeutet, es könnte ihr nicht gutgehen. Aber ganz offensichtlich war etwas nicht in Ordnung. Am liebsten hätte ich so getan, als hätte ich nichts bemerkt, und das Leben weitergelebt, wie es noch vor ein paar Minuten gewesen war, aber sosehr sich meine Feigheit und meine Angst auch ins Zeug legten: Ich wusste, dass mir nichts anderes übrig blieb, als meinen Mut zusammenzunehmen.

»Hab dich lieb, Mags.« Ich knuddelte sie kurz und überließ sie dann ihren Lieblingsbeschäftigungen im Garten, während ich Ailidh anrufen ging.

Ailidh stellte einen ziemlich schweren Fall von Ascites fest – eine Flüssigkeitsansammlung, die verschiedene Ursachen haben konnte, welche, konnte sie nicht herausfinden. Für weitere Untersuchungen überwies sie Mags deshalb an eine Fachklinik für Tiere in Stirling, das Broadleys Veterinary Hospital, wo die Ausrüstung für eine ausführlichere Diagnostik vorhanden war. Wenn wir irgendeine Hoffnung auf Heilung haben wollten, mussten wir herausfinden, was dahintersteckte.

Einige Tage später packte ich in der Dunkelheit vor der Morgendämmerung eine noch halb schlafende Maggie für die Fahrt nach Stirling auf ihre Bettdecke in den Kofferraum. Ich wollte das alles nicht, und mir graute ganz furchtbar vor dem, was womöglich herauskommen würde.

Ein heller, kühler Morgen brach an. Zitternd schloss ich den Reißverschluss meiner Jacke und half Mags aus dem Auto. Mum kam mit dem Auto angefahren, um mit uns die Last des Wartens und Sorgens zu teilen, und wir winkten ihr zu, während wir umherwanderten und die Büsche inspizierten.

»Hallo, mein liebes Mädchen! Komm her und gib Oma ein Küsschen!« Mum bemühte sich, fröhlich zu sein, aber spürte, dass sie sich ebenso sorgte wie ich. Während Mags ihre Geschäfte erledigte und sich am Buffet der Düfte bediente, umarmten Mum und ich uns und redeten über unsere Autofahrten.

»Komm, wir sollten besser reingehen.« Mum stupste mich an. »Es ist fast neun Uhr.«

Ängstlich öffnete ich die Tür der Tierklinik. Maggie stolzierte mit heraushängender Zunge ins Wartezimmer und schaute freundlich die Rezeptionistin an. Ihre Oma und ihre Mama folgten ihr besorgt. Mags ließ ihren Charme spielen, während wir mit dem Facharzt sprachen, der die Untersuchungen vornehmen würde, und als es Zeit war, ihren großen braunen Kopf zum Abschied zu küssen und ihr zu versprechen, dass wir bald wiederkommen würden, hatte sie die Belegschaft bereits um den Finger gewickelt.

Mum und ich verbrachten den Tag im Café des Waitrose-Supermarkts in der Nähe der Tierklinik. Wir leerten mehrere Teekannen und versuchten, die Sorgen wegzulachen. Doch durch die Warterei zog sich der Tag quälend in die Länge. Kurz nach 16 Uhr klingelte mein Handy: Maggie wachte aus der Narkose auf, es ging ihr gut, und der behandelnde Arzt wollte mit uns reden.

Nervös fuhren wir zur Klinik zurück und nahmen in dem großen, betriebsamen Wartebereich Platz. Müde von der Fahrt und den Sorgen schloss ich die Augen und hoffte irgendwie, ich würde mich in einer anderen Realität wiederfinden, wenn ich sie wieder öffnete.

»Miss Fleming?« Die Stimme der Assistenz ließ mich aus meiner Tagträumerei aufschrecken. »Maggie ist jetzt so weit, Sie können zu ihr. Hier entlang, bitte ...«

Mum und ich sprangen von unseren Plätzen auf und eilten durch die offene Tür ins Sprechzimmer.

»Maggie! Oh Süße, so schön, dich zu sehen!« Sie war noch ein bisschen beschwipst von der Narkose, freute sich aber über die Maßen, uns zu sehen. Wir umarmten sie, und die Küsse flogen nur so in alle Richtungen.

Der Tierarzt, ein freundlicher und rücksichtsvoller Mann, dimmte das Licht, um uns die bei der Untersuchung entstandenen Bilder zu zeigen. Er sagte uns, dass in ihrem Bauchraum nichts Ungewöhnliches war, dass sich aber bei der Untersuchung des Brustraums eine Auffälligkeit gezeigt hatte.

»Es tut mir leid«, sagte er. Er wusste ganz offensichtlich, wie schwer es für uns sein musste, die Nachricht zu hören. »Sie wird zu weiteren Untersuchungen in die Tierklinik nach Edinburgh müssen. Versuchen Sie, sich nicht allzu viele Sorgen zu machen. Wir wissen noch nichts Endgültiges …«

Schweigend und blinzelnd schaute ich ihn an, während sich um mich herum die Realität verschob. Dann blickte ich zu Maggie hinunter, die neben mir saß und schläfrig und heiter in die Ferne guckte.

»Ich organisiere alles, und dann melden wir uns bei Ihnen.«

Ich nickte. Ich war dankbar für seine Güte, aber mir fehlten die Worte. Ganz egal, was die Untersuchungen zutage bringen würden, ich wusste, dass es nichts Gutes sein würde.

Zurück am Auto half ich Maggie in den Kofferraum. Weder Mum noch ich wussten, was wir sagen sollten, also umarmten wir uns, brachen zu unserem langen Heimweg auf und versuchten jede für sich, diesen unerwarteten Schlag zu verarbeiten.

Lächelnd blieb ich stehen und genoss den Blick auf Findlater Castle, einen meiner Lieblingsplätze. Das verfallene, einst so prunkvolle Schloss befand sich weit oben auf eine Klippe über der Nordsee. Seine Ecken und Winkel hatten mich schon als Kleinkind fasziniert.

Seit ich klein war, war ich mit Dad immer wieder hergekommen, vorausgesetzt, ich hielt mich an das Versprechen, Mum bloß nicht von den vielen gefährlichen Dingen zu erzählen, die ich dort oben anstellte. Heute unternahmen Maggie, Ri und ich einen besonderen Ausflug hierher.

Vor einigen Tagen waren meine schlimmsten Befürchtungen wahr geworden. Untersuchungen in der Tierklinik hatten bestätigt, dass das verdächtige Gewebe, das auf den Aufnahmen entdeckt worden war, ein Tumor auf Maggies Lunge war. Die einzige Chance war eine lange und gefährliche Operation. Am nächsten Morgen sollte ich sie zu den Voruntersuchungen in die Klinik bringen, wo sie für die Operation am darauffolgenden Tag vorbereitet werden würde.

Das Schloss war ein ganz besonderer Ort für mich, den ich gerne mit Maggie teilen wollte … allerdings aus sicherer Entfernung. Haufenweise nasse, matschige Erde rutschte auf die ehemaligen Türen und Fenster zu. Jahrelang hatten Dad und ich die Fotos versteckt, auf denen ich mit ausgebreiteten Armen in einer uralten Türöffnung stand. Zwischen mir und der Kante befanden sich nur ein gutes Paar Sohlen und eine ordentliche Portion Glück. Von der Kante ging es fast 30 Meter hinunter zu den kantigen Felsen, die im Meer verborgen auf der Lauer lagen. Heutzutage verstand ich Mums Bedenken sehr viel besser.

Zurück am Auto breitete ich eine Decke auf dem Gras aus und machte unser Picknick zurecht. Die Wolken hatten sich verzogen, und wir hatten ein sonniges Fleckchen gefunden, in dem es uns angenehm warm wurde. Mags reckte die Nase gen Himmel und nahm jede Duftspur im Wind mit, während Ri bebend auf der Decke saß und sich nach Kräften bemühte, ihre für einen Staffie so typische Begeisterung zu beherrschen.

»Habt ihr Spaß, Mädels?« Ich lächelte zu den beiden hinunter, streichelte das glänzende Fell auf Mags' Kopf und ließ ihr weiches, samtiges Ohr durch meine Finger gleiten.

Wedel, wedel.

Das Timing ihrer Operation war so ungerecht. Wie durch ein Wunder war die Flüssigkeit während der letzten paar Tage von alleine verschwunden, und Mags fühlte sich ziemlich munter. Ihre letzte Akupunktur-Sitzung hatte die Steifheit in ihren Hüften gelindert, eine willkommene Erleichterung, und sie genoss unseren Spaziergang an den Klippen. Sie liebte es, neue Orte kennenzulernen, und solange wir einander kannten, hatten Maggie und ich es genossen, gemeinsam neue interessante Wege zu erkunden. Wenn man sie so sah, würde man nie auf die Idee kommen, dass sich in ihrer Lunge ein Tumor breitmachte …

»Also, ihr beiden – seid ihr bereit fürs Mittagessen?« Erwartungsvoll schauten beide zu mir auf und versuchten, die durch das Essen hervorgerufene Aufregung zu zügeln, zu der nur Hunde imstande sind. »Das gilt als Ja.« Ich lachte. Dann öffnete ich die Brotdose und reichte jeder ein halbes Erdnussbutter-Sandwich.

Mit meinem Appetit war es nicht weit her, da mischten der Morbus Crohn und die Sorgen zu sehr mit, und so knabberte ich an einem Wrap, während sich Maggie und Ri zufrieden über ihre Sandwiches und Kauartikel hermachten. Ich legte mein kaum angerührtes Mittagessen beiseite, öffnete meine Thermosflasche und goss mir etwas Tee ein.

Beim Gedanken an den nächsten Tag kamen mir die Tränen. Ich griff nach Maggies Pfote, streichelte mit dem Daumen über die weichen Ballen und die pelzigen Zwischenräume und schaute über die schroffen Felsen auf das kalte, schäumende graue Wasser hinaus; eine trostlose, leere Weite, die sich bis zum Ende der Welt ausdehnte. Es war nicht fair.

»Hey, Mädels, Lust auf einen Filmabend? Ich glaube, wir haben noch Eis da.«

Wir waren alle müde nach diesem langen Tag an der frischen Luft und ließen uns zu Hause selig auf den weichen Deckenhaufen fallen, den ich vor dem Holzofen aufgestapelt hatte. Umhüllt von der Wärme des Holzfeuers stützte Mags ihr Kinn auf meinem Knie ab, und wir ließen uns unseren Becher Salted-Caramel-Eis schmecken. Ihr Blick folgte dem Löffel auf dem Weg zum Becher und wieder zurück. Ich beugte mich vor und vergrub mein Gesicht in ihrem vertrauten weichen Fell, wie ich es Tausende Male vorher gemacht hatte, und wünschte, ich könnte die Zeit anhalten.

Es war mittlerweile Herbst geworden, die Wälder von Perthshire erstrahlten in spektakulärem Gold und Braun, als wir bei Tagesanbruch über die A 9 Richtung Süden fuhren. Maggie lag im Kofferraum auf ihrer Decke.

»Alles gut bei dir dahinten, Schätzchen?« Ich bemühte mich, meiner Stimme einen heiteren Tonfall zu verpassen, aber natürlich spürte Mags meine Angst, die sich in den letzten Tagen wie ein Mantel um mich gelegt hatte. Ich bemerkte erste Anzeichen dafür, dass sich meine alte Freundin Panik zeigen wollte, aber einen Zusammenbruch meinerseits konnte Maggie nun wirklich nicht gebrauchen. So stellte ich die Stereoanlage lauter und versuchte, die Wucht meiner Gefühle in die Musik, das Singen und das Fahren zu übertragen, obwohl es das Letzte war, worauf ich Lust hatte.

»Tee und Toast, Mum?«

Nach den Voruntersuchungen fuhren wir zurück nach Kilmarnock, um die Nacht bei Mum und Dad zu verbringen. Ich wusste, dass ich mich ausruhen musste, aber es war ziemlich unwahrscheinlich, dass ich würde einschlafen können. Tee und Toast mit Mama sind für solche Zeiten geschaffen worden.

Während Maggie in ihrem Bett vor dem Heizkörper im Flur schnarchte, zwischen ihren Pfoten zusammengerollt ihr tief und fest schlafender Freund Peter, ein schwarz-weißes, sehr verwöhntes Katertier, tranken wir Tee und quatschten. Manchmal gelang es uns, uns eine Weile abzulenken, aber es gab kein Entrinnen, und so dauerte es nie lange, ehe wir wieder hart in der grausam drohenden Realität landeten. Es war beinahe zwei Uhr morgens, als die Erschöpfung uns überwältigte und an ein wenig Schlaf überhaupt zu denken war.

Wir umarmten uns, ein stummer Trost, und ich ging Zähne putzen. Mags und Peter lagen immer noch schnarchend aneinandergekuschelt. Ich hielt inne und betrachtete sie eine Weile. Mags' Augen flackerten, und ihre zuckenden Pfoten trugen sie in ihrer Traumwelt irgendwo hin. Lächelnd gab ich ihr einen zärtlichen Kuss auf den Kopf.

»Ich hab dich lieb, Mags. Ich hab dich so dolle lieb.«

Ich wäre gerne bei ihr geblieben, steckte aber stattdessen eine Decke um ihre Schultern fest und gab ihr noch einen Kuss.

»Gute Nacht, mein Schatz. Bis morgen früh.«

»Hier, iss das.« Mum reichte mir ein Brötchen.

»Will nicht. Hab keinen Hunger.«

»Iss. Du musst bei Kräften bleiben.«

Wir hatten einen frühen Start geschafft, um dem Verkehr in Glasgow zuvorzukommen, und kamen auf unserem Weg zur Tierklinik gut voran. Ich wusste, dass ich das einzig Mögliche tat, aber es war die Hölle. Ich wollte ihr das nicht antun, wollte ihr das alles nicht zumuten. Ich wollte nicht, dass das alles überhaupt passierte.

Ich warf einen Blick in den Kofferraum, wo Mags eingeschlafen war, und ich hoffte, dass sie so ahnungslos war, wie sie wirkte. So froh ich war, dass sie nicht wusste, was auf sie zukam, so schuldig fühlte ich mich auch, weil ich es ihr nicht erklären konnte.

»Iss«, forderte Mum mich besorgt auf. »Du musst doch für Mags stark bleiben.«

Ich nahm das Brötchen und begann es hinunterzuwürgen. Sie reichte mir ein kleines Päckchen Orangensaft. »Ist gutes Vitamin C drin!«

»Komm, Mags, du musst bestimmt pinkeln.«

Je näher wir der Klinik gekommen waren, desto mehr wollte ich einfach umkehren und abhauen, aber nun waren wir dort und hatten noch ein paar Minuten Zeit. Beim Befestigen der Leine knuddelte ich sie kräftig und küsste ihre weiche, faltige Stirn. Während Maggie auf dem Grünstreifen und an den jungen Bäumen auf dem gepflegten Rasen herumschnupperte, kamen wir an ein paar Leuten vorbei, die das Gleiche taten wie wir, und ich erkannte sie wieder, die Sorge auf ihren Gesichtern. Das passiert jeden Tag, dachte ich. An unserer Situation, unserer Besorgnis oder unserer Angst war nichts Besonderes. Das machte den Schmerz aber kein bisschen weniger qualvoll.

An der Rezeption der Klinik herrschte reger Betrieb; ein weiterer arbeitsreicher Tag begann. Mum und ich setzten uns auf die Plastikstühle im Wartebereich. Maggie saß zwischen uns, beobachtete das Treiben und schaffte es wie immer irgendwie, mit ihrem ganzen Körper zu lächeln. Nicht einmal die Vorahnung, die mich mit ihrem Gewicht bald zu ersticken drohte, konnte mich davon abhalten, zurückzulächeln. Ich liebte sie so sehr, wie man jemanden überhaupt nur lieben konnte.

»Maggie Fleming? Hallo, guten Morgen. Hereinspaziert.«

Eine Chirurgin in blauer OP-Kleidung stand mit einigen Unterlagen in der Hand in der Tür des Sprechzimmers.

Mum drückte meine Hand.

»Oh, Mags, wir sind dran, Schätzchen. Komm, auf geht's.«

Fröhlich wie immer trabte Maggie hinein und stellte sich der Ärztin und dem Pflegepersonal vor. Mags fand innerhalb von Sekunden neue Freunde, wohin ich sie auch mitnahm. Ich konnte mich nicht daran erinnern, dass sie sich je angestellt hätte, je Stress gemacht hätte. Allen, die sie traf, begegnete sie offen und freundlich, immer. Ich wollte mich umdrehen und zurück zum Auto rennen und sie reinsetzen und nach Hause fahren. Der Gedanke, dass man sie aufschneiden würde, war unerträglich.

Neben mir konnte Mum kaum die Tränen zurückhalten. Ich schloss die Augen, atmete tief durch und kniete mich vor Maggie hin. Verwirrt sah sie mich an. Sie hatte die Ohren aufgestellt und die Stirn gerunzelt. Sorge stand ihr ins Gesicht geschrieben. Sie wusste, dass irgendetwas los war. Ich schlang meine Arme um sie, kuschelte mich an ihren warmen Fellkragen und roch ihre Wärme.

»Also, du, hör mal her. Ich liebe dich. Ich liebe dich wie verrückt. Alles wird gut, hörst du? Es tut mir leid, dass ich das tun muss. Ich habe keine andere Wahl, meine Liebe. Wir sehen uns bald wieder. Bitte werd gesund. Bitte. Ich hab dich lieb, Magpie.«

Während ich, Maggie fest im Arm haltend, auf dem Boden kauerte, bekam ich kaum etwas von dem mit, was die Chirurgin über den weiteren Ablauf erklärte: wann Maggie in den OP gebracht würde, wann der Anruf mit den Neuigkeiten käme, was sie machen würden, wie lange das dauern würde …

Stattdessen dachte ich über unsere gemeinsamen Spaziergänge nach. Loch Morlich, die Rothie-Strecke, Lochindorb. Im Green Loch Stöckchen fangen und gemeinsam planschen. Die SMS, die sie mir aus den Ferien bei Mum und Dad schickte, um mir von den Abenteuern des Tages zu berichten. Wie oft sie neben mir auf dem Fußboden gelegen hatte, stundenlang, ungefüttert und ohne Gassi, aber ohne sich je zu beschweren, während mein Körper und mein Geist sich in unentrinnbaren Qualen wanden. Wie sie ungebetenerweise in Picknicks hineinplatzte und Freundschaften schloss. Ihr Lächeln. Fangen spielen mit Ri. Gemeinsam unter einer Decke liegen. Wie sie auf ihrem kleinen Hügel im Garten über ihren Herrschaftsbereich wachte. Ihr Gute-Nacht-Toast. Wie sie ihr Kinn auf meinem Knie abstützte. Der samtige Höcker auf ihrer Nase. Der Tag, an dem wir einander begegnet waren …

»Bei jeder Narkose und jeder Operation gibt es ein gewisses Grundrisiko.«

Die Stimme der Chirurgin holte mich in die Realität zurück, der ich so verzweifelt entfliehen wollte.

Mags bewegte sich unruhig in meinen Armen. Ich machte ihr Angst.

»Entschuldigung, meine Liebe.«

»Sie müssten bitte noch diese Formulare unterschreiben. Damit bestätigen Sie, dass Sie um das Risiko wissen und der weiteren Behandlung zustimmen.«

Ich nickte. »Okay.« Ich stand auf und setzte meine Unterschrift, Liebe und Verrat gleichermaßen, auf das Formular.

Als sich die Tür hinter uns schloss, drehte ich mich um und schaute durch die Glasscheibe in der Tür zurück. Maggie wurde auf der anderen Seite des Raums durch eine Tür geführt. Sie suchte nach mir, hatte den Kopf über die Schulter in die Richtung gewandt, in der ich verschwunden war, und einen kurzen Moment lang trafen sich unsere Blicke, während die Pflegerin sie sanft durch die Tür lockte. Dann war sie fort.

Zurück in Kilmarnock stürzten Mum und ich uns in Beschäftigung, um uns so gut wie möglich abzulenken. Ich wusste, dass

Mags inzwischen im OP sein würde. Mit dem Smartphone in der Hand wanderte ich zwischen Schlafzimmer, Wintergarten und Wohnzimmer hin und her und versuchte, mich auf Verwaltungsaufgaben für »Pounds for Poundies« zu konzentrieren. Einige Katzenbabys, die Mum vor Kurzem von einer Baustelle gerettet hatte, spielten im Flur Ball und jagten einander die Treppe rauf und runter.

Mum tauchte mit einem Teller Bohnen auf Toast und einer Tasse Tee auf, die sie vor mir neben meinem Handy auf den Couchtisch stellte.

»Iss«, befahl sie.

»Hab keinen Hu…«

»Iss.«

Man hatte uns gesagt, so gegen 14 Uhr wäre mit einem Anruf zu rechnen. Mir war, als würde ich auf einem sehr schmalen Grat zwischen zwei Welten balancieren. Auf der einen Seite befanden sich ein Sicherheitsnetz und eine Zukunft, auf der anderen drohte der Absturz in eine Hölle ohne Zukunft. Lebte Maggie noch? War sie gestorben, und ich wusste nichts davon? Aber wenn es so wäre, würde ich das doch bestimmt irgendwie spüren? Hatten sie den Tumor entfernen können? Ging es ihr gut?

Kurz nach halb zwei klingelte mein Telefon. Mein Magen krampfte sich zusammen, als ich sah, dass es eine Edinburgher Nummer war. Das war's. Ich wappnete mich und ging dran.

»Mhm …Oh, danke. Vielen, vielen Dank …« Maggie hatte die Operation überstanden, und die Tierärztin war zuversichtlich, dass es ihr gelungen war, den Tumor und auch ausreichend umgebendes Gewebe zu entfernen. Mags war noch angeschlagen, wurde aber zunehmend wacher und war die ganze Zeit über stabil gewesen. Die Chirurgin musste das Gespräch beenden, wollte mich aber später anrufen, um mir mehr zu erzählen. Ein Weilchen saß ich perplex da und ging das Gespräch im Kopf durch, um mich zu vergewissern, dass ich es mir nicht eingebildet hatte.

Sie lebte.

»Mum! Mum, wo bist du?«

Mum eilte aus der Küche, als ich die Treppe hinunterpolterte. Hin- und hergerissen zwischen Hoffnung und Angst sah sie aufgewühlt zu mir hoch.

»Sie hat die OP überstanden, Mum! Sie hat die Operation hinter sich. Es geht ihr gut. Oh, dem Himmel sei Dank …« Ich brach auf dem Fußboden zusammen, und meine Erleichterung brach sich in heftigen Schluchzern Bahn.

Die nächsten Tage erholte sich Maggie in der Tierklinik. Die in hohem Maße invasive Operation hatte lange gedauert, und sie hatten einen Teil ihrer Lunge sowie ein Stück ihrer Speiseröhre entfernen müssen, wo der Krebs unbemerkt gestreut hatte. Sie brauchte rund um die Uhr Pflege und sehr viele Schmerzmittel. Außerdem wurde eine PEG-Sonde in die Bauchdecke gelegt, durch die Nahrung direkt in den Magen gegeben wurde, damit die Speiseröhre Gelegenheit zum Abheilen bekam. Zweimal am Tag rief mich die Chirurgin an, um mich über Mags Befinden und ihre Genesung auf dem Laufenden zu halten. Am zweiten Tag ging sie mit dem Pflegepersonal zum Pinkeln vor die Tür, und bereits am dritten Tag mussten sie sie hinterher zurück ins Gebäude locken, weil sie immer der Nase nach von Schnüffelstelle zu Schnüffelstelle zog. Ich fragte, ob ich sie besuchen dürfte, aber Besucher waren nicht zugelassen.

»Das Personal liebt sie. Sie ist wirklich was Besonderes.« Die Chirurgin war dabei, Mags wirklich ins Herz zu schließen, und sie wusste, wie sehr ich sie vermisste und sie wiedersehen wollte. Sie versicherte mir, dass sie reichlich Liebe und Zuwendung bekam und bald nach Hause zurückkehren würde. Ich sehnte mich verzweifelt nach ihrem strahlenden Lächeln und ihrem fröhlichen Schwanzwedeln, ihrer runzligen Stirn und danach, sie in den Arm zu nehmen und ihr zu sagen, dass alles gut war, dass ich all das nur getan hatte, weil ich sie liebte.

Vier Tage nach Maggies Operation, an einem Samstag, fand die jährliche Benefizveranstaltung für Mums Tierschutzorganisation statt, den Ayrshire-Ableger des Cat Action Trust 1977. Mum und einige weitere Helfer hatten Stunden mit der Planung und der Organisation zugebracht – einen Saal gebucht, Tombola-Preise in ganz Kilmarnock eingesammelt, Freiwillige zusammengetrommelt und Papierkram erledigt. Am Abend vorher herrschte hektisches Chaos; wir waren schwer damit beschäftigt, den Saal vorzubereiten, Banner zu bügeln und um drei Uhr morgens nach dem Klebeband zu suchen. Ich war gerne mit dabei, es war eine schöne Ablenkung.

Die Veranstaltung war gut besucht, und als wir abends bei Mum und Dad zu Hause ankamen, waren wir erschöpft. Als wir gerade im Aufbruch waren, hatte mich Mags Pflegerin angerufen, um mir den Stand der Dinge mitzuteilen. Mags ging es immer noch gut, und alles lief nach Plan, sodass sie am nächsten Tag entlassen werden sollte. Wir hatten vereinbart, dass wir sie um 14 Uhr abholen würden. Endlich konnte ich akzeptieren, dass wir in das Sicherheitsnetz gefallen waren und eine gemeinsame Zukunft vor uns lag. Ich versuchte nicht einmal, meine Begeisterung zu zügeln. Jetzt, da das Gewicht weg war, war mir, als würde ich schweben.

Mum war im Schlafzimmer verschwunden, um eine Folge der Krankenhausserie *Casualty* zu gucken und ein bisschen zu dösen, und Dad schnarchte mit einem überflüssigen Buch auf der Brust im Wintergarten. Ich beschloss, mich auch ein wenig hinzulegen. Die letzten Wochen waren ermüdend und belastend gewesen, und ich spürte, wie der Kummer seinen Tribut von meinem Körper forderte. In meinem Kinderzimmer schlang ich mir eine alte Decke mit Weißstickerei um die Schultern und machte es mir gemütlich. Ich liebte es, bei Mum und Dad zu sein, und ganz besonders gern war ich in meinem alten Kinderzimmer. Einmal Zuhause, immer Zuhause. Um diese Zeit am nächsten Tag würde auch Maggie hier sein. Strahlend vor Glück legte ich mich hin und schlief beinahe auf der Stelle ein.

Benommen griff ich nach meinem Telefon.

Es klingelte. Eine Edinburgher Nummer. Die Tierklinik. *Wie spät ist es?* An dem Abend erwartete ich eigentlich kein Update mehr. *Shit.*

»… können nichts machen … Tut mir sehr leid …«

Nein. Nein. Bitte nicht. Das ist nicht wahr.

Maggie hatte eine letzte Portion Nahrung bekommen, ehe die Sonde endgültig entfernt werden sollte. Irgendwie war die Sonde jedoch verrutscht. Deshalb war die Nährflüssigkeit nicht durch die Sonde in den Magen, sondern in den Bauchraum gelangt, wo sie die inneren Organe umhüllte, was, so die Chirurgin, »den schlimmsten Fall einer Bauchfellentzündung, die ich je gesehen habe« zur Folge hatte. Als das Pflegepersonal sie alleine in ihrem Kennel liegend fand, war sie aufgrund eines septischen Schocks zusammengebrochen, hatte Herzrasen und litt fürchterliche Schmerzen. Man hatte sie in Windeseile in den OP geschoben, aber es war aussichtslos. Der Schaden war zu groß.

Ich bettelte darum, sie sehen zu dürfen, bei ihr sein zu dürfen, beteuerte, ich würde kommen, so schnell ich nur konnte.

Zwecklos, hieß es. Man durfte mich nicht hineinlassen. Bis zu meiner Ankunft wäre es sowieso zu spät. Ich konnte nichts tun.

»Aber ich hab ihr doch versprochen …«

Kurz vor 20 Uhr am 24. Oktober 2015 erteilte ich die Erlaubnis, Maggies Leben ein Ende zu setzen. In diesem Moment starb Maggie hundert Meilen von mir entfernt, und die Welt, wie ich sie kannte, hörte auf zu existieren.

Erstarrt saß ich auf der Bettkante und schaute zu Boden, und wie eine tiefe Fleischwunde zunächst weiß wird, bevor das Blut einschießt, wie die ruhige See sich zurückzieht, bevor der Tsunami losbricht, fühlte ich einen Moment lang gar nichts.

Schweigend stiegen wir ins Auto. Es war kurz nach Mittag. In zwei Stunden würden wir uns in Edinburgh von Maggies Leichnam verabschieden – zur gleichen Zeit, zu der wir sie eigentlich hätten abholen sollen. Dad fuhr, stoisch wie immer. Mum saß außer sich vor Trauer schluchzend hinten.

Etwa nach einer halben Stunde Fahrt, kurz nach der Abfahrt nach Newton Mearns, wo es den Hügel hinuntergeht, brach der schmerzende, unüberbrückbare Abgrund in mir auf. In meinem Kopf kreisten die Gedanken – an das gebrochene Versprechen, daran, dass Maggie alleine sterben musste, dass wir einander nie wiedersehen würden. Noch einmal durchlebte ich unseren letzten gemeinsamen Moment, als sich unsere Blicke trafen und wir voneinander getrennt wurden. Ich stellte mir vor, wie Maggie die Tage verwirrt verbracht hatte, wie sie sich fragte, wo ich war und warum ich das alles zuließ. Ein als Liebe verkleideter Verrat.

Maggie war alleine gestorben, aber ich musste mich an die Tatsache klammern, dass sie von Liebe durchs Leben getragen worden war. Sie kannte Liebe. Sie hatte sich geliebt gefühlt.

Dieses Wissen war das Einzige, was meinen Schmerz auch nur ansatzweise durchdringen konnte. Ich erinnerte mich an die zahllosen Gesichter, die ich in Tierheimen oder in Ställen mit Massentierhaltung gesehen hatte, krank und im Sterben begriffen; die verlorenen, verzweifelten, hoffnungslosen Wesen, von Einsamkeit gequälte gebrochene Seelen. Liebe, wie Maggie sie gekannt hatte, hatten sie nie erfahren. Sie waren wirklich alleine gestorben.

Und in diesem Moment fand mich ein Gedanke.

»Ein Hospiz für Tiere. Das Maggie Fleming Animal Hospice.«

Ich wandte mich Dad zu, und unsere Blicke trafen sich kurz. Dann drehte ich mich zu Mum um und streckte den Arm aus. Sie ergriff meine Hand und nickte und lächelte mich trotz ihrer Trauer an.

Kapitel 8

Osha Dosha Do, Osha Dosha Don't

»Osha! OSHA! Ja, dich mein ich. Erklärst du mir mal, warum der Inhalt des Mülleimers im ganzen Flur verteilt ist? Guck nicht so unschuldig, ich weiß doch, dass du das warst …«

Mich grinste ein Gesicht an, in dem sich die typische Dreistigkeit eines Bullmastiffs spiegelte. Schnurzpiepegal war's ihr. Groß, mutig, stur, laut, ungezogen, streitlustig, stinkfaul und immer von ihrem Bauch geleitet – Osha war ein charmanter Kopfschmerz in Hundeform. Osha war ohne jeden Zweifel von ihrer eigenen Pracht und Herrlichkeit überzeugt und glaubte fest daran, dass die Welt und alles, was sich darauf tummelte, zu ihren Diensten existierte, besonders, wenn sie es fressen oder darauf schlafen konnte – oder, das höchste der Gefühle: es essen, während sie darauf schlief.

Während Maggie ihre Untersuchungen durchlief, hatte ich einen Anruf wegen einer Bullmastiff-Hündin mittleren Alters namens Osha bekommen. Cathy, die ich über »Pounds for Poundies« schon länger kannte, hatte über ein Tierheim, in dem sie sich engagierte, von Osha gehört. Wenige Wochen zuvor war Osha mit einem schlimmen, fortgeschrittenen und nicht mehr behandelbaren Tumor an ihrer Analdrüse dort abgegeben worden. Dahinter steckte eine lange, verstörende Geschichte, aber um es kurz zu machen: Osha hatte keine Familie mehr, lebte deswegen inzwischen alleine in einem Zwinger und hatte noch etwa sechs Monate zu leben.

»Du hast wahrscheinlich keinen Platz mehr in deiner Hütte, was, Lexy? Mir fällt niemand anderes ein, überall sonst ist's voll ...«

»Hab ich echt nicht, Cathy«, sagte ich. Ich zwang mich, pragmatisch zu denken, überlegte aber gleichzeitig schon, ob es sich nicht doch irgendwie machen ließe.

Mir ging es gesundheitlich besser, und da die Schmerzen größtenteils unter Kontrolle und mein Appetit mit Wucht zurückgekehrt waren, nahm ich allmählich zu und wirkte und fühlte mich wieder etwas robuster. Ich tat Dinge, von denen ich noch wenige Monate zuvor resigniert akzeptiert hatte, dass ich sie nie wieder würde tun können. Mir kam es vor, als hätte mich jemand neugestartet.

Maggie, Ri, Annie und ich waren aufeinander eingespielt und zufrieden. Aber obwohl ich einerseits keinen zusätzlichen Stress in unser aller Leben holen und diesen Frieden und das Gleichgewicht, zu dem wir endlich gefunden hatten, nicht stören wollte, wünschte ich mir doch, dass Osha ihre letzten Lebensmonate in einem Zuhause mit einer Familie verbringen durfte. George und Angus hatte es so viel bedeutet, ihre letzten Tage in einem Zuhause mit einer Freundin zu teilen. Ich wusste, was es hieß, sich an einem sicheren Ort und in dem Gefühl, geliebt zu werden, auf den Abschied von dieser Welt vorbereiten zu können.

Die Logistik würde für Kopfzerbrechen sorgen und die Kennenlernzeit sicher heikel werden, aber ich verfügte über ein Gästezimmer, reichlich Zeit und hatte das auch schon vorher in einer weit schwierigeren Situation hinbekommen. Einmal mehr traf sich eine Entscheidung ganz von alleine.

»Ich könnte dich umbringen …!«

»Dacht ich mir, dass du so was sagen würdest!«

»Haha, ja, und ich wusste, dass du wusstest …! Egal, dann lass uns mal über ihren Transport sprechen …«

Einige Tage später fuhr ihr Chauffeur vor. Aus dem Auto stieg die stolze Osha. Sie war ein großes, feistes Mädchen mit hellbraunem Fell und braunen Augen, die zwischen den Falten hervorblitzten. Sie sah aus wie die »Grumpy Cat« in Hundeform. Osha strotzte nur so vor Selbstbewusstsein, und ganz offenbar scherte sie sich kein bisschen darum, dass man sie an dem einen Ort in ein Auto verfrachtet, eine nicht unerhebliche Strecke transportiert und an einem anderen Ort wieder abgesetzt hatte. Sie unterzog mich einer flüchtigen Geruchsprobe, leerte ihre Blase und machte sich mit der Schnauze am Boden daran, ihre Umgebung zu erkunden.

Sofort war klar, dass uns Ärger ins Haus stand.

»Osha. OSHA! Hey, gib aus. Gib aus. OSHA!«

Nach und nach zerrte ich ihr die klatschnasse, halb zerkaute Verpackung durch ihre zusammengebissenen Zähne aus dem Maul.

»Osha, das kann man nicht essen. Das ist Plastik. Du kannst doch kein Plastik fressen.«

Sie sah mich an, als hätte ich die neuesten Nachrichten über die brandneue Entdeckung des überaus erstaunlichen Nährwerts von Plastik nicht mitbekommen.

»Lass los, Osha. *Gib aus.*« Mit Mühe verkniff ich mir das Lächeln über ihre schiefen kleinen Zähne, die anscheinend alle unterschiedliche Anweisungen bekommen hatten, in welche Richtung sie wachsen sollten. Am Ende gewann ich die Auseinandersetzung, warf die zerfetzte Verpackung in den Müll und wischte mir den Sabber von den Händen. »Also für heute reicht's mir mit dir. Ab ins Bett. Los jetzt. BETT.«

Mit erhobenen Augenbrauen schaute sie zu mir auf. Sie hatte nicht die geringste Absicht zu tun, was auch immer ich ihr da gerade gesagt hatte.

»Schön.« Wir wussten beide, dass es nur einen Ausweg gab, wenn ich mir einbilden wollte, ich hätte diese letzte Auseinandersetzung gewonnen. Ich ging zum Schrank, holte einen großen Kauknochen für sie heraus und trug ihn in ihr Schlafzimmer.

Sie stolzierte hinter mir ins Zimmer und warf sich auf das Doppelbett. »Für ein Naschi im Bett würdest du deine Seele verkaufen, Osha.«

Sie grinste mich an.

»Ja, ich weiß, dass du dich für lustig hältst. Bitte schön … Guten Appetit.« Ich gab ihr den Kauartikel. »Ich hab dich lieb, Osha Dosha Do. Du bist eine echte Nervensäge.«

Während sie kaute, rubbelte ich ihr eine Weile die Schultern, dann drückte ich sie und gab ihr einen Kuss auf die runzlige Stirn. »Gute Nacht, Osh.«

Mal gut, dass ich sowieso keine Reaktion erwartet hatte.

An die Wochen nach Maggies Tod habe ich nur wenige Erinnerungen, aber ich war sehr erleichtert, dass Osha sich so schnell und schmerzlos eingewöhnte. Nach allem, was sie durchgemacht hatte, war Osha zufrieden, solange sie nur ein Bett hatte, ausreichend Futter, eine Familie und jemanden, der sein ganzes Leben der ehrenhaften Aufgabe widmete, ihr rund um die Uhr jeden Wunsch von den Augen abzulesen. Mir tat die Ablenkung gut, jemand anderen umsorgen zu können, und man hatte viel Spaß mit ihr.

Mit der Zeit arbeitete ich außerdem daran, dass sie und Ri sich anfreundeten. Eine Weile war Ri wirklich anhänglich, weil sie sich an die neuen Verhältnisse in unserer veränderten Familie gewöhnen musste, aber mit der Zeit fanden wir uns alle zurecht. Es gab einige kleinere Missverständnisse, aber ich glaube, Ri dachte da ganz ähnlich wie ich: Das war der Mühe nicht wert. Irgendwann lernten sie, einander zu tolerieren, und manchmal dösten sie sogar nebeneinander auf dem Sofa. Doch Osha mochte ihren Freiraum und hatte ganz gewiss nicht vor, das Schnuffeltuch für einen unsicheren, neurotischen Staffie zu spielen, und ich glaube, Ri fühlte sich von Oshas Überheblichkeit ein wenig zurückgewiesen, nachdem sie mit Maggie so vertraut gewesen war.

Der Tumor an Oshas Analdrüse war abscheulich. Er war groß, etwa so groß wie eine Grapefruit, aber falls sie ihn überhaupt bemerkte, ließ sie sich das nicht anmerken. Wir vermuteten, dass er schon mindestens zwei Jahre lang gewachsen sein musste. Besonders ärgerlich: Hätte man gleich etwas unternommen, als er auftauchte, wäre die Entfernung recht einfach gewesen und sie wäre nicht in diese Situation gekommen. Aufgrund seiner Position und seiner Größe war eine Entfernung jetzt nicht mehr möglich: Es war nicht genug Randgewebe vorhanden, um sicherzugehen, dass wirklich alles entfernt worden war, also war die Wahrscheinlichkeit hoch, dass er wiederkommen würde. Außerdem wäre es eine »dreckige« Operation geworden, mit einer qualvollen Regenerationszeit und einem extrem hohen Infektionsrisiko. Wir hatten uns von zwei Tierärzten beraten lassen, die beide dasselbe sagten: in Ruhe lassen.

Im Laufe der Zeit würde der Tumor wachsen, eitern und vielleicht sogar brandig werden. Irgendwann würde dann der Kipppunkt erreicht sein, an dem die Haut und die Blutversorgung nicht mehr mit der Wachstumsrate mithalten konnten.

Nach ihrer Ankunft hatten wir ihre Brust röntgen lassen. Es gab erste Anzeichen dafür, dass der Krebs in die Lunge gestreut hatte, und an ihren Milchdrüsen bildeten sich verdächtige, kleine Knötchen.

Es war schwer zu akzeptieren, aber was die medizinische Behandlung anging, war neben der Versorgung mit Schmerzmitteln Nichtstun das Beste für Osha. Ich konnte versuchen, dem Wachstum der Tumore mit gutem Futter, Nahrungsergänzungsmitteln und einem glücklichen, gesunden Leben entgegenzuwirken, und ich konnte die Haut mit Cremes geschmeidig halten. Aber letztendlich würde schon bald der Tag kommen, an dem für Osha das Leben aus dem Aushalten von Schmerz bestand. Ich wollte nicht, dass sie das durchmachen musste. Ich wollte nicht, dass der Geist und das Temperament meiner Freundin langsam verblich und sie in ihrem versagenden Körper gefangen war. Osha, das war das Funkeln zwischen den Runzeln. Ohne das Funkeln wäre auch sie verschwunden, ob ihr kranker Körper nun noch durchhielt oder nicht. Es tat teuflisch weh, aber letztendlich würde es nur auf eine einzige Sache hinauslaufen, und das konnte wirklich schlimm für sie sein oder wirklich schön. Mir graute vor diesem Moment, aber mir blieb nichts anderes übrig. Ich konnte nur die Vorkehrungen treffen und bereit sein, wenn es so weit war – und bis dahin so viel Futter, Schlaf, Schabernack und Abenteuer unterbringen, wie ich nur konnte. Wir mögen nicht darüber entscheiden können, ob wir das Spiel spielen oder nicht, aber das heißt noch lange nicht, dass wir nicht ein bisschen an den Regeln drehen können.

»Schau mal, wie viele sich für deine Abenteuer interessieren, Osh. Wir sollten eine Seite für dich machen.«

Sie lag vor dem Holzofen und döste in der Wärme vor sich hin. Ich veröffentlichte ihre Abenteuer auf Facebook. Es war schön, davon zu berichten, wie glücklich sie war und welche Abenteuer sie auf ihren Spaziergängen oder bei ihren Ausflügen zum Strand oder nach Elgin erlebte. Eine eigene Seite würde ihren Online-Freunden bestimmt gefallen, dachte ich, die hörten gerne, welchen Unfug sie so anstellte.

»Ja, das machen wir, Osha Dosha Lieblingspfuscher. Lass uns eine Seite machen: Oshas Abenteuer. Was hältst du davon, Osh?«

Nichts. Entweder schlief sie tief und fest oder aber sie ignorierte mich.

Oshas Lieblingsrunde ging unten am Flüsschen entlang, einem Bach, der zwischen feuchten, moosigen Felsen und unter einer alten Buckelbrücke dahinplätscherte, um weiter unten in den Fluss zu münden. Sie liebte diesen Ort. Hätte ich sie nicht hin und wieder an meine Existenz erinnert und daran, dass ich auch irgendwann einmal wieder nach Hause wollte, wäre sie den ganzen Tag den Duftspuren von Wild und Fasanen im Farn gefolgt. Sobald ich sie von der Leine ließ, trabte sie vor mir die Stufen hinunter und über eine kleine Holzbrücke, die nur ein kräftiger Regenschauer davon trennte, sich in Treibholz zu verwandeln, und hielt geradewegs auf die Matschpfützen am anderen Ufer zu.

Seit Maggies Tod waren einige Monate vergangen. In Weihnachtsstimmung war ich eigentlich nie, aber in diesem Jahr schon gar nicht. Ende Januar, um meinen Geburtstag herum, konnte ich mir eher vorstellen, etwas zu feiern. Daher schlug Mum vor, ich könnte sie doch einige Tage besuchen. Das war das erste Mal, dass ich sie ohne Mags besuchte, und obwohl das Auto voll war, war schmerzhaft deutlich, dass jemand fehlte. Weihnachtsbesuch bei Oma und Opa und ihrem Cousin Robbie hatte zu den Dingen gehört, die Mags am liebsten hatte.

Robbie war ein Staffordshire-Terrier, den Mum und Dad etwa um dieselbe Zeit aus einem Tierheim adoptiert hatten wie ich Annie und Ri. Sein Start ins Leben war chaotisch, was in Kombination mit seinen angeborenen Staffie-Neurosen und seiner ganz ureigenen Mischung aus Hyperaktivität und Bekloppptheit dazu geführt hatte, dass er die ersten sechs Monate bei Mum und Dad ständig völlig überdreht war. Maggie hatte ihm wirklich gutgetan. Ihre sanfte Art, die Dinge zu nehmen, wie sie kamen, hatte ihm geholfen, die Hummeln in seinem Hintern ein wenig zu beruhigen. Jetzt hob er sich seine hyperaktive Bekloppptheit für besondere Gelegenheiten auf. Beispielsweise für einen Besuch seiner großen Cousine Osha.

»Schöne neue Haustür!«, rief ich beim Hereinkommen Richtung Küche. Mum und Dad hatten einiges am Haus gemacht, und nach einem quälend langen Entscheidungsprozess und Aufschieberei hatten sie endlich in der Woche zuvor die Türen einpassen lassen.

»Ja, endlich. Sieht gut aus, oder?«, rief Mum zurück.

Ich schlenderte in die Küche, um ihr den obligatorischen Blumenstrauß und eine Schachtel Pralinen zu überreichen.

»Hach, sind die aber schön! Hoffentlich waren sie reduziert.« Sie lachte bei der Umarmung.

»Für dich nur gelbe Etiketten, Mum – als ob ich den vollen Preis für deine Blumen bezahlen würde. Bist du gar nicht wert.«

Lächelnd ging Mum Wasser aufsetzen, während ich mich darum kümmerte, das Auto auszuladen und Osha, Ri und unsere Siebensachen dorthin zu verteilen, wo sie sein sollten. Wir wussten nicht, wie Osha auf Katzen reagierte, deshalb würden wir sorgfältig darauf achten müssen, sie von ihnen fernzuhalten. Mein altes Kinderzimmer war ihr als Schlafquartier zugeteilt worden. Als alle untergebracht waren, ging ich in den Wintergarten, um Annie zu begrüßen.

Vor einigen Monaten war Annie dauerhaft zu Mum und Dad gezogen. Ich wusste, ich würde sie enttäuschen, wenn ich so viele neue Hunde ins Haus holte, und Mum und Dad konnten ihr die Aufmerksamkeit schenken, die sie brauchte. Ich hatte deshalb starke Schuldgefühle, und wir vermissten einander. Aber ich wusste auch, wie weit wir es zusammen gebracht hatten und wie viel unsere Freundschaft für sie verändert hatte. Mum, Dad und Annie mochten einander wirklich sehr, und meine Eltern hatten den Wintergarten zu Annies Schlafzimmer gemacht. So verbrachte Annie ihren Ruhestand damit, im Garten herumzuschnüffeln und sich zu sonnen, Löcher in den Rasen zu buddeln und mit Dad unten am Loch nach Steinen zu tauchen.

Spätabends drehten Annie und Mum ihre »Schulrunde« durch die Straßen ihrer ruhigen Wohnsiedlung und an der Schule vorbei, wo Mum früher unterrichtet hatte. Ich bekam nächtliche SMS von den beiden, in denen sie mir davon berichteten, welche Geruchssensationen Annie bei ihren forensischen Untersuchungen des Grünstreifens auf die Spur gekommen war und wie oft sie an dem Abend ihre Oma mit der Leine an einen Laternenpfahl gefesselt hatte. Wenn sie nach Hause kam, übersäte Mum Annie mit Küssen, deckte sie mit vermutlich viel zu vielen Kuscheldecken auf der Couch zu und fütterte ihrem Enkel-Hund den Gute-Nacht-Toast, aus der Hand natürlich. Sehr lange hatte Annie ein anderes Leben aushalten müssen, und sie verdiente und genoss jeden Zipfel Zufriedenheit und Luxus, die sie nun endlich bei meinen Eltern bekam. Sie war völlig verwöhnt, und das liebte sie.

»Weißt du noch, wie uns Mags und Robbie einmal im Park verlorengingen und wie wir sie dann irgendwann auf dem Golfplatz wiedergefunden haben, wo sie den Golfern geholfen haben?«, frage ich Mum, als wir mit Osha durch den Park spazierten.

»Ja, mein Maggie-Mädchen war eine ganz tüchtige Helferin.« Mum lächelte. Ihre Augen waren gerötet.

Immer noch hatte die Trauer all unsere Erinnerungen an die Zeit mit Maggie fest im Griff, alles, was wir so sehr an ihr liebten. Wir hatten so viele glückliche Momente mit ihr erlebt, und die Lücke, die sie hinterließ, war immer noch eine rohe, offene Wunde.

Im Laufe der Zeit würde das Leben manche Risse und Spalten auffüllen, aber es gab auch einige Bruchstücke, die niemals gekittet werden konnten und immer scharfe Kanten haben würden. Beim Autofahren traf es mich anscheinend immer am schlimmsten, und manchmal überfiel mich die Trauer so heftig, dass ich anhalten und den Kummer aussitzen musste, bis er wieder nachließ.

Es war wunderbar, Osha so zufrieden zu sehen, so unbekümmert, und ich war froh, dass sie ihr Leben genoss. Ich wusste aber auch, dass sich ein erneuter Kampf mit der Trauer abzeichnete und jeden Tag näher rückte, und diesen verdammten Schmerz wollte ich nicht noch einmal durchleben. Nicht so einfach, zu wissen, was man fühlen sollte. Glück und Trauer, Gegenwart und Abwesenheit, Lachen und Weinen, Leben und Tod: zwei Seiten derselben Münze, die beide gleichzeitig existierten und gleichermaßen in der Lage waren, ihre Existenz zu rechtfertigen.

Am anderen Ende der Leine dachte Osha einzig und allein über die Möglichkeit nach, etwas Essbares zu finden oder etwas, das möglicherweise irgendwann einmal oder auch noch nie essbar gewesen war. Mit der Schnauze am Boden und vom Winde verwehten Geifer zog sie in ihre ganz eigene Welt los, und Mum und ich folgten ihr artig. Immer der Nase nach scheuchte sie unsere lahmen Knochen kleine Hügel rauf und runter, durch Büsche hindurch und um Bäume herum. Falls sie wusste, dass sie Krebs im Endstadium hatte, war das für sie höchstens eine lästige Unannehmlichkeit. Sie kümmerte sich nur um das, was sie in diesem Moment vor der Nase oder zwischen den Kiemen hatte. Osha sorgte für eine Menge Spaß und stellte meine Geduld jeden Tag aufs Neue auf die Probe.

Seit dem Tag, an dem ich mich von Maggie verabschieden musste, hatte ich den Gedanken an das Hospiz beiseitegeschoben, um ihm Zeit zum Reifen zu geben. Ich wollte mir einige Monate geben, um alles gründlich zu durchdenken und gewissenhaft zu überlegen, anstatt inmitten der Trauer eine Entscheidung zu treffen. Als die Tage vergingen und sich das Leben um uns herum neu zu gestalten und zu füllen begann, dachte ich allmählich mehr über die Idee nach.

Ob ich dazu körperlich, geistig und emotional in der Lage war? Wie würde ich mit so viel Tod und Trauer umgehen? Die Verantwortung wäre enorm, aber das kümmerte mich weniger als die Frage, ob ich der Sache gerecht werden konnte und ob ich diesen Schmerz auch nur noch einmal mehr erleben wollte, geschweige denn immer wieder. Noch sechs Monate später hielt mich die Trauer, die mich im Oktober überwältigt hatte, immer noch so fest im Griff wie am Anfang, und ich fragte mich wirklich, was wohl mit mir nicht stimmte, dass ich aus irgendeinem Grund darüber nachdachte, geradewegs auf diesen Schmerz zuzugehen, den ich doch eigentlich um jeden Preis loswerden wollte.

Nach ein paar Tagen ließen Mum und ich Osha schwer beschäftigt mit einem mit Erdnussbutter gefüllten Kong auf dem Doppelbett in meinem alten Kinderzimmer zurück, um einkaufen zu gehen. Wenn Osha einmal im Bett war, stand sie normalerweise aus keinem Grund der Welt wieder auf. Das galt ganz besonders, wenn es in diesem Bett etwas zu fressen gab. Aber normalerweise lockte eben auch nicht die Möglichkeit, jenseits der Grenze der schönen neuen Türen aus massiver Eiche Katzenfutter abzustauben. Sie war sich sicher, dass sie da draußen einen Schatz finden würde – wenn sie bloß irgendwie durch diese Tür käme …

»Ach du schöne Scheiße, Osha! Wart's bloß ab, wenn Dad das sieht … Das gibt richtig Ärger. Das ist echt schlimm, Osha.« Beim Anblick der Kratzer in der schönen neuen Eichentür verzog ich schmerzhaft das Gesicht. Meine Eltern hatten so viel in Kauf genommen. Seit ich alleine rausgehen durfte, war ich immer wieder mit Hunden nach Hause gekommen, die ich auf der Straße aufgelesen hatte – Hunde, die im Laufe der Jahre für ganz schön viel Stress gesorgt hatten. Mehr als einmal waren meine Eltern morgens nach unten gekommen und hatten an der Esszimmertür einen Zettel vorgefunden (*Halt! Hund!*), nachdem ich am Abend vorher in Kilmarnock ausgegangen war. Ich fühlte mich schrecklich wegen der Tür, war aber völlig abgebrannt und konnte ihnen nicht anbieten, den Schaden reparieren zu lassen oder die Tür zu ersetzen. Scham durchflutete mich. »Ihre neue Tür, Osha …«

Sie grinste mich an.

»Das ist nicht lustig.«

Fünf Jahre später kann man immer noch die Bohrlöcher sehen, wo Dad jedes Mal, wenn Osha zu Besuch kam, zum Schutz seiner brandneuen, heiß ersehnten, sehr teuren Tür aus massiver Eiche wortlos ein Sperrholzbrett anschraubte. Auch die Kratzspuren darunter sieht man noch.

»Oh mein Gott, Osha Dosha, das wird dir so dermaßen gefallen!«

Es war Oshas erstes Restaurant-Abenteuer. Wir stiegen gerade die steile Treppe zum Flying Duck hinunter, einer Kellerbar im Stadtzentrum von Glasgow, wo vegane Burger, Hotdogs, Makkaroni mit Käse und Pommes mit Extra serviert wurden. Genau meine Art Essen – und, weil's ja Essen war, auch genau Oshas Art Essen. Wir suchten uns einen Tisch und ließen uns nieder. Erschlagen von den vielen Wahlmöglichkeiten saßen Mum, Dad und ich schweigend da und überlegten.

»Oh Mist, wo ist sie hin?«

Ich hatte mir die Schlaufe von Oshas Leine achtlos unters Bein geklemmt, während ich mich schichtweise aus meinen Wintersachen pellte, und mich so in die Aufgabe vertieft, mich selbst davon zu überzeugen, dass ich durchaus und sehr wohl in der Lage wäre, einen Burrito mit Makkaroni und Käse und eine Schale Pommes mit Erdnussbutter und Chili-Marmelade zu essen, dass ich ganz vergessen hatte, dass ich einen Hund hatte und für mehr verantwortlich war, als nur etwas Selbstkontrolle an den Tag zu legen und nicht die halbe Speisekarte zu bestellen. Ich sah mich im Raum um. Sie konnte zwar nicht weit gekommen sein, aber auf jeden Fall für Ärger sorgen. Keine Spur von Dosha.

Ich stand auf, um besser Richtung Bar schauen zu können. »Shit!« Fluchend stolperte ich über meine Tasche und hastete zur Küche. »OSHA! Raus da!«

Sie stand in der Tür zur Küche und starrte wie hypnotisiert den Koch an. Sie hatte den Garten Eden gefunden. Die Quelle alles Guten: der Ort, von dem das Essen kam.

Ich schnappte ihr Geschirr und zerrte sie zurück.

»Tut mir schrecklich leid«, versuchte ich den Koch unterwürfig zu beschwichtigen. »Sie würde ihrem Magen über eine Klippe folgen.«

Er lachte. Gott sei Dank amüsierte ihn die Hundeversion der Grumpy Cat, die vor ihm stand und ihn anschaute, als wäre sie gerade ihrem Schöpfer höchstselbst begegnet. Zurück am Tisch stellte ich ein Stuhlbein in die Schlaufe der Leine.

»Du bist echt ein wandelnder Haftpflichtschaden, Köter.«

Sie grinste mich an.

Als das Essen serviert wurde, hielt ich meine Kamera bereit, um ihr Abenteuer für ihre Facebook-Freunde zu dokumentieren, und stellte den roten Korb mit ihrem Hotdog und den Pommes vor sie hin.

»Also dann, bitte schön. Es wird dir schmecken. Heute ist der beste Tag deines Lebens, was? Oh, jetzt geht's los …«

Und in wenigen Momenten himmlisch-herrlicher Seligkeit hatte sie die ganze Portion verputzt.

Mit dem Frühling, der langsam den Winter verdrängte, näherte sich die Sechs-Monats-Marke, von der wir erwartet hatten, dass sie das Ende unserer Zeit mit Osha sein würde. Und verstrich. Sie sah immer noch toll aus und fühlte sich wunderbar, und nach wie vor deutete nichts darauf hin, dass der Tumor sie irgendwie störte. Manchmal rötete er sich ein bisschen, aber nur selten nahm sie ihn überhaupt zur Kenntnis. Immer noch konnte sie alles tun, was sie gerne tat, und ihre Abenteuer genoss sie auch nach wie vor.

»Also, Osha, Schlafenszeit. Komm, raus, pinkeln.«

Apathisch lag sie lang gestreckt auf der Couch, ließ ihren Kopf an einer Seite herunterhängen und ging exakt nirgendwo hin.

»Osha. Raus jetzt. Raus! Jetzt!«

Widerstrebend rollte sie sich vom Sofa. Absichtlich langsam ging sie zur Tür, hielt inne und guckte runter. Da fiel mir ein, dass ich einen Korb mit Eiern vor der Tür hatte stehen lassen, und Osha »Schnute« Fleming hatte natürlich Wind davon bekommen. Ich hechtete gerade noch zur Tür, um sie aufzuhalten, aber da war sie schon weg.

»Osha, nein! Ach, Schei... – OSHA!«

Im Licht des Küchenfensters konnte ich sie voll und ganz mit sich zufrieden durch den Garten traben sehen. Rohes Ei hing ihr in Fäden von den Lefzen.

»Du bist echt so dermaßen dreist!«, brüllte ich in den Garten. Dann drehte ich mich um. »Bleib nicht zu lange«, ergänzte ich, wohl wissend, dass ich mir die Worte hätte sparen können.

Als es März wurde, hatte ich den Gedanken an das Hospiz lange genug in meinem Kopf hin und her bewegt und darüber nachgedacht. Es war ein beängstigender Schritt ins Ungewisse, aber ich musste mich endlich entscheiden, ob ich die Idee weiterverfolgen wollte. Mein ramponierter alter Laptop und ich waren also wieder zugange: Ich begann, die Grundlagen für das Maggie Fleming Animal Hospice zu schaffen. Gut möglich, dass die Gründe, mir das Ganze aus dem Kopf zu schlagen, den wirklich überzeugenden Argumenten zahlenmäßig eigentlich überlegen waren, aber egal: Der Gedanke saß.

»Pounds for Poundies« lief immer noch sehr gut. Kürzlich erst hatte ich ein Nebenprojekt namens »Consider a Staffie« gegründet, bei dem es darum ging, Staffordshire-Terriern im Allgemeinen einen besseren Ruf und dem einen oder anderen Vermittlungskandidaten im Besonderen ein neues Zuhause zu verschaffen. Ich hatte schöne T-Shirts und andere Produkte herstellen lassen, für die einige Bestellungen eingingen, weshalb ich verhältnismäßig oft zur Post nach Aberlour fuhr. Bei diesen Fahrten begleitete mich Osha gerne. Wir gingen dann an der Kirche vorbei hinter der Keksfabrik spazieren und durch den Wald zurück. An den richtigen Stellen konnte ich sie von der Leine lassen, aber man konnte ihr nicht recht trauen, deshalb musste ich aufpassen wie ein Luchs.

Da oben duftete es köstlich. Das galt ganz besonders, wenn man eine Nase wie ein Bullmastiff hatte. Oft schaute ich den Gabelstaplern beim Rangieren zu und beobachtete die Möwen über uns, die nach dem einen oder anderen Krümel Ausschau hielten, während Osha die Gerüche am Wegesrand in sich aufsaugte.

»Hey! Du da – komm zurück!«

Osha war gerade noch vor mir hergestrolcht, immer auf und ab über dem matschigen Weg. Beim Hinterhergehen hatte ich mich ablenken lassen – war kurz mal in Gedanken weg gewesen. *Ach, shit.*

»Osha. Osha! OSHA!«

Auf dem Weg vor mir war nicht die Spur von ihr zu sehen. Ich begann zu rennen; wenn sie wollte, konnte sie flink sein. Ich wich Wurzeln und Pfützen aus und versuchte, weiter in den Wald hineinzuschauen. Zwischen den Bäumen sah ich sie nicht, aber sie konnte doch bestimmt noch nicht weit gekommen sein?

Atemlos blieb ich stehen und schaute mich um. »Verdammt, wo ist sie denn? Oh nein … nein … nein, nein, nein …«

Entsetzt starrte ich nach unten. Osha stolzierte über den Hof der Keksfabrik, geradewegs auf eine offene Ladebucht zu.

»Der Hund! Shit. DER HUND! ACHTUNG, aufpassen!«

Einmal davon abgesehen, dass sie im Grunde gerade über die reinste Gabelstapler-Autobahn zuckelte, war der Gedanke daran, was Osha und ihr Magen in einer Keksfabrik anstellen könnten, nicht auszuhalten. So schnell ich konnte, arbeitete ich mich die überwachsene Böschung hinunter. »Osha! Stopp!«, brüllte ich, wohl wissend, dass es zwecklos war. »Achtung! Da ist ein Hund!«, schrie ich und versuchte verzweifelt, trotz des Hintergrundlärms der Fabrik jemand auf mich aufmerksam zu machen.

Kurz vor dem Lagerhaus blieb sie stehen, die Schnauze witternd in der Luft, um sich zu vergewissern, dass sie immer noch auf dem richtigen Weg ins Nirwana war. Vom Adrenalin getrieben rannte ich mit nur geringfügig mehr Respekt für die Gesundheit, als ich das gerade bei Osha beobachtet hatte, und atemlos vor Anstrengung und Panik über den Hof zu ihr hin.

»Bleib, wo du bist, Osha«, sagte ich beim Näherkommen. »NICHT BEWEGEN.«

Sie grinste mich an.

»Findest du das vielleicht witzig? Shit, Osha, du bist gerade beinahe von einem Gabelstapler aufgespießt worden.« Ich hakte die Leine ein. Dann rubbelte ich mir vor lauter Erleichterung und Verzweiflung die Schläfen. »Ganz ehrlich, Köter, du bringst mich noch ins Grab.«

Ich winkte den amüsierten Männern in Sicherheitskleidung entschuldigend zu, während wir uns einen Weg durch den Durchgangsverkehr bahnten. Osha begriff wohl, dass ich nicht in Stimmung für mehr Mätzchen war, und widersetzte sich nicht. Oben auf der Böschung angekommen, beugte ich mich immer noch zitternd zu ihr hinunter und schlang meine Arme um sie. »Oh, shit, Osha. Da hat wohl was gut gerochen, oder?«

»Genießt du das, Dosha Do? Wenn du wüsstest, wie du aussiehst.«

Nachdem es erst Frühling und dann Sommer geworden war, hatte Osha ihren Schlafplatz von vor dem Ofen in die Sonne verlegt. So lag sie nun, alle viere von sich gestreckt, im Gras, völlig gleichgültig gegenüber den Hühnern und Truthähnen, die in ihrer Nähe ein Sandbad nahmen. In der letzten Zeit war sie langsamer geworden, und obwohl sie ihre Abenteuer immer noch genoss, war mir ein paar Mal aufgefallen, dass sie außer Atem geriet und alles etwas anstrengender fand als zuvor, sodass ich es für das Beste hielt, unseren täglichen Spaziergang abzukürzen.

An einem Nachmittag Anfang Juni taten die Tumoren das, wovon wir immer gewusst hatten, dass es geschehen würde: Sie machten ihren Anspruch auf sie geltend. Osha hatte in den letzten Tagen ein bisschen gehustet. Als sie sich jetzt von ihrem sonnigen Fleckchen erhob und durch den Garten auf das Cottage zutrottete, überkam sie ein Hustenanfall, der richtig auf die Lunge ging. Den Kopf hatte sie gesenkt, ihre Rippen zogen sich bei jedem Husten zusammen, und bei jedem Atemzug war Pfeifen und Rasseln zu hören. Es fiel mir unsäglich schwer, das mit anzusehen, und es muss sich noch viel schlimmer angefühlt haben.

»Komm her, Schätzchen, komm mal her.« Ich legte ihr die Hand auf den Rücken und rubbelte ihre Schulterblätter. Der Tumor an ihrem Hintern hatte sich merklich vergrößert und wirkte auch aggressiver, und trotz aller Salben und Cremes war die Haut kaum noch in der Lage, alles zusammenzuhalten. »Ist gut, Dosh. Alles ist gut.«

Da entdeckte ich einen Blutspritzer im Gras. Es gab keinen Zweifel mehr, und ich musste akzeptieren, dass der Augenblick gekommen war. Mein Magen krampfte sich zusammen.

Zwischen den Hustenanfällen schaute sie zu mir auf, und zum ersten Mal sah ich Angst in ihren Augen. Ich zog sie an mich. »Mein lieber Schatz. Alles wird gut, versprochen. Komm, lass uns reingehen.«

»Bist du am Kämpfen, Osh?« Ich rutschte im Bett etwas zur Seite, damit sie mehr Platz hatte.

Sie war unruhig. Es war zwar eine windstille, schwüle Nacht, aber etwas so Triviales konnte Osha sonst eigentlich nicht vom Schlafen abhalten. Ich beugte mich vor und platzierte Küsschen auf ihren Kopf und in ihr Gesicht. Sie war aufgewühlt und grummelig, so gar nicht sie selbst. Ich zwang mich zur Ruhe und mahnte mich, daran zu denken, warum ich überhaupt gewollt hatte, dass sie bei uns einzog.

»Oh, mein liebes Mädchen. Jetzt ist es zu viel, hm? Ich weiß, Schatz, ich weiß.«

Frustriert hievte sie sich in den Stand und drehte sich noch einmal um sich selbst, um an einer anderen Stelle etwas Erleichterung zu finden. Bequem schlafen zu können war für Osha eine absolute Grundbedingung im Leben.

»Ich glaube, morgen früh rufen wir mal Ailidh an und fragen, ob wir vorbeikommen können, was meinst du?«

Während Ailidh Oshas Brust abhörte und den Tumor unter ihrem Schwanz und auch diejenigen, die aus dem Nichts an ihrem Bauch aufgetaucht waren, untersuchte, stand ich still daneben. Eine Schüssel Hundekekse mit Bratensoßengeschmack lenkten Osh ab – die Aussicht auf einen davon, wenn das Pieken und Drücken vorbei war, genügte, um sie für ein paar Augenblicke zum Stillhalten zu überreden.

»Ihre Lungen hören sich nicht gut an.« Ailidh stand auf. Ganz offensichtlich bedrückte sie, was sie mir gleich mitteilen musste. Sie mochte ihre Patienten, und ihr Mitgefühl trug zwar dazu bei, dass schlechte Neuigkeiten leichter zu ertragen waren, machten ihr das Überbringen derselben aber nicht eben einfacher.

»Es klingt, als würde sich da schon Flüssigkeit ansammeln. Dadurch wird sie im Liegen schwerer eine bequeme Position finden. Der Tumor am After ist kurz davor, Geschwüre zu verursachen. Ich vermute, sie fühlt sich unwohl, hat aber noch keine Schmerzen.«

Ungeduldig schnüffelnd schob sich Osha näher an den Tresen.

»Dir bleibt ein Zeitfenster von zwei Wochen. Wenn du es in dem Rahmen erledigst, wird sie nicht leiden. Wenn du länger wartest, schon.«

Ailidh bestätigte lediglich, was ich bereits geahnt hatte. Trotzdem fühlte ich mich, als hätte man mir einen Schlag in die Magengrube versetzt. Im gleichen Sprechzimmer, wo George nur wenige Jahre zuvor seine letzten Schritte getan hatte, hingen Mandis Worte immer noch in der Luft. *Lieber eine Woche zu früh als eine Stunde zu spät.*

Während Osha ihren Hundekeks fraß, stellte Ailidh einige Medikamente zusammen, um ihr das Leben etwas zu erleichtern. Ich erinnerte mich an meinen Vorsatz, dass ich meiner Freundin vor allen Dingen Leiden ersparen wollte, riss mich zusammen und vereinbarte mit Ailidh, dass sie am Donnerstag zu unserem Häuschen hinauskommen und Osha beim Sterben helfen würde. Mir blieben zwei kostbare Tage mit meinem großen Mädchen.

»Komm, lass uns hier entlanggehen, Osha.« Wir schlenderten über das Gras vor der Reihe von Läden und Imbissen. Sie schnupperte sehr gründlich an einem Baumstumpf, während ich die Welt beim Vorbeiziehen betrachtete und Gefühle unter Verschluss hielt, denen ich lieber zu Hause freien Lauf ließ.

»Oh, Osha … Rate mal, was im Auto ist? Donuts! Jetzt kannst du fressen, was du möchtest, Süße.«

Was auch immer ich da vor mich hinredete, musste geklungen haben, als könnte es ihr irgendwie nützen, deshalb trabte sie gehorsam neben mir zurück zum Auto, wo sie ihre unanständig verbotenen Leckerei genoss.

Die Dinge, die Osha zu Osha machten, verblassten zunehmend. Sie war fröhlich, und hin und wieder erntete ich für mein Getue auch immer noch ein Schwanzwedeln, aber Sachen, die sie früher verschlungen hatte, ohne überhaupt zu schmecken, was sie da fraß, lockten sie nicht mehr. Sie bemühte sich zwar, aber mein Herz wurde jedes Mal schwer, wenn sie halbherzig an etwas schnupperte, das sie früher geliebt hatte, und sich dann lustlos abwandte. Wenn man sie ein bisschen dazu ermunterte, ließ sie sich Rührei und Käsenudeln und ein paar andere Sachen immer noch schmecken, und manchmal ließ sie sich von dem einen oder anderen Leckerli locken, aber der für sie so typische Osha-Appetit war verschwunden.

Ich kniete mich vor sie auf den Boden und strich ihr über den Kopf. »Komm, ein bisschen schaffst du noch. Du bist doch Osha Dosha Do, natürlich schaffst du noch ein bisschen!«

Sie schnupperte an den Makkaroni mit Käse und ließ es zu, dass ich ihr ein paar Mundvoll fütterte.

»Die Hälfte hast du geschafft, gar nicht mal so schlecht. Sollen wir den Rest für später aufheben? Ich stell das eben in den Kühlschrank. Du bleibst hier, Schätzchen. Ruh dich ein bisschen aus.«

Erschöpft schaute sie mich an. Die Medizin, die Ailidh ihr gegeben hatte, entspannte sie, aber man konnte sehen, dass sie ihren versagenden Körper leid war und die ganze Sache mit dem Leben allmählich ein bisschen zu anstrengend fand.

Als wir am Donnerstag aufwachten, wartete ein wunderschöner Junitag auf uns. Es würde heiß werden. Osha hatte eine ruhige Nacht hinter sich, und wir hatten alle gut geschlafen. Ailidh würde gegen 16 Uhr kommen. So hatte ich einige Stunden zur Verfügung, um Oshas letzten Tag zum besten und Osha-igsten Tag aller Zeiten zu machen.

Ich sah zu ihr hinüber, wie sie mit zuckenden Pfoten und flackernden Augen auf meinem Bett schlief und irgendwo in ihrer Traumwelt Schabernack machte. Sie hatte viel länger gehabt als erwartet, und jeder Moment war gut gewesen. Ihre Tage hatte sie genauso verbracht, wie sie das wollte: Sie hatte gefressen, geschlafen, unerlaubte Dinge getan und war ihrer Nase in immer neue Abenteuer gefolgt. Sie hatte das riesige Herz eines Bullmastiffs und einen Sinn für Humor, der mich zum Lachen brachte, während ich mir gleichzeitig die Haare raufte. Jeden Abend kontrollierte sie auf dem Weg zum Gute-Nacht-Pipi, ob die dusslige Alte nicht wieder die Eier vor der Tür vergessen hatte. Manchmal wurde sie sogar fündig, und dann war die Freude über die Entdeckung des verbotenen Schatzes beinahe ebenso köstlich wie der Schatz an sich.

Osha hatte das Leben mutig und selbstbewusst an sich gerissen und jeden Augenblick genossen. Sie wollte nicht dahinsiechen. Das wollte sie für sich ebenso wenig, wie ich sie leiden sehen wollte. Ich wollte nicht, dass sie dem Tod in die Augen sehen musste, und ich wollte nicht, dass sie ging. Aber obwohl es das Schwerste überhaupt war, war es gleichzeitig das Leichteste der Welt. Die Last der Verantwortung und die Macht, die mit dieser Verantwortung einherging, war ernüchternd und erdete mich. Aber ich hatte die Gelegenheit, für sie eine Entscheidung zu treffen, die es ihr ermöglichte, so zu gehen, wie sie es sich wünschen würde: mit ihrer Würde und während sie das tat, was sie liebte. Das war das Letzte, was ich für meine Freundin tun könnte. Und es war Teil der Abmachung.

Ohne sie aufzuwecken, stopfte ich ihr die Decke am Rücken fest, atmete tief durch und ging in die Küche, um in den Tag zu starten.

»Oh Mann, Osha, wenn du wüsstest, wie du aussiehst!«

An diesem traumschönen Tag gab es nur einen Ort für unseren Spaziergang: unsere Lieblingsstelle unten am Bach.

»Hast du gerade einen Köpper in den Schlamm gemacht, Osh?«

Sie grinste mich an. Matsch tropfte ihr von den Augenbrauen.

Ich schüttelte den Kopf. »Du Idiotin, du!« Lachend gingen wir den Hügel hinauf zurück zum Auto.

Zu Hause ließen wir uns im Garten nieder. Noch zwei Stunden, bis Ailidh eintreffen würde.

»Hey, lass uns mal ein paar Fotos schießen, Osh.« Während ich die Kamera holen ging, lag Osha hechelnd in der Sonne, während ich die Kamera für ein paar Familienporträts bereitmachte.

»Osha Dosha Do, I love you, I love you so ve-ry much!«, sang ich zur Titelmelodie der Zeichentrickserie Scooby Do.

Obwohl sie ein bisschen aus der Puste war und immer noch hin und wieder unter Hustenanfällen litt, war sie gut gelaunt und zufrieden.

»Dein Gesicht!« Ich musste lachen. »Das liebst du, was?!«

Nach der Foto-Session teilten wir uns eine Packung M&Ms mit Fruchtgummi im Inneren, noch so ein verbotener Schatz, und sie ging völlig in zuckersüßer Glückseligkeit auf.

»Also – wie wär's mit Rührei?«, fragte ich. »Ich geh mal welches holen. Bin gleich wieder da.«

Als Ailidhs Lieferwagen vorfuhr, krampfte sich mir der Magen zusammen.

Ich wollte die Zeit anhalten. Osha lag mit dem Kopf auf den Vorderpfoten unter einem improvisierten Sonnensegel aus einem alten Bettlaken und beobachtete, wie Ailidh und ich den Garten heraufkamen.

»Wir tun doch auf jeden Fall das Richtige, oder? Ist das definitiv das Einzige, was wir tun können?« Verzweifelt suchte ich nach der Gewissheit, dass diese allerletzte Sache auch wirklich die einzige Möglichkeit war, die uns blieb.

»Ja, es ist das Richtige, Lexy. Vertrau mir. Ich habe gesehen, was passiert, wenn man es zu lange aufschiebt. Das ist das Beste, was du für sie tun kannst. Es wird wirklich ganz friedlich für sie. Für dich ist es viel schlimmer.«

An diesem warmen Junitag lag Osha nach Spaziergängen und Fotos und Rührei und Leckereien und Liebe im Schatten ihres Zelts. Während ich mit der einen Hand eins ihrer Ohren streichelte und mit der anderen sanft über ihren Rücken fuhr, stach Ailidh behutsam die Nadel in Oshas Bein.

Während das Beruhigungsmittel langsam zu wirken begann, lächelte ich durch Rotz und Wasser und flüsterte Osha Geschichten über Toast im Bett zu, über Kopflandungen im Matsch und über geplünderte Mülleimer, über Hunde, die in Keksfabriken herumlungerten und Türen zerstörten, und über Makkaroni mit Käse. Ich nahm die Tüte mit den Süßigkeiten in die Hand. Ein paar waren noch drin.

»Du, du hast da noch was zu erledigen, Osh …«

Und typisch Osha kümmerte sie sich mit viel Sabber, wenig grazilem Mampfen und absolutem Entzücken um das letzte Bonbon, während sie langsam einschlief.

Im Gras kniend zog ich sie an mich und versuchte ihr zu zeigen, wie sehr ich sie liebte. Ich wollte, dass dies das Letzte war, was sie spürte, dass sie das mitnahm auf ihrem Weg, wohin er sie auch führen mochte. Sie schied aus einem guten Leben, und ich wollte, dass der Tod, der sie mitnahm, ein guter war. Ihre tiefen Atemzüge verlangsamten sich. Mein großes, mutiges, freches, lustiges Mädchen war fast fort.

Ich wischte mir die Nase am Ärmel ab, beugte mich vor und flüsterte ihr ins Ohr: »Osha – die ganzen Eier, die du immer geklaut hast, die hab ich gar nicht aus Versehen vor der Tür stehen lassen …«

Kapitel 9

Neue Freunde

Das Leben ging weiter und füllte nach und nach die Lücken, die Osha hinterlassen hatte. Ich war vor allem mit der Gestaltung der Website des Hospizes und allen möglichen Vorbereitungen für die Gründung beschäftigt. Ehe ich richtig Wurzeln geschlagen hatte, wollte ich eigentlich keine Hospizbewohner aufnehmen, und am besten auch erst dann, wenn ich das Hospizgebäude an sich tatsächlich gebaut hatte. Aber so läuft es nicht im Leben.

Im Mai, zwei Monate nach der Gründung, hieß das Hospiz seine erste offizielle Bewohnerin willkommen. Beryl – oder auch einfach »B«, so nannte ich sie – war ein Schäferhund-Collie-Mischling, den man in Salford bei Manchester aufgegriffen hatte. Sie brauchte dringend etwas Anständiges zu fressen und eine gründliche Fellpflege und hatte einen nässenden nekrotischen Tumor von der Größe eines Rugbyballs am Bauch.

Sowohl B als auch der Tumor waren wahrscheinlich eher jahre- als monatelang vernachlässigt worden. Es ging ihr erbärmlich. Erica, die Tierpflegerin, die sie aufgegriffen hatte, kannte ich aus der Anfangszeit von »Pounds for Poundies«. Während der letzten Wochen hatte sie die ersten vorsichtigen Schritte des Hospizes mitverfolgt und unterstützt. Erica war mit B direkt zum Tierarzt gegangen. Das Urteil fiel übel aus. Aufgrund der Größe des Tumors und der Wahrscheinlichkeit, dass dieser bereits gestreut hatte, nahm der Tierarzt an, dass eine Entfernung nichts bringen würde. B blieben bestenfalls etwa zwei Wochen, bevor der Schmerz überhandnehmen und kein anderer Ausweg bleiben würde, als ihr Leben und damit das Leiden zu beenden, das ihr unausweichlich bevorstand.

Zwei Wochen Zuwendung und Trost waren mehr als nichts, deshalb rief Erica an und fragte, ob B ihre letzten Tage nicht bei mir verbringen könnte. B brauchte *jetzt* einen Ort, an dem sie sich häuslich niederlassen konnte, nicht erst in einem Jahr. Deshalb zog sie Ende Mai 2016 ein.

B hatte langes, dichtes schwarzes Fell und einen Schwanz, mit dem sie einen Couchtisch mit einem Wedeln abräumen konnte. Sie hatte hellbraune Strümpfe und dazu passende Augenbrauen über ihren sanften dunklen Augen. Sie war wunderschön, aber man sah ihr an, dass sie viel durchgemacht hatte. Stress und Sorge hatte auf ihrer gerunzelten Stirn Spuren hinterlassen, und ihr Blick war wirr und fragend, als sie versuchte, sich einen Reim auf ihre neue Welt zu machen. In den ersten Tagen verbrachte ich viel Zeit mit ihr, vermittelte ihr Sicherheit und half ihr, sich zurechtzufinden. Ich wusste, dass ihr nicht mehr lange blieb, und ich wollte ihr die Zeit so ruhig und friedlich wie nur möglich gestalten, hatte aber das Gefühl, auf einer tickenden Bombe zu sitzen, bei der man auf einem Ziffernblatt zusehen konnte, wie die Zeit ablief. Als ich das Hospiz gründete, hatte ich mich selbstverständlich auf den Umgang mit Sterben und Tod eingestellt, aber nicht damit gerechnet, so schnell schon damit konfrontiert zu werden.

Bald war es unübersehbar, dass B unter Schmerzen litt. Sie hechelte und leckte an dem Tumor, und mit der schauderhaften offenen, nässenden Masse, die drohend unter ihrem Bauch baumelte, war es ihr unmöglich, eine bequeme Position zu finden. Das war wirklich grauenvoll, so etwas Schlimmes hatte ich lange nicht mehr gesehen. Ich wünschte ihr von Herzen so viel Zeit voller Liebe und Trost wie irgendwie möglich, aber so konnte es nicht mit ihr weitergehen. Damit wurden meine Entschlossenheit und mein Verantwortungsbewusstsein zum ersten Mal auf die Probe gestellt, der erste Test, ob ich es draufhatte, ein Tierhospiz zu leiten. Ich rief Ailidh an und vereinbarte einen Termin, um das Leben meiner neuen Freundin zu beenden. Oshas Tod schien mir viel zu kurz her, um all das noch einmal durchleben zu müssen.

»Warum röntgen wir sie nicht erst einmal?«, schlug Ailidh vor. »Wir haben ja nichts zu verlieren.« Ich hätte B gerne fest im Arm gehalten, aber sie knuddelte nicht gerne, also küsste ich sie auf den Kopf und stand auf.

Ich klammerte mich an jeden Strohhalm Hoffnung, der mir angeboten wurde. Es war immer noch nicht ganz klar, ob der Krebs gestreut hatte. Aufgrund der Größe waren alle davon ausgegangen, dass dies gewiss der Fall war, aber was, wenn nicht? Was, wenn er doch entfernt werden konnte? Das schien so unwahrscheinlich, aber Ailidh war sich sicher, dass sie das gottverdammte Ding wegbekommen konnte, vorausgesetzt, in den Röntgenaufnahmen deutete nichts darauf hin, dass der Krebs in die Lungen gestreut hatte.

Betäubt werden musste B ohnehin, egal, wie unsere Entscheidung ausfiel, und wenn sie erst einmal schlief, würde eine Röntgenuntersuchung sie nicht zusätzlich unter Stress setzen. Wenn es die geringste Chance gab, dass B ihr Leben schmerzfrei weiterführen und genießen konnte, würden wir sie ergreifen. Wenn nicht, wenn der Krebs gestreut hatte, würden wir ihrem Leben ein Ende setzen, solange sie schlief. Ich würde während der Untersuchung draußen im Auto warten, damit ich bei ihr sein konnte, falls es auf Letzteres hinauslief. Ailidh hatte recht: Wir – und B – hatten nichts zu verlieren.

»Also los, packen wir's an.« Im Niemandsland zwischen Verzweiflung und Hoffnung wusste ich nicht recht, was ich fühlen sollte. Ich gab B einen Abschiedskuss, reichte die Leine an Ailidh weiter und bereitete mich auf die qualvolle Wartezeit vor.

»Ich ruf dich in etwa einer halben Stunde an. Hoffen wir das Beste …«

Zwei Wochen? Pah! B hatte andere Pläne.

Bei der Röntgenuntersuchung zeigte sich, dass es wundersamerweise kein Anzeichen für eine Streuung in die Lungen gab. Während B schlief, war Ailidh in der Lage, den Tumor sehr viel genauer zu untersuchen. Die Masse sah zwar furchtbar aus, war aber nicht besonders tief in ihrem Gewebe verwurzelt. Bei einer Biopsie wurden keine Krebszellen entdeckt. Wahrscheinlich waren zwar welche vorhanden, aber der Knoten schien zum größten Teil aus Entzündungsgewebe und Eiter zu bestehen.

Fünf Stunden später torkelte B müde, wund und verwirrt, aber immerhin ohne Tumor aus dem OP. Mir kam es vor, als wäre unser Hospiz gerade Zeuge des ersten Wunders geworden.

Jetzt waren Tür und Tor offen. Nun gab es kein Zurück mehr, und nur wenige Wochen nach Bs Ankunft begrüßte ich einen neuen Freund im Hospiz. Und alle Welt erfuhr davon, aber hallo!

»FRAU. FRAU! WAU. FRAU!«

»Jawohl, Sir Branigan? Kann ich Ihnen irgendwie weiterhelfen?«

»FRAU! WAU!«

»Was willst du denn? Willst du ins Auto? Na gut, okay, ist ja ein schöner Tag dafür. Dann komm mit …«

Zufrieden schuckelte Bran hinter mir her. Auf klapprigen, unsicheren alten Beinen ging es die Treppen hinunter in den Garten.

Bran war uralt, etwa siebzehn Jahre, und in den Straßen von Edinburgh alleine und verwirrt aufgegriffen worden. Er war halb blind und litt unter einem unbehandelten Milztumor. Der Hundefänger brachte ihn ins Tierheim, wo Bran die ihm zustehenden sieben Tage verbringen sollte. Niemand kam ihn abholen. Weil es dort auch sehr viele junge, gesunde Hunde gab, die dennoch kaum eine Chance hatten, gerettet oder vermittelt zu werden, standen die Leute nicht gerade Schlange, um einen von Ängsten zerfressenen, altersschwachen krebskranken Hundeopa zu adoptieren. Auf Bran wartete ein trostloser, einsamer Tod.

Eine der seltsamen Wendungen des Lebens führte dazu, dass Bran an seinem letzten Tag von einer Tierschützerin entdeckt wurde, die einen anderen Hund abholen sollte. Hinter den Gitterstäben seines Zwingers bellte Bran außer sich vor Angst wie ein Irrer, und sie brachte es nicht übers Herz, den alten, kranken, verängstigten Hund zurückzulassen. Gerade noch rechtzeitig wurde Bran ein Rettungsseil zugeworfen.

Im Tierschutzzentrum erfuhr er endlich die nötige tierärztliche Behandlung und überstand trotz seines Alters die große Operation, bei der nicht nur der Tumor, sondern auch gleich die Milz entfernt wurden. Doch angesichts seines Alters und dem tiefverwurzelten Seelenschmerz, der sich unablässig durch Bellen und Winseln und Herumtigern Bahn brach, nahm der Tierarzt an, dass Brandon vermutlich nur noch wenige Wochen zu leben hatte.

Sharon, die Dame, die sich im Tierschutzzentrum um ihn kümmerte, folgte der neuen Facebook-Seite des Hospizes. Auf der verzweifelten Suche nach einem fürsorglichen Zuhause, wo dieser arme alte Kerl den Rest seines Lebens in Frieden verbringen konnte, schickte sie mir Anfang Juni 2016 einen Link zu einem Foto und einem Posting. Sein Labrador-ähnliches Gesicht war einmal aufmerksam und klar gewesen, aber inzwischen hatten sogar seine Wimpern die Farbe verloren, und seine früher dunklen Augen waren von grauen Schleiern überzogen. Doch trotz allem konnte ich in diesen bekümmerten, milchigen Augen erkennen, dass sein Lebenslicht immer noch weiterflackerte.

Wie immer war ein ziemlicher Jonglage-Akt nötig, aber mein Instinkt sagte mir, dass dieser traurige alte Hund und ich die restliche Zeit seines Lebens zusammen verbringen würden, wie viel auch immer das sein mochte. Und so schlenderte Brandon an einem hellen Junitag in mein Leben.

Schnell wurde mir klar, dass mein greiser Freund maßgeblich von einem großen Herzen, einer bewundernswerten Ausdauer und siebzehn Jahren Trauma und Einsamkeit geprägt war. Seine körperliche Heilung schritt fast wie ein Wunder voran. Er hatte sich von der Operation erholt und schien gut ohne Milz zurechtzukommen. Sein kurzes schwarzes Fell fing an zu glänzen, und in seinem wackligen Gang lag neuer Elan. Schmerzlindernde und stärkende Mittel, gutes Fressen, sanfte Bewegung und ein Freund an seiner Seite ließen den Funken aufleuchten, der schon zuvor in seinem Blick gelauert hatte, das Leben durchflutete ihn wieder, und er blühte regelrecht auf.

Aber das seelische Trauma saß tief. Ich weiß nicht, was er durchgemacht hatte, bevor wir uns kennenlernten, wohl aber, dass Liebe, Sicherheit und Freundlichkeit in all den Jahren zu kurz gekommen waren. Monatelang tigerte er wie wahnsinnig in seinem Zimmer herum, bellte die Wände an, die Decke, die Tür, bellte und bellte und bellte. Rauf aufs Bett, runter vom Bett, am Gebälk kratzen, versuchen, sich unter der Tür durchzugraben. Er konnte nicht mit den kleinsten Anzeichen von Zuneigung

Maggie und ich bei unserem »Rothie«-Spaziergang im Cairngorms National Park bei Aviemor. Im Hintergrund sieht man den Lairig-Ghru-Gebirgspass. Dezember 2010 © *Archie Fleming*

George weiß zwar nicht, wie ihm geschieht, er sieht aber nach dem Baden schön frisch aus und duftet leicht nach Kokos in unserer kleinen Wohnung in Aviemore. 19. Dezember 2010 © *Alexis Fleming*

Annie in ihrem Element, nach Steinen suchend im Druie River in der Nähe von Aviemore. Dieser hier war nur ein mittlerer Fang, aber für sie trotzdem ein ordentlicher Brocken. Sommer 2013 © *Alexis Fleming*

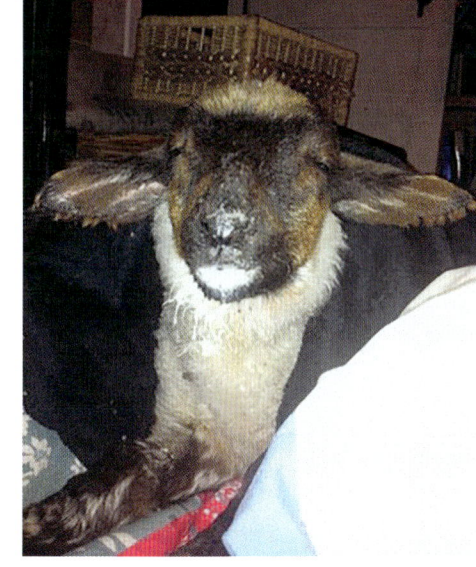

Schneeballschlacht! Maggie, Ri und Dad spielen vor unserem Cottage in Ballindalloch im Schnee.
Winter 2013/2014
© Alexis Fleming

Angus, schläfrig und zufrieden nach seiner Milchflasche vor dem Holzofen, ein paar Stunden bevor er für immer von uns ging.
September 2015 © Alexis Fleming

Maggie erholt sich von ihrer kleinen Morgenrunde und genießt die Frühlingssonne auf ihrem Aussichtsplatz im Garten von unserem Cottage in Ballindalloch.
April 2014 © *Alexis Fleming*

Osha an ihrem verwilderten Lieblingsort, wo sie den verschiedensten Gerüchen nachjagt.
Mai 2016 © *Alexis Fleming*

B bei ihrem ersten Spaziergang nach ihrer Ankunft, gezeichnet vom Tumor, der ihr das Leben kostete. Trotz allem war sie fröhlich und liebte es, nach ihrem Stadt-eben, viele neue Gerüche aufzusaugen. Mai 2016 © *Alexis Fleming*

Georgia erkundet neugierig die Küche. Juli 2017 © *Alexis Fleming*

Maya genießt die Ruhe und den Sonnenschein, während sie bei ihren letzten Schritten begleitet wird. Februar 2018 © *Isa Rao*

Gimli freut sich riesig, als ich aus dem Krankenhaus zurückkomme und möchte sicher gehen, dass das nicht noch einmal geschieht! Juni 2018 © *Archie Fleming*

Mein erster Blick auf Ringliggate: Auf jeden Fall renovierungsbedürftig! An diesem kleinen Fleckchen Erde entstand zwei Jahre später ein Parkplatz.
Februar 2018 © *Archie Fleming*

Bran und ich bei einem unserer vielen Tagesausflüge in »seinem« Auto.
April 2017 © *Alexis Fleming*

Im neuen Zuhause mit meiner Familie: Ein wunderbarer Ort zum Leben.
© *John Kirkby*

umgehen: Immer, wenn ich ihn irgendwie Liebe spüren ließ, wusste er nicht, wie er reagieren sollte, und geriet außer sich, war völlig verwirrt. Er winselte und bellte, hechelte und tapste bis zur Erschöpfung in seinem mit Planen ausgelegten Zimmer herum. Angst, Stress und der Umstand, dass nie die Notwendigkeit bestanden hatte, die Regeln für das Leben in einem Haus zu lernen, führten dazu, dass er in Sachen Stubenreinheit noch mächtig Nachholbedarf hatte. So war der Boden seines Zimmers jeden Tag aufs Neue über und über voll Pisse und Kacke. Es waren herausfordernde und schwierige Monate für uns alle beide. Oft kämpfte ich damit, die Ruhe zu bewahren, wenn die Symptome seiner Angststörung an meinen Nerven zerrten, so nachvollziehbar und entschuldbar sie auch waren. Sharon hatte mir bereits gesagt, dass er andere Hunde nicht tolerierte, also befand ich mich mit B und ihm in einer ähnlichen Situation wie mit Annie und Ri damals. Die beiden mussten immerzu voneinander getrennt gehalten werden – B schlief im Sonnenzimmer, während Bran das Gästezimmer belagerte. Ri durfte sich weiterhin glücklich in meinem Bett zusammenrollen.

Die Monate vergingen, und Bran war gut drauf. Sowohl körperlich als auch seelisch ging es ihm besser als je zuvor. Es hatte seine Zeit gedauert, aber wie meistens, wenn es um Herz und Seele geht, hatten Liebe, Sicherheit, Geduld und Zeit ihre Arbeit getan. Bran und ich hatten zu einem gemeinsamen Rhythmus gefunden. Oder jedenfalls hatte er seinen Frieden gefunden – und nebenbei den Frieden aller anderen zerschossen.

»WAU! AUTO!!!«

»Ja, ich hör dich, ich hör dich doch … Teufel noch mal, Bran! Halt mal den Rand jetzt!«

Bran hatte viele Vorzüge, aber Anmut, Geduld und ein Ohr für den richtigen Ton gehörten nicht dazu.

Mit seinen ungefähr 146 Jahren war seine Stimme seine stärkste Waffe, sein wichtigster Hebel, um zu bekommen, was er wollte – meistens war das schlicht und einfach ich. Schrill, unablässig und um vier Uhr morgens schwer zu ignorieren: Brans Mittel der Wahl war, sein Begehr in die Welt hinauszurufen, fünf Sekunden zu warten und, falls das gewünschte Ergebnis ausblieb, das Ganze noch lauter zu wiederholen, zur Not bis zum Gehtnichtmehr. Sobald ein Lichtschimmer in sein Zimmer fiel, und mochte er noch so schwach sein, war Bran schlagartig wach und zu allem bereit. Ich bin überzeugt, dass er durch Photosynthese angetrieben wurde. Der Winter hatte uns eine kurze Pause verschafft, aber als der Frühling hoch im schottischen Norden in den Sommer überging, begann ich, das beinahe immerwährende Licht zu verfluchen. Ich probierte es mit Lichtschutzvorhängen, beruhigenden Duftspendern, Baldrian und Kamillentee, versuchte es damit, ihn zu ignorieren, ihn tagsüber nicht schlafen zu lassen, unter dem Absingen von Beschwörungen nackt um einen Kessel zu tanzen ... aber nichts da: Wenn Bran etwas wollte, gab er nicht auf, bis er Erfolg hatte.

»Beruhige dich, du Penner. Ich hör dich. Komm her, dann heb ... Ach du Schei..., BRAN!«

Weil er keine Lust mehr hatte, zu warten, setzte er zum Sprung in den Kofferraum an. Beim Versuch, sich hineinzustemmen, scharrten seine großen Clownspratzen über die Kante. Seine Hinterbeine gaben unter seinem Gewicht beinahe nach, er konnte sich gerade so aufrecht halten. Halb im Kofferraum, halb draußen schaute er sich nach mir um. Offenbar fragte er sich, warum es denn so lange dauerte, bis ich das Problem löste, das er verursacht hatte. Mal wieder.

»Ja, und ich soll's jetzt richten oder was? Wie oft denn noch, Brandon? Du kommst da nicht alleine rein.«

Egal, wie oft er es auch erfolglos und völlig ungeniert versuchte, für ihn stand fest, dass weder ich noch die grundlegendsten Naturgesetze des Universums recht behalten würden. Ich schob meinen Arm unter seinen Hintern und wuchtete ihn hinein.

»AUTO! WAU! AUTO! AUTO!«, bellte er fröhlich jedem in Hörweite zu, was vermutlich auf ungefähr alle zwischen uns und Glasgow zutraf. Während ich die Zündung anmachte und die Fenster öffnete, trampelte er im Kofferraum herum: Er suchte nach den Leckerlis, von denen er wusste, dass sie in seiner Bettdecke versteckt waren.

»Na, findest du sie alle, Randale-Vandale?«

Der Tag war mild und windig, wie gemacht für ein Schläfchen an seinem Lieblingsplatz. Keine Ahnung, warum, aber dieser alte Hund hielt sich unfassbar gerne im Auto auf, selbst wenn es gar nicht fuhr.

»Also, ich geh dann mal nach allen anderen schauen. Hier geht es schließlich nicht nur um dich, weißt du?«

Doch.

»Klar, als ob ich das nicht wüsste. Komm her und nimm mich in den Arm.« Ich küsste und knuddelte ihn, während er mich ignorierte und weiter über mutmaßliche Leckerli-Goldminen in der Bettdecke spekulierte.

Als er schließlich zufrieden zu dem Schluss kam, dass er auch den letzten Krümel gefunden und vertilgt hatte, drehte er sich zu mir um.

»Ich hab dich lieb, Brennnessel-Bran. Schlaf schön.«

»Morgen, Gimli. Wie geht's dir heute, Schätzchen? Ist das Gras lecker?«

Er sah hoch. »Määäh!«, blökte er mit vollem Maul und kümmerte sich wieder um sein Frühstück.

Bran und B waren schon fast ein Jahr bei mir, als mich meine Freundin Lynn anrief und mir von einem Lämmchen mit Behinderung erzählte, das dringend ein neues Zuhause brauchte, weil es sonst erschossen werden würde. Es war ein Drilling, und der Platz im Mutterleib hatte einfach nicht für alle drei Geschwister gereicht. Eingezwängt und zusammengequetscht war Gim nicht ganz nach Plan zusammengepuzzelt worden. Er wurde mit einer verdrehten Wirbelsäule und einer verschobenen Hüfte geboren, was zwar nicht schmerzhaft war, ihm aber die Fortbewegung erschwerte und ihn als Zuchtbock unbrauchbar machte.

Gleich nach seiner Ankunft im Hospiz konnte Gimli kaum stehen. Ich hatte wenig Hoffnung, dass er durchkommen würde. Dann entdeckte ich die Ursache des Problems: Sein Schwanz war kupiert worden, aber weil er sich aufgrund der Fehlbildung nach hinten in den Körper krümmte, hatte er nicht abheilen können. Die Infektion ging bis in den Knochen hinein. Tagelang kämpften er und ich mithilfe hoher Antibiotika- und Schmerzmitteldosen um sein Leben. Schon als Lamm war er ein starkes, entschlossenes Kerlchen und viel zu scharf darauf, Schabernack zu treiben, als dass er sich von so etwas Nebensächlichem wie einer schweren Infektion hätte aufhalten lassen. Mit der Zeit wurde er gesund, konnte ohne Hilfe stehen und wurde täglich stärker und mobiler. Was das Leben langfristig für Gimli bereithielt, der schließlich immer größer und schwerer wurde, wusste ich nicht, aber jetzt jedenfalls war er ein sehr zufriedener junger Bursche.

Obwohl wir uns noch nicht lange kannten, hatte Gimli mir bereits eine ganz neue Welt eröffnet. Mein ganzes Leben lang war ich von Schafen umgeben gewesen. Sobald ich laufen konnte, hatte ich mitgeholfen, Lämmchen mit der Flasche zu füttern, und ich hatte ja auch die wenigen wertvollen Tage mit

Angus verbracht. Aber erst als ich Gimli traf, begriff ich, dass ich eigentlich noch kein Schaf so richtig kennengelernt hatte. Und was für ein Schaf er doch war!

Eine meiner tollsten Entdeckungen war, dass Gimli ein super Kissen abgab. An warmen Tagen entspannten wir zusammen auf der Wiese, und ich lehnte mich gegen die weiche Wolle seiner Flanke und las oder döste. Er mochte es, wenn ich meine Beine abwinkelte, sodass er sein Kinn darauf abstützen konnte, und so lagen wir dann wie ein Schaf-Mensch-Yin-Yang-Symbol ineinander gewickelt in der Sonne. Noch nie hatte ich jemanden getroffen, der so schnell einschlafen konnte, und ich musste mir oft das Lachen verkneifen, wenn er einnickte und begann, mit flackernden Augen und zuckender Schnauze wie ein Wilder durch die Traumwelt zu galoppieren. Wenn der Sommer sich von seiner schönsten Seite zeigte, nahm ich manchmal einen Schlafsack mit nach draußen, und dann schliefen wir die ganze Nacht so.

Eine von Gimlis tollsten Entdeckungen waren Rich-Tea-Kekse. Einmal probiert wurden diese Butterkekse zu seiner Lieblingsdroge. Er war schon im Allgemeinen ziemlich verfressen, und so hatte es nicht lange gedauert, bis er gelernt hatte, wie man den Briefkasten öffnete und daran rappelte, um meine Aufmerksamkeit zu wecken – vielleicht hoffte er auch, das Ding würde sich in einen magischen Keksspender verwandeln. Er nutzte jede sich bietende Möglichkeit, um in den Hühnerstall einzubrechen. Ich lernte schnell, dass ich mir Augen im Hinterkopf zulegen musste, falls ich ihn auch nur ansatzweise vor Schwierigkeiten bewahren wollte. Einmal fand ich ihn in einen der kleinen Quarantäne-Hühnerkäfige eingezwängt vor. Keine Ahnung, wie er da hineingekommen ist, ich jedenfalls musste den Käfig auseinandernehmen, um ihn wieder herauszubekommen.

Das Hospiz sprach sich herum, und die Lokalzeitung, die *Strathy*, schickte einen Fotografen und einen Reporter, die einen Artikel über Bran und B und meine Hoffnungen und Träume um das Hospiz brachten. Das war der erste Pressebericht über uns, und ich freute mich wie verrückt, als mir B und Bran strahlend aus der Zeitung entgegenblickten.

»Schau mal, Brennnessel-Bran. Berühmt bist du! Na ja, fast …«

Britt, eine liebe Nachbarin, die ganz in der Nähe lebte, las den Artikel und bot freundlicherweise ihre Hilfe an. Sie war unsere erste Freiwillige und kam jeden Dienstagmorgen um halb zehn, um Bran und B spazieren zu führen.

Die Hunde freuten sich auf diese Spaziergänge mit Britt. Ich musste lachen, wenn B ihre Polarfuchs-Imitation brachte und auf der Stelle auf- und abhopste und Laute ausstieß, die wahrscheinlich an die Grenze des menschlichen Hörvermögens gingen. Die Aufregung war kaum zu ertragen, wenn die unfähigen Menschen sich mal wieder anstellten und Jacken und Stiefel und alles Mögliche anzogen, das man nicht brauchte, wenn man einen dicken, glänzenden schwarzen Pelz hatte, der einen warm hielt.

»Immer langsam mit den jungen Pferden, B! Wir haben Zeit, Maus!«

Britt ging getrennt mit Bran und B los und machte oft Fotos von ihren Abenteuern in Aberlour oder auf dem Speyside Way, um sie mit der wachsenden Fangemeinde der beiden auf Facebook zu teilen. Hinterher tranken wir Tee miteinander und quatschten, und ich war dankbar für ihre Güte und Freundschaft.

Seit Maggies Tod waren anderthalb Jahre vergangen. Wenn ich jetzt an sie dachte, huschte mir jetzt schneller und häufiger ein

Lächeln übers Gesicht, als dass ich weinen musste. Maggie hatte B, Bran und Gimli nie kennengelernt. Nur durch das, was Maggie in mir zurückgelassen hatte, würden sich meine neuen Freunde und meine alte Freundin begegnen.

Nach ihrem Tod hatte ich mich monatelang mit der Frage gequält, ob ich in der Lage sein würde, ein Hospiz zu leiten. Damals war meine Trauer so frisch und stark, dass ich nicht wusste, wie ich mit immer neuen Wellen dieses Seelenschmerzes umgehen würde. Aber der Gedanke ließ nicht locker. So unternahm ich die ersten Schritte auf dem Weg und gründete das Hospiz zunächst wenigstens auf dem Papier, obwohl ich mir immer noch nicht sicher war, ob ich das Zeug dazu hatte. Doch B und Bran konnten nicht warten, bis ich mich entschieden hatte. Sie brauchten eine Freundin, und sie brauchten Liebe, und sie brauchten beides jetzt, nicht erst, wenn mir danach war. Mir blieb nichts weiter übrig, als ins kalte Wasser zu springen. Und hier waren wir nun, achtzehn Monate später, und ich bereute nichts.

Die Wahrheit, die grundlegende und unbestreitbare Wahrheit, sah so aus, dass meine neuen Freunde lebten, weil Maggie gestorben war. Und sie hatten nicht nur einfach irgendwie überlebt, sondern waren aufgeblüht. Mit dem Geist, den Maggie hier zurückgelassen hatte, waren alte, vernachlässigte, sterbende Seelen wieder zum Leben erwacht. Das Rad dreht sich immer weiter.

Kapitel 10

Georgia: Mit Verfallsdatum geboren

»Komm, komm, komm, alle herkommen!«, rief ich säuselnd, während ich mit einem Eimer Getreidemischung im Arm und einer Polonaise aufgeregt hüpfender Hennen auf den Fersen durch den Garten ging. Lange hatte ich davon geträumt, dass eines Tages einige gerettete Hennen in meinem Garten herumgackern würden und dass eine von ihnen wie die Mutter meiner Mutter heißen würde, wie meine Granny Nessie, die starb, als ich zwölf war. Sie war ein feuriger schottischer Rotschopf mit einem verschlagenen Sinn für Humor und absolut gar keiner Zeit für Mätzchen, und ich wusste, dass es ihr gefallen hätte, eine lebhafte rote Henne nach ihr zu benennen. Im Kopf hatte ich ein Bild von mir als gelassene, überaus weise und erdverbundene Hühnerfrau, wie ich in meinen Gummistiefeln im Liegestuhl vor einem kleinen Hühnerstall saß, ein Tässchen dampfenden Tees trank und ein gutes Buch las, während um mich herum zahlreiche Hühner scharrten und gackerten und meine beste Hühnerfreundin auf meinem Schoß döste. In meinem Tagtraum war das Leben mit Hühnern die reinste Idylle.

Gar nicht lange nach meinem Einzug ins Cottage hörte ich zufällig davon, dass für einige Hühner verzweifelt ein Zuhause gesucht wurde, um sie vor dem unmittelbar bevorstehenden Schrecken des Schlachthauses zu bewahren. Obwohl es mir damals immer noch sehr schlecht ging, war die Situation, die ich mir immer erträumt hatte, in jeder anderen Hinsicht wahr geworden: Ich hatte viel Platz für die Hühner und die Zeit, mich um sie zu kümmern und ihnen ein gutes Leben zu ermöglichen. Ich fühlte mich wie ein Kind bei der Bescherung, als ich anrief und anbot, einige Hennen bei mir aufzunehmen. Außerdem fand ich, mir würde ein weiterer Grund, morgens aufzustehen, guttun.

Nach einer sehr schlecht organisierten und beinahe verhängnisvollen Übergabe auf einem Supermarktparkplatz zwei Tage später steckten Nessie, Flora, Sadie, Janet, Margaret, Mary-Min, Shauna, Nettie, Clare, Karen, Jo und Kim vorsichtig die Köpfe aus der Transportbox und sahen zum ersten Mal, dass es eine Welt jenseits der Blechwände der Legefabrik gab. Behutsam traten sie auf das Gras und begannen, die Gegend zu erkunden. In den ersten paar Tagen blieben sie in der Nähe ihres Sicherheit verheißenden Hühnerstalls: Schließlich kannten sie nur das Leben drinnen. Sie erschraken schnell, und ihre Körper waren erbärmlich dürr und kahl. Doch trotz allem, was sie durchgemacht hatten, ging erstaunlich wenig Zeit ins Land, bis Gackern und fröhlich-aufgeregte Hopser aus Freude an der Freiheit das nervöse Aufschrecken und die vorsichtigen, misstrauischen Schritte, nachvollziehbare Spuren eines lebenslangen Traumas, ersetzten.

Die Tage vergingen, und gutes Futter, reichlich Beschäftigung und die heilende Wirkung von Sonne und Wind holten die Mädels zurück ins Leben. Ihre Federn sprossen, und die vorher blutarmen, herabhängenden Kämme waren wieder stramm aufrecht und rosig. Der Sommer in jenem Jahr war warm und trocken, und ich verbrachte viel Zeit mit ihnen und lernte ihre Ticks und ihre liebsten Verhaltensweisen kennen. Die Schrille Shauna stand gerne auf einem Bein und krakeelte, ohne Grund und ohne Publikum. Sie mochte das einfach. Mary und Karen knuddelten für ihr Leben gerne, andere wiederum, zu denen gehörte auch Nessie, scherten sich ganz offensichtlich einen Scheiß um meine Granny-Nostalgie und guckten lieber, was sie unten im Wald anstellen konnten, oder schlenderten auf den Komposthaufen hinauf, um zu schauen, wie die Lage in Sachen Würmer so aussah.

An sonnigen Tagen genoss ich es, ihnen dabei zuzuschauen, wie sie sich mit großem Ernst in den Sandkuhlen badeten, die sie gegraben hatten, wie sie sich dabei aufplusterten, sich erst in die eine Richtung drehten, dann in die andere, wie sie scharrten und sich Staub auf den Rücken wirbelten, um bissige Biester in Schach zu halten. Sie liebten es, mit geschlossenen Augen und ausgebreiteten Flügeln in der Sonne zu baden. Bewegungslos lagen sie da, als wären sie einer Massenhypnose durch die Sonne zum Opfer gefallen. Das erinnerte mich immer daran, wie ich auf Edgar's Mission das erste Mal Hühner beim Sonnen gesehen hatte. Panisch war ich übers Gelände gerannt und in Pams Büro hineingeplatzt, um ihr zu sagen, dass ich nicht wüsste, warum, aber alle Hühner würden gerade gleichzeitig sterben. »Pam, Pam, die sind alle hin … die Hühner … Ich glaub, die haben alle gleichzeitig … Ich glaub, die haben alle einen Schlag oder so was, alle gleichzeitig …«

Ihren Gesichtsausdruck werde ich nie vergessen. »Die sonnen sich, du Schwachkopf.«

»Hallo, Margaret, na, was hast du heute so vor, mein Schatz? Hier, Lust auf eine Blaubeere?« Ich warf ein paar Blaubeeren auf den Boden. »Haha, ach du. Aufregend, was?«

Sie rannten und hüpften den Blaubeeren hinterher, sprangen herum, wichen den anderen aus und drängten sich dazwischen und versuchten, sich den schmackhaften Schatz nicht aus dem Schnabel stibitzen zu lassen, obwohl sie genau dasselbe gerade bei jemand anderem gemacht hatten. Fairness spielte dabei keine Rolle, hier war jede Henne auf sich allein gestellt.

»Himmel, was wär das schön, wenn ich mich so über eine Blaubeere freuen könnte! Tja, also, wer möchte denn mal … Melone!« Ich warf eine halbe Wassermelone auf den Rasen. Prompt brach die Hölle los. Der Saft spritzte nur so, alle freuten sich, und ich lachte. »Ist das das Tollste, was je passiert ist, Mädels?« Ich freute mich darüber, sie so zufrieden zu sehen, vor allem, weil ihnen das alles so lange verwehrt worden war. Ich ließ mich an einem Baum nieder und öffnete mein Buch. »Hey, Mary, komm her. Ich will kuscheln.« Ich hob meine beste Hühnerfreundin hoch und setzte sie mir auf den Schoß. »Fehlt nur noch eine Tasse Tee, was, Püppi?«

»Gackgack«, bestätigte sie und kuschelte sich zum Schlafen zurecht.

Ganz am Anfang wusste ich noch nicht viel über Hühner, also machte ich mich nach ihrer Ankunft mit Feuereifer daran, so viel wie möglich darüber herauszufinden, wie man sie pflegte, welche Leckerbissen sie mochten und wie man sie gesund und glücklich hielt. Überraschenderweise gehören ihre eigenen Eier zu den für sie besonders nahrhaften Lebensmitteln. Klingt ein bisschen nach Kannibalismus, aber die Eierschalen stellen eine gute Kalziumquelle für sie dar. Bisher hatten sie ein schreckliches Dasein gefristet, jetzt wollte ich ihnen das Leben so schön wie möglich machen. Es gab so viel zu lernen. Mir kam es vor, als würde ich für jeden Punkt, den ich lernte und hinbekam, etwas anderes falsch machen oder verbessern oder eine Alternative finden müssen. War vermutlich zu erwarten: eine völlig neue Welt, die so ganz anders war als alles, was ich bisher gekannt hatte. Nicht eingestellt war ich allerdings auf die Tatsache, dass ich so dermaßen schnell lernen musste, meine neuen Freundinnen im Krankheitsfall zu versorgen. Ich hatte gelesen, dass wilde Hühner etwa zehn Jahre alt werden konnten, also hatten diese achtzehn Monate alten Hennen noch viele Jahre fröhliches Umherscharren vor sich, nachdem sie aus der Legefabrik gerettet worden und wie durch ein Wunder der Schlachtung entgangen waren.

Flora war die Erste, die krank wurde. Etwa drei Wochen nach ihrem Eintreffen fand ich sie eines Morgens zusammengesunken im Hühnerstall. Ihr ging es offensichtlich schlecht. Weil ich nicht wusste, was los war, brachte ich sie in aller Eile zum Tierarzt. Dieser hatte nicht viel Erfahrung mit der Behandlung von Hühnern, also bekam Flora Schmerzmittel und eine Spritze Antibiotika in der Hoffnung, dass das helfen würde. Darüber hinaus wusste ich nicht, was ich für sie tun sollte.

Ich nahm sie mit ins Haus, wickelte sie in eine Decke und setzte mich mit ihr aufs Sofa, wo ich ihr mit einer Aufziehspritze kleine Schlückchen Wasser einflöste. Online suchte ich nach Wegen, wie ich ihr helfen konnte, aber sie baute so schnell ab, dass ich nur hilflos dabei zuschauen konnte, wie sie vor meinen Augen immer schwächer wurde. Sie war doch erst seit drei Wochen aus der Fabrik heraus, da hatte sie doch sicher noch Jahre vor sich, um die neu gefundene Freiheit zu genießen? Schmerzen schien sie keine zu haben, und ich redete leise mit ihr, um sie zu beruhigen. Spät am Abend nahm sie auf dem Sofa an mich gekuschelt ein paar tiefe Atemzüge und starb. Ich wusste nicht, ob ich etwas falsch gemacht oder zu wenig getan oder irgendetwas verpasst hatte.

Je mehr ich recherchierte und lernte, desto mehr verstand ich, wie naiv ich gewesen war. Bei der industriellen Massentierhaltung geschieht so viel mehr, als dass die Hühner nur eingesperrt sind. Weil ihre Gene manipuliert sind, damit sie so viele Eier wie möglich legen – etwa zehnmal mehr als von der Natur vorgesehen –, sind ihre Körper oft ausgelaugt, krank und zerschlagen, wenn sie die 350 Eier gelegt haben, die während ihres einen Lebensjahrs in der Legebatterie von ihnen erwartet werden. Sie sind verbraucht. Eierstockkrebs, Bauchfellentzündungen, Risse in inneren Organen, Legenot, Infektionen – an Dingen, die sie umzubringen drohen, herrscht kein Mangel. Flora, Nessie, Shauna – sie alle waren mit einer genetischen Last zur Welt gekommen, die ihnen durch nichts und niemanden genommen werden konnte. Man konnte die Hennen aus der Fabrik holen, aber die Gene nicht aus der Henne.

Am nächsten Tag grub ich im Wald ein Grab für Flora, während ihre Schwestern um mich herum gackerten und im Boden nach Würmern scharrten. Ich weinte und sagte ihr, dass es mir leidtäte – dass sie das alles durchmachen musste, dass ich sie im Stich gelassen hatte. Während ich die Stelle, an der sie lag, mit einem kleinen Steinhaufen markierte, wurde mir bewusst, dass das wirkliche Leben mit Hühnern nichts mit meiner naiven, idyllischen Fantasievorstellung zu tun hatte.

Seit Oshas Tod hatten mich das Cannabis-Öl, pflanzliche Medizin und eine gesunde Ernährung gesundheitlich ein Jahr lang einigermaßen über Wasser gehalten. Ich hatte zwar immer noch hier und da schlechte Tage, aber die waren bei Weitem nicht so schlimm wie vorher. Nun hatte ich genug Kraft, um alles zu tun, was ich wollte, und sogar genug Energie, um mich richtig darüber zu freuen, dass ich tat, was ich tat. Unter Krämpfen und Unwohlsein litt ich immer noch, aber bis auf gelegentliche schlechte Phasen war das erträglich. Ich verfiel zwar deswegen nicht ins Grübeln, dachte aber schon manchmal darüber nach, wie knapp es gewesen war.

Wenn es mir gut ging, liebte ich das Leben mit seinen interessanten, geheimnisvollen Wendungen, und obwohl mein Körper darauf aus zu sein schien, mich umzubringen, und ich manchmal versucht war, den andauernden Qualen ein Ende zu setzen, wollte ich niemals wirklich sterben. Selbst jetzt war es weniger der Gedanke daran, dass ich beinahe gestorben wäre, der mir zu schaffen machte, als vielmehr das Wissen um all das, was ich in dem Fall verpasst hätte. Ich hatte George, Angus, Osha, Gimli, Bran und B kennengelernt, und mein Traum, einigen geretteten Hühnern ein Heim zu bieten, war Wirklichkeit geworden, wenn auch nicht ganz so wie gedacht. Das Hospiz fasste langsam Fuß, immer mehr Leute erfuhren davon, und ich brachte es fertig, genug Geld zusammenzubekommen, um das Projekt am Laufen und Wachsen zu halten. Es stand immer noch ganz am Anfang, aber langsam wurde es, und ich dachte darüber nach, wie es sich in Zukunft entwickeln könnte. Die schweren Tage gab es immer noch, aber ich war dankbar dafür, auf der Welt zu sein und all das zu erleben.

Im Ausgleich für die verlorene Zeit fand ich immer mehr Dinge, die ich mit meiner neu gewonnenen Energie tun konnte. Die Hühnerdamen kennenzulernen und ihre Verwandlung zu beobachten – und nicht zuletzt die Erkenntnis, wie schlecht ihre Chancen selbst in der Freiheit standen – hatte in mir den Wunsch geweckt, noch mehr Hennen aus der Massentierhaltung zu befreien und ihnen die Möglichkeit zu geben, so viel Freiraum wie nur möglich zu genießen. Ich begann, ehrenamtlich bei den Rettungen mitzuhelfen. Wir fingen die Hennen in den fabrikähnlichen Ställen ein, setzten sie in Transportboxen und brachten sie von meinem Cottage aus zu Menschen in der Gegend, die ihnen ein neues Zuhause boten. Ich hasste es, in die Fabrikställe zu gehen. Der beißende Ammoniakgestank, der Wahnsinnslärm, die Hühnerleichen, die tot dort liegen blieben, wo sie umgefallen waren: Keine Stunde hätte ich das ausgehalten, geschweige denn mein ganzes Leben. Ich konnte gar nicht schnell genug wieder herauskommen. Hustend und schwer schnaufend bloß schnell wieder zurück an die frische Luft.

Die Fabrik, in der ich zuletzt gewesen war und aus der Georgia stammte, war besonders schlimm. Es war Hochsommer, und das ätzende Ammoniak, die Hitze und der Staub im Inneren des Blechstalls brachten mich zum Würgen. Während wir über tausend rasende, verängstigte Hennen jagten, schnappten und in die Transportboxen beförderten, während wir über den Boden krochen und uns lang ausstreckten, um sie zu erwischen, war nur allzu klar, dass viele sich in einem wirklich üblen Zustand befanden und dem Augenschein nach wohl nicht mehr lange zu leben hatten. Nachdem ich inzwischen etwas Erfahrung in der Sterbebegleitung bei Hennen hatte und das Hospiz etabliert war, bot ich an, die am schlimmsten betroffenen Vögel mit nach Hause zu nehmen und ihnen den Lebensabend, so lang oder kurz er auch sein mochte, mit all den guten Dingen zu verschönern, die ihnen bisher fremd waren: mit Ruhe und Frieden, Sonnenschein und frischer Luft, frischem Gras und Blaubeeren. Und wenn es dann Zeit war, mit einem friedlichen Tod in Würde. Auf der Rückfahrt stanken die anderen zehn Frauen und ich unglaublich. Wir alle hatten Mühe damit, unsere Eindrücke zu verarbeiten, und ich versuchte, nicht über das nachzudenken, was noch geschehen würde.

»Komm, meine Liebe, gluckgluck.« Wenig begeistert nippte Georgia triefäugig und in eine Decke gewickelt Tröpfchen für Tröpfchen von der Nährflüssigkeit aus der Aufziehspritze, die ich ihr hinhielt. Ich saß aufrecht an die Wand gelehnt auf meinem provisorischen Bett auf dem Boden im Wohnzimmer und sah nach der Zeit. Kurz nach drei Uhr morgens.

Hilary und die anderen Mädels schliefen neben mir in Transportboxen oder in ihren kleinen Betten. Sharon, eine besonders traumatisierte Dame, die immer so nah wie möglich bei mir sein wollte, schnarchte friedlich. Ihr Körper war unheilbar kaputt. Nach einem Jahr auf der niedrigsten Stufe der Hackordnung und an einem Ort, wo es kein Entkommen gab vor den Tyrannen, die sie anpickten und an ihr zogen und zerrten, war sie fast vollständig kahl. Weil Ei um Ei den Körper strapazierte, der auf solche Mengen gar nicht eingestellt war, war ein Teil ihres Verdauungstrakts prolabiert. Danach hatten Kannibalismus und Bakterien dazu geführt, dass sie mit Blutungen und einer derben E.-coli-Infektion zu kämpfen hatte. Das Ganze hatte sie so dermaßen traumatisiert, dass sie es verabscheute, alleine zu sein. Sie brauchte immer und unbedingt die tröstliche Nähe eines anderen. Außer dass sie ganz dicht bei mir im Bett lag, fand sie auch bei den anderen Hennen viel Trost. Es war gleichermaßen schön wie anrührend, wie Georgia es geduldig zuließ, dass Sharon den Kopf unter ihre Flügel steckte und sich so eng wie nur möglich an sie kuschelte, wenn sie gemeinsam in ihrer Box schliefen.

Bran lag tief und fest schlafend auf seinem üblichen Platz neben mir. Den Kopf hatte er auf seinen gekreuzten Pfoten abgelegt. Ich atmete tief durch, gähnte und versuchte, mir den Schlaf aus den Augen zu reiben. »Komm, Schatzi, noch ein klitzekleines bisschen mehr …«

Auf einem Bein balancierend streckte Georgia einen Flügel nach hinten weg. »Na, machst du wieder dein Yoga, George?« Ich lächelte und setzte mich neben sie ins Gras. Es war Anfang Juli, und für die Damen war das Wetter perfekt für ein Kennenlernen der Außenwelt. »Gefällt's euch hier, Mädels?« Manche – wie Hilary, eine Handvoll Huhn, die eine fürchterliche Pilzinfektion hatte, der es sonst aber gut ging – waren stärker als die anderen und in der Lage, an der Hecke entlangzuschlendern und nach Grashalmen und Insekten zu picken. Aber die schwächeren Damen – wie Sharon, die gerade genug Kraft aufbrachte, um auf einer Decke im Gras zu liegen – waren zufrieden damit, einfach an der frischen Luft in der Sonne zu sein, die Welt an sich vorbeiziehen zu lassen oder schön in ihre Decken eingemummelt zu dösen.

Ich versuchte, dafür zu sorgen, dass wir jeden Tag Zeit draußen verbrachten. Ich trug dann alle nach draußen, eine um die andere, und servierte das Mittagessen – entweder eine kleine Schüssel Getreide, Obst und Rührei oder gekochtes Ei oder eine Spritze mit Nährlösung, je nachdem, was sie vertragen konnten. Jeden Tag sah ich die schwächeren Mädels schwächer werden, weil ihre ausgelaugten, überstrapazierten Körper aufgaben und versagten. Es war herzzerreißend, und es gab nichts, was ich tun konnte. Sie wollten leben, aber weder sie noch ich konnten die Zeit zurückdrehen oder ihre Gene verändern. Zwei Mädels hatten den Kampf schon verloren. Eine nach der anderen waren neben mir in ihre Bettchen gekuschelt wenige Tage nach ihrer Befreiung in den frühen Morgenstunden aus dieser Welt verschwunden. Für die bereits hoffnungslos zerstörten Körper und Seelen war manchmal alles zu viel. Der Schaden war geschehen, bevor ich sie kennenlernte, und nun blieb mir nur, dafür zu sorgen, dass sie es so bequem wie möglich hatten, während sich ihr junges Leben allmählich verflüchtigte. Ich begrub sie neben Flora im Wald und markierte ihre kleinen Gräber mit Steinen.

Seit der Rettungsaktion waren etwa zwei Wochen vergangen. Die langen, sorgenerfüllten Nächte gingen in nicht weniger lange, frustrierende Tage über. Die Mädels, die in schlechtem Zustand aus der Fabrik gekommen waren, brauchten alle intensive Pflege. Manche mussten Tag und Nacht alle zwei Stunden mit der Spritze gefüttert werden, manche brauchten Medikamente oder Injektionen oder zusätzlichen Trost, weil der Tod immer näher kam. Eine nach der anderen verloren meine Freundinnen ihren Überlebenskampf. Sechs waren bereits gestorben. Manche gingen ganz friedlich, in ihrem Tempo. Weil ich wusste, was ihnen bevorstand, hatte ich auch ein paar zum Tierarzt gebracht, um das Unausweichliche zu beschleunigen und so friedlich und schmerzlos wie möglich zu gestalten. Eine Henne, Tracy, war einen entsetzlichen, verstörenden Tod gestorben: Ein Tumor, von dem ich nichts gewusst hatte, platzte in ihr und überschwemmte ihren Körper mit Giftstoffen. Unter Krämpfen wand sich ihr Hals, sie schnappte nach Luft und schlug unter furchtbaren Zuckungen mit den Flügeln. Ich wusste überhaupt nicht, was ich tun sollte, konnte sie nur im Arm halten und ihr immer wieder sagen, dass ich sie liebte und dass sie nicht alleine war, bis die Krämpfe nachließen und sie schlapp auf meinem Schoß lag und ich schockiert und weinend im Wohnzimmer auf dem Boden saß.

»Also, dann komm mal her, du – iss den Rest von deinem Frühstück.«

Georgia guckte zu mir hoch.

»Wie du wieder aussiehst! Du hast ja mehr Ei im Gesicht als im Schnabel! Komm her, ich mach ein Foto.« Ich lag bäuchlings auf dem Linoleum und richtete die Kamera auf sie, um sie aus Hühnerperspektive zu erwischen. So schnell sie konnte, wackelte sie auf mich zu. »Nicht so nah – jetzt bist du ganz verschwommen!«

Sie betrachtete sich unglaublich gerne in der Kameralinse. Mit dem zur Seite geneigten Kopf, was ihr einen permanent verwirrten Gesichtsausdruck bescherte, und den wild abstehenden Federn auf ihrem Kopf sah sie aus wie ein zum Leben erwachtes Comic-Huhn. Während sie mit ihrem Schnabel auf die Kamera losging, schoss ich ein paar verschwommene Fotos. Als ihr das zu langweilig wurde, tappte sie los, um herauszufinden, was es in der Nische neben der Waschmaschine zu entdecken gab. Georgia steckte überall ihren Schnabel rein: Wenn es irgendwo einen Winkel oder eine Ecke gab, erforschte sie, was darin war.

»Hey, du! Konzentrier dich. Komm her und iss dein Frühstück, und zwar auf der Stelle, junge Dame!«

Sie drehte sich um und schlenderte mit geneigtem Kopf, zu Berge stehenden Federn und kleinen Stückchen Rührei in den Augenbrauen wieder zu mir herüber. Ich lächelte sie an, als sie auf mich zuwackelte.

Ich wusste, dass Georgia und ich einen Kampf kämpften, den sie nicht gewinnen würde. Bald würde sie diesen Kampf wie ihre Schwestern verlieren, und egal, wie sehr sie leben wollte, egal, wie sehr ich mir wünschte, dass sie lebte, würde ich sie halten müssen, wenn die letzte Schlacht geschlagen war. Ich versuchte, für sie und die anderen an meiner guten Laune festzuhalten, musste aber die Tränen zurückhalten, als sie zu ihrem Schälchen ging (es gab klein geschnittene Blaubeeren und Erdbeeren, mit etwas Rührei als Beilage) und zu mir aufsah. Meine kleine Freundin, das Comic-Huhn.

»Na komm, meine Liebe, ein bisschen schaffst du noch. Du musst doch bei Kräften bleiben.«

Sie pickte nach einer Blaubeere und warf ein paar Sekunden lang ein kleines Stückchen Ei herum.

»Komm schon, Süße, bitte, nur noch ein bisschen mehr … bitte …« Ich hielt ihr das Schälchen unter den Schnabel, um ihr das Futter schmackhaft zu machen. »Komm schon, Georgia. *Bitte*. Bitte friss doch endlich etwas, verdammter Mist!«

Sie erschrak und schaute mich verwirrt an.

Mist. Ich schloss die Augen. Schamesröte stieg mir ins Gesicht. »Es tut mir leid, Georgia …« Ich hob sie hoch, knuddelte sie an meine Brust und schluchzte in ihre Federn. »Es tut mir so leid, mein Schatz. Es tut mit so, so leid. Ich wollte dich nicht erschrecken. Entschuldigung.«

»Gack, gack«, tröstete sie mich, wand sich aus meinen Armen und ging nachschauen, was es im Spalt neben dem Backofen zu sehen gab.

Überwältigt von Schuldgefühlen und Frust brach ich auf dem Boden zusammen und heulte Rotz und Wasser. Ich fühlte mich wie ausgehöhlt. Mit dem letzten bisschen Kraft stand ich auf, ließ Georgia mit dem Frühstück, das sie nicht fraß, in der Küche zurück, ging ins Badezimmer, schloss die Tür ab, ließ mich auf den Boden fallen und weinte.

Schuldgefühle zerrissen mich, Schuldgefühle für jedes einzelne Mal, an dem ich es verkackt hatte, an dem ich jemandem seine Mittagsfütterung nicht rechtzeitig gegeben oder nicht von einem Tumor gewusst oder die Beherrschung verloren und mich blamiert und alle um mich herum mit einem Trotzanfall aus lauter Frust beschämt hatte. Bran war so fordernd und schwierig wie immer und bellte den ganzen Tag und die ganze Nacht; jedes seiner Bedürfnisse sollte am besten sofort befriedigt werden. Außerdem nahmen die Pflege der anderen

Hühner und die Verwaltungsarbeit des Hospizes eine Menge Zeit in Anspruch. Beim Ausführen der Hunde hatte ich Hilfe, aber im Cottage selbst war es nervenaufreibend, weil ich über Käfige und Hühner stolperte und in Hühnerkacke trat. Der Stress schlug mir auf den Magen. Durch die Anspannung fiel mir das Atmen schwer. Bei Stress gedeiht Morbus Crohn besonders gut; eine andauernde Erschöpfung machte sich breit, und in meiner rechten Körperhälfte machte sich langsam ein nagender Schmerz bemerkbar. Wo andere zu Nervennahrung greifen, neige ich schon immer eher zum Kummerfasten, und daher kam ich gerade so mit den paar Chips und Hummus aus, die ich mir gelegentlich, also wenn ich daran dachte und gerade Zeit hatte, zwischen die Kiemen schob. Mein Bett bestand aus zusammengefalteten Bettdecken auf dem Wohnzimmerboden. Das war bequem genug, aber ich schlief immer mit einem offenen Ohr, horchte immer danach, ob nicht irgendjemand irgendetwas brauchte. Ich musste dabei zusehen, wie eine meiner Freundinnen nach der anderen ihren Überlebenskampf verlor. Das waren junge Hühner, die eigentlich noch Jahre vor sich hätten haben sollen, aber zum Sterben verdammt waren, ganz egal, was ich tat und wie sehr sie leben wollten.

Etwa drei Wochen war es her, dass sie die Fabrik verlassen hatten, und bis auf zwei hatten alle den Kampf verloren. Ich beschloss, Obduktionen durchführen zu lassen, um herauszufinden, wie genau sie gestorben waren, welche furchtbare Erkrankung dahintersteckte oder ob und in welcher Form Zerfall ihren Tod verursacht hatte. Ich hatte keine Ahnung, und ich nahm an, dass auch viele andere Menschen nicht wussten, was da vor sich ging. Ich dachte, wenn ich zeigen könnte, was mit den Hühnern passiert war und warum, könnte ich wenigstens dafür sorgen, dass ihr Tod einen Sinn gehabt hatte.

»Hilary! Hör bitte auf, die Farbe von den Fußleisten zu picken! HILARY! Also jetzt reicht's aber, raus hier. Raus mit dir …«

Hilary war immer noch gut in Form und sorgte für so viele Scherereien wie nur irgendwie möglich. Eine Henne mit so einem Sinn für Humor, die zu so vielen Faxen imstande war, hatte ich noch nicht kennengelernt. Sie lebte im Haus, weil sie sich weigerte, draußen bei den anderen zu wohnen. Wenn ich in die Küche kam, fand ich sie oft auf der Brotbackmaschine, einmal sogar immer Suppentopf, wo sie sich an dem frisch gemachten Abendessen für die Hunde bediente. Sie war das reinste Superhelden-Huhn.

Doch während Hilary für allerhand Klamauk sorgte, baute Georgia immer mehr ab. Ihr Geist klammerte sich ans Leben, aber den schwer kranken und ausgelaugten Körper, in dem dieser Geist zu Hause war, konnte nichts mehr heilen, nicht einmal alles gute Futter, alle frische Luft und Sonnenschein und Liebe auf der Welt.

»Lass uns rausgehen, Schätzchen, hm? Bisschen frische Luft schnappen?«

Georgia war an ihrem Lieblingsplatz: in einer kleinen Decke an meine Brust gekuschelt. Als sie meine Stimme hörte, erwachte sie und schaute mich mit einem müden bernsteinfarbenen Auge an.

Ich lächelte. Sie war in vielerlei Hinsicht so zerbrechlich und andererseits auch so stark. »Du bist so hübsch, Georgie.« Ich küsste sie auf den Schnabel und schlug die Decke fester um sie. »Wir müssen zusehen, dass wir es immer sehr gemütlich haben. Also, dann lass uns mal schauen, was draußen los ist, hm? Das wär doch schön, oder?«

Wir gingen eine Weile im Garten spazieren. Georgia war wohlig in meinen Fleecepulli eingekuschelt, und Bran zockelte hinter uns her. Um uns herum flitzten und tanzten die

Schwalben durch die Luft. Die Steine der Auffahrt knirschten unter meinen Füßen, während wir umherschlenderten und nachschauten, was die anderen so alles trieben. Georgias Augen waren geschlossen, und ich wusste nicht, wie viel sie um sich herum mitbekam, aber ich redete munter auf sie ein. »Oh, hey, guck, meine Liebe – wir haben einen neuen Wohnwagen! Komm, wir schauen mal nach, wie's drinnen aussieht.«

Noch vor ein paar Tagen hätte sie sich sehr darüber gefreut, diesen spannenden neuen Platz zu erkunden und all seine geheimnisvollen Ecken und Nischen zu inspizieren.

»Schau mal, was ist denn hier drin?« Ich öffnete Schränke und zeigte ihr die ganzen Stellen, die sie selbst erkundet hätte, wenn sie dazu noch in der Lage gewesen wäre. Ich schloss meine Augen und hielt sie nah bei mir. Unter anderen Umständen hätte sie dieses Abenteuer geliebt. »Nicht heute, was, Liebes? Nicht heute …«

Draußen wärmte uns die hoch am Himmel stehende Sonne das Gesicht. Wir setzten uns vor dem Häuschen ins Gras, und Bran ließ sich neben uns nieder. Vom Tal rief der Kuckuck herüber.

»Oh, meine Liebe, du bist so schrecklich müde.«

Ihr Atem ging langsam, immer langsamer, und ihr Blick flackerte. Sie sah Dinge, von denen ich nichts wusste.

»Erinnerst du dich an die Blaubeeren, Georgie? Du hattest das Essen immer im ganzen Gesicht.« Lächelnd dachte ich daran, wie sie nach dem Fressen immer aussah. »Und weißt du noch, wie du nicht mehr wusstest, wie du hinter der Tür hervorkommen solltest?«

In unseren gemeinsamen drei Wochen hatten meine kleine rot gefiederte Comic-Huhn-Freundin und ich die Welt mit ihren schmackhaften, fruchtigen Leckerbissen und Ecken und Winkeln und warmen Sonnenschein erkundet und genossen.

Obwohl die Zeit schmerzlich kurz gewesen war, hatte sie das Gute kennengelernt, die Dinge, die das Leben lebenswert machen. Eine Welt, von deren Existenz sie womöglich nie erfahren hätte, Dinge, die sie womöglich nie kennengelernt hätte. Welch ein Segen diese wenigen Tage waren!

Was vorher geschehen war, konnte ich nicht ändern. Georgia war mit einem Verfallsdatum geboren worden. Sie wurde geboren, um zu sterben, so oder so: allein und verängstigt und ohne je richtig gelebt zu haben, sicher, geliebt und frei. Jetzt, hier, überkam sie die allerletzte Müdigkeit, und so glitt meine Freundin allmählich davon, in meinen Fleecepulli eingekuschelt, ganz so, wie sie es so sehr liebte. Den Tod können wir vielleicht nicht immer aufhalten, aber ich begriff langsam, dass es inmitten der Trauer Friede und Würde geben konnte.

Kapitel 11

Crannog

Crannog: Ein in den gälischen Sprachen Schottlands und Irlands verwendeter Begriff für eine alte Pfahlbausiedlung, eine künstliche Insel in einem See.

»Ich bin so scheißmüde, Brandon. Interessiert dich das?«

Zufrieden und benommen lag Bran ausgestreckt vor dem Holzofen und erwies mir nicht einmal die Höflichkeit, ein Auge zu öffnen und Interesse vorzutäuschen.

Nö.

»Ja, hab ich mir gedacht.«

Verschwitzt und nach Schwein stinkend ließ ich mich aufs Sofa fallen. Ich hatte einen gespenstisch ruhigen, leicht rauschartigen Zustand erreicht, war weit über den Punkt – Erschöpfung und Tränen lagen längst hinter mir, jetzt ging es rasant auf manisches Gelächter zu. Keine Ahnung, wie man so unfassbar müde sein konnte. Vier-Ferkel-in-der-Küche-müde stellte eine völlig neue Form der Erschöpfung dar.

Das Zeitgefühl war mir abhandengekommen, aber es war irgendwann nach Weihnachten, und Hogmanay kam erst noch. Welcher Tag genau spielte eigentlich keine Rolle, weil jeder

Tag mehr oder weniger aus demselben Wirrwarr aus Spaziergängen, Futtereimer füllen, Hühnerställe ausmisten, zu einem Spaziergang irgendwohin fahren und dem Reagieren auf Brans Launen – WAU, WAU, FRAU, FRAU! – bestand. Es gab eine Menge langweiliger, aber notwendiger Verwaltungsaufgaben zu erledigen, und ich zerbrach mir ständig den Kopf darüber, wie ich Futter, Bettzeug und Tierarztrechnungen (und alles andere) bezahlen sollte. Weil immer mehr Tiere zu unserer Familie stießen, benötigte auch immer irgendjemand Intensivpflege. Normalerweise war es eine Hühnerdame, deren Vergangenheit und Körper den Lebenswillen zu übertrumpfen begannen, und oft war es ein von vornherein verlorener Kampf. Mir kam es manchmal endlos vor, und Müdigkeit und Sorge waren mir unter die Haut gekrochen. Es dauerte vielleicht sechs Stunden am Tag, vier wahnsinnige, randalierende Ferkel zu beaufsichtigen und das unermessliche Chaos, das sie veranstalteten, so gut es eben ging zu beseitigen, aber ich hätte schwören können, dass ich voll und ganz und fast ausschließlich damit beschäftigt war, von der Sekunde an, in der ich morgens aufstand, bis zu dem Moment, an dem ich meist weit nach Mitternacht zerschlagen und stinkend als Häufchen Elend auf die Couch fiel.

Mitte November hatte meine Freundin Hannah von jemandem in der Nähe erfahren, dass er die Ferkelburschen für Weihnachten mästete. Weil sie wusste, was das für das Trüppchen bedeutete, wollte sie ihnen gern helfen, lebte allerdings in einem Vorort von Aberdeen und konnte sie selbst nicht unterbringen. Bei den Tierheimen gehen immer haufenweise Anfragen nach der Unterbringung von Schweinen ein, und unsere verzweifelte Bitte im Namen dieser vier Kerlchen war nur eine von vielen in jener Woche. Unsere Bemühungen liefen ins Leere. Ich hatte bereits zwei Schweine, Charlotte und Emily, die zu der seltenen Kunekune-Rasse aus Neuseeland gehörten und ein neues Zuhause gebraucht hatten. Sie waren Anfang des Jahres eingezogen, und Maggies früher so schöner Garten, auf den sie so stolz gewesen war, hatte sich in ein peinliches und zunehmend unbewohnbares Schlammbad verwandelt. Dad und ich hatten eine kleine Fläche für sie mit einem Zaun abgetrennt, was den Matsch etwas eindämmte, aber vier Schweinerüssel und sechzehn Klauen zusätzlich verkraftete der Garten auf gar keinen Fall.

Wir bemühten uns immer noch darum, jemanden zu finden, der sie nehmen wollte, als Hannah eines Morgens aufgeregt anrief und erzählte, dass eins davon – das kleinste, schwächste Schweinchen – später am selben Tag geschlachtet werden sollte, weil es einen Nabelbruch hatte. So ein Nabelbruch an sich war zwar harmlos, aber damit würde es nicht zum gewünschten Preis verkauft werden können, also musste es weg. In dem Moment war eine Entscheidung fällig. Sie konnten nirgendwo anders hin, und die einzige Rettungsmöglichkeit sah so aus, dass ich sie in Pflege nahm, bis wir ein dauerhaftes neues Zuhause für sie gefunden hatten. In einem Schweine-Iglu draußen wäre es ohne ihre Mutter zu kalt, und in den beiden kleinen Gartenhäusern wohnten inzwischen Truthähne und Hühner. Der einzige sichere Ort, den ich ihnen bieten konnte, war meine Küche. Völlig unpassend, ganz klar, und alleine schon der Gedanke daran löste einen Fluchtreflex in mir aus, aber nur dort hatte ich Platz, also hieß es Küche oder Tod. Ich holte die größte Hundebox hervor, die ich hatte, bestellte einige Säcke Schweinefutter, räumte Dinge weg, die sonst wahrscheinlich umgeworfen werden würden, und dachte, ich wäre vorbereitet.

Als ich die Jungs kennenlernte, waren sie etwa sieben Wochen alt und jeder ungefähr so groß wie ein Jack-Russell-Terrier Nachdem Hannah sie abgeliefert hatte und der Neuigkeitseffekt und der Spaß von wegen »Ach du Scheiße, da sind ja vier Ferkel in der Küche!« nachgelassen hatten, kniete ich in den frühen Morgenstunden neben ihrer Box und sah Andrew, Carl, Barnaby und dem kleinsten Kerlchen, dem mit dem Nabelbruch, das ich Brian Baby genannt hatte, beim Einschlafen zu. Ich betrachtete sie etwa eine Stunde lang, ein Knäuel aus schnarchenden, grunzenden Ferkelchen, die im Schlaf zappelten und deren wunderschöne, perfekte Schweineschnäuzchen zuckten. Sie hatten sich so eng aneinandergekuschelt, dass man unmöglich sagen konnte, wem welches Beinchen, Ringelschwänzchen oder Rüsselchen gehörte. Wenn sich eins bewegte und eine Pfote an eine empfindliche Stelle stieß, wurde gequietscht, geächzt, protestiert, gestöhnt, gegrunzt, sich neu arrangiert und dann selig weitergeschlafen. Und während ich in der dämmrig erleuchteten Küche saß und sie beobachtete, hatte ich mich auch schon in sie verliebt.

Die Kraft mütterlicher Liebe half mir in diesen ersten Wochen, so einiges durchzustehen. Schon bevor sie eintrafen, hatte ich gewusst, dass vier Ferkel in der Küche viel Arbeit machen würden, aber – verdammter Mist, es hat sich doch gezeigt, dass ich keine Ahnung hatte, was »harte Arbeit« wirklich bedeutet, bis sich Andrew, Carl, Barnaby und Brian mit ihren lächerlich starken Rüsseln und der entsprechenden Willenskraft in mein Leben wühlten.

»Verdammt noch mal, Barnaby, raus aus dem Kühlschrank!«

Barnaby war der Schlauste des ganzen Haufens. Er kam immer als Erster darauf, wie man in Dinge einbrechen, sie umschmeißen oder zerstören konnte, um es danach seinen Brüdern beizubringen, damit die mitmachen konnten. Seit er herausgefunden hatte, wie die Türen der Küchenschränke aufgingen (und an die Gemüsevorräte gegangen und völlig begeistert mit einer Zwiebel durchgebrannt war), hatte er es zu seinem Lebensziel erklärt, jeden Tag alle Schranktüren in der Küche zu öffnen und den Inhalt im ganzen Haus zu verteilen. Mit allen Gliedmaßen hielt ich die Türen zu – rechte Hand am Kühlschrank, linkes Bein voll ausgestreckt, um den Schrank unter der Spüle zu sichern, als würde ich eine eigenartige Ferkel-Variante von »Twister« spielen –, aber er war ein cleverer und schneller Gegner.

»Oh, Barnaby … neeeiiin!« Während ich die Putzmittelflaschen zurück in den Schrank stellte, aus dem er sie gerade herausgeräumt hatte, ergriff er seine Chance und stürzte sich auf den Heiligen Gral: den Kühlschrank. Unterstützt von seinem Gefolge beförderte er den Inhalt innerhalb kürzester Zeit auf den Boden, riss sämtliche Regalböden ein, zertrampelte alles und ließ nun mithilfe einer Packung veganen Vanillepudding an Wänden und Boden seinem inneren Jackson Pollock freien Lauf.

»Oink, oink, oink!«

»Andrew … Nee du … Nicht jetzt … Ach, zum Teufel …«

Andrew dagegen war der Spielmacher der Bande. Wenn er Lust auf eine Runde Flitzereien im Flur hatte, machte er immer lauter und schneller »Oink, oink, oink!« und stachelte damit seine Brüder an, bis die genauso viel Lust auf den gleichen Schabernack hatten wie er. Jeden Morgen und Abend flitzten sie zwei Stunden lang im Schweinsgalopp im Flur auf und ab, warfen das Hundespielzeug durch die Gegend, das ich ihnen in der (vergeblichen) Hoffnung gegeben hatte, dass sie dann vielleicht weniger Löcher in die Wände fressen würden, jagten einander und übersprangen dabei die Kommode, die sie zuvor umgerissen hatten. Außerdem scheuerten sie ihre Schweinepopos mit Begeisterung am Staubsauger und an den Türrahmen. Wenn die anderen Jungs tranken, blubberte Andrew gerne Blasen in seinem Napf und spritzte dabei Wasser über den Rand. »Kollaps-Carl« schmiss sich mit Begeisterung auf meinen Schoß und ließ sich den Bauch kraulen, obwohl er größenmäßig inzwischen eher einer Deutschen Dogge ähnelte als einem Jack Russell. Ich bin mir ziemlich sicher, dass Brian Baby meistens wirklich gar keine Ahnung hatte, was eigentlich gerade los war, aber das schien ihn nicht weiter zu kümmern.

Die Beseitigung der Verwüstung, die bei ihren Spielstunden herauskam, nahm jeden Tag mehrere Stunden in Anspruch. Sobald ich die ersten Anzeichen von Ermüdung sah, fing ich an, Wände und Boden zu putzen – ich schrubbte, wischte und stellte alles wieder an seinen Platz. Es gab keine Gnade. Wenn ich gerade fertig wurde, wachten sie schon voller Tatendurst wieder auf, bereit, von vorne zu beginnen. Doch so unpraktisch, stressig und anstrengend das auch sein mochte, im Großen und Ganzen betrachtet stellte es doch einen verhältnismäßig geringen Preis dafür dar, dass die Jungs in Sicherheit waren und ihr ganzes Leben noch vor sich hatten. Vorübergehend war es noch dazu. Klar kapierte ich, dass viele Menschen schon vorher eine Grenze gesetzt hätten. Vernünftigerweise. Bevor überhaupt zur Debatte gestanden hätte, Ferkel in der Küche unterzubringen. Aber aus der Not heraus und wegen meiner Bereitschaft, das Meiste auszuprobieren, um jemand das Schicksal zu ersparen, das den Jungs geblüht hätte, stand ich jetzt ohne Grenzen und mit einem Haus voller Ferkel da.

Die Abende endeten alle ungefähr gleich: Ich sehnte mich verzweifelt danach, sauber im Bett zu liegen, aber Dusche und Bett waren so weit weg – nebenan nämlich. Bran schlief tief und fest vor dem Feuer, der rührte sich nicht. Außer Bran war niemand da, der mich riechen konnte, und dessen Schnauze funktionierte noch ungefähr so gut wie seine Augen und Ohren. Ich konnte die Jungs nebenan in ihrer Box schnarchen hören, vier Schweinerüssel in Reih und Glied, alle völlig erschöpft von ihren Abenteuern in der heutigen Folge von *Extreme Makeover: Home Edition*.

Scheiß drauf. Wohl wissend, dass ich das zutiefst bereuen würde, wenn ich morgens um vier mit einem steifen Nacken aufwachte und mir wünschte, ich wäre vernünftig gewesen, wickelte ich mich in den Sofaüberwurf. Das war mir jetzt egal, ich war fix und fertig.

»Lexybee! Wir haben es geschafft! Sie haben uns genommen!«

»Machst du Witze, Isa? Echt jetzt? Soll das heißen, wir machen den Film wirklich?«

Aufgrund von ähnlichen Interessen und der schicksalhaften Konstellation von richtiger Zeit und richtigem Ort hatte sich an einem schönen Augustmorgen mein Weg mit dem Isas gekreuzt, als wir uns auf einer überwucherten Wiese vor den Toren Aberdeens aus unseren Zelten pellten. Wir waren beide bei einem Trainingswochenende der Hunt Saboteurs, bei dem man lernte, wie man mit gewaltfreien Aktionen Jagden störte. Isa war eine Neurowissenschaftlerin und angehende Dokumentarfilmerin, und während wir uns im Schneidersitz gegenübersaßen und Hummus und altbackenes Brot frühstückten, unterhielten wir uns über das Leben, unsere Arbeit und unsere Hoffnungen. Am selben Abend redeten und lachten wir gemeinsam am Lagerfeuer, und ich erzählte Geschichten über Osha, Gimli, Bran und B und alle anderen, die im Hospiz lebten. Als das Wochenende vorbei war, tauschten wir Telefonnummern und versicherten einander, wir würden in Verbindung bleiben.

Etwa Mitte Oktober rief mich Isa an, um mir zu erzählen, dass sie von einem vom Scottish Documentary Institute veranstalteten Wettbewerb gehört hatte. Die drei besten Projektvorschläge würden für die Umsetzung in 15-minütige Kurzfilme ausgewählt und die volle Unterstützung und Finanzmittel des Instituts sowie eine Premiere beim prestigeträchtigen Edinburgh International Film Festival gewinnen. Der Wettbewerb stand auch Anfängern offen, und das diesjährige Thema war »Liebe«.

»Das ist perfekt, Lex. Wir können die Liebe zwischen dir und den Tieren im Hospiz zeigen, die Beziehung, die du zu ihnen hast. Besonders zu den Schafen …«

Seit Gimli sich in mein Leben und in mein Herz ge*määäääht* hatte, hatte ich mich in Schafe im Allgemeinen verliebt, und zwar Hals über Kopf, ich war völlig verknallt. Der Big-Woolly-Bastard Gimli, seine Freundschaft und seine Liebe hatte für mich eine Menge verändert, und ich brannte darauf, anderen Menschen zu zeigen, was ich gefunden hatte: dass in Schafen so viel mehr steckte, als nur auf der Weide zu stehen und Gras zu fressen. Isa und ich wussten, dass es Hunderte Beiträge geben würde, und der Gedanke, im Mittelpunkt eines Films zu stehen und von einer Filmcrew verfolgt zu werden, war ein gefundenes Fressen für meine sozialen Ängste. Trotzdem – die Gelegenheit, möglicherweise Meinungen über Schafe und andere Tiere zu verändern, über die die Leute selten nachdenken, war viel zu gut, um es nicht zumindest zu versuchen.

Mit einer alten digitalen Spiegelreflexkamera nahm ich ein wackliges Video auf: Gimli und ich im Garten sitzend, Gimli, der mir eine Kopfnuss verpasst, während ich ihn massiere und nervös vor mich hinmurmle, was für tolle Freunde Schafe doch sind und wie sehr ich sie liebe.

»Guck mal, Gim, siehst du dich? Du wirst die Sicht der Menschen auf Schafe verändern. Hörst du?« Wir hatten eine Aufgabe zu erledigen.

Die eigentliche Arbeit mit der Bewerbung machte Isa, und einige Tage später reichten wir unseren Beitrag ein.

Im Trubel der täglichen Pflichten zogen die Wochen ins Land. Ganz Miss Pessimist wie immer hatte ich den Film bereits abgeschrieben. Ich glaubte nicht, dass es sich wirklich zu hoffen lohnte, eine Kurzdoku über Freundschaft, Liebe und Schafe könnte eine Chance haben.

Als Isa mich also anrief und mir erzählte, dass unser Vorschlag es auf die Shortlist der besten zwölf geschafft hatte, war ich verblüfft. Für die nächste Runde mussten wir einen dreiminütigen Kurzfilm am Cottage drehen. Wir richteten es so ein, dass Isa mich besuchen kam und wir während einiger bitterkalter, trüber Tage Ende November an unseren wenigen Filmminuten arbeiteten. Dann hieß es warten.

Und jetzt erzählte mir Isa Wochen später, dass unser Film aus allen anderen Beiträgen ausgewählt worden war, und ich konnte es kaum glauben. »Echt jetzt, Isa, wir haben gewonnen? Wir haben wirklich gewonnen?«

»Echt jetzt, Lex. Wir drehen einen Film!«

Die Worte waren so surreal, dass es mir vorkam, als wäre ich bereits in einem Film. Es war der Tag vor meinem Geburtstag; exakt drei Jahre, nachdem es hieß, ich hätte noch sechs Wochen zu leben. Ich war so begeistert wie überwältigt. In diesen Jahren hatte sich so viel verändert. Hätte mein damaliges Ich mich heute sehen können, es hätte mich nicht wiedererkannt. Ich hatte um mein Leben gekämpft und gewonnen, Maggies Leben aber hatte ich nicht retten können. Ich hatte Schlachten geschlagen, hatte meine innere Stärke gesucht und gefunden, war gestolpert, hingefallen und wieder aufgestanden, hatte manches geschafft und anderes nicht. Oft hatte ich mich verliebt, und die Freunde, die ich liebte, beim Sterben im Arm gehalten. Mein Traum von einem Hospiz in Maggies Namen hatte sich verwirklicht. Ich hatte immer gehofft, dass das Kreise ziehen würde, und das tat es auch, und diese Kreise zogen sich immer weiter und so langsam auch von meinem kleinen Winkel hinaus in der Welt. Es passierte so viel, und das Wie und Warum des Ganzen stellte mich immer noch vor ein Rätsel. Es war aufregend, es war, was ich mir erhofft hatte, aber meine persönlichen Dämonen, meine ständigen Begleiter, das mangelnde Selbstbewusstsein und die Angst, es könnte alles zu gut sein, um wahr zu sein, wichen mir nie weit von der Seite.

»Ich glaube, das packe ich nicht, Mum. Ich kann doch nicht vor 'ne Kamera … Weiß nicht, wie … Warum sollte sich denn jemand einen Film über meine Liebe zu Schafen anschauen wollen? Ist doch doof, zu glauben, dass das irgendjemand hören will. Ich werde Isa sagen müssen, dass ich das nicht kann.«

Mum erkannte die Anzeichen für das Gefühlschaos, das sich in mir zusammenbraute. »Das wird schon werden. Nimm's einfach an. Die hätten euch doch nicht ausgewählt, wenn sie nicht mehr wissen wollen würden.«

Ich kramte in meinen Gehirnwindungen nach Bestätigung. *Das bringst du eh nicht. Das schaffst du auf gar keinen Fall.*

»Entspann dich«, beruhigte mich Mum. »Das wird bestimmt prima.«

Die Ferkel waren endlich groß genug, um draußen leben zu können. Das löste zwar ein Problem, schuf aber ein neues: Das kleine Stück Land, das Dad und ich für sie vorbereitet hatten, indem wir es im Schneegestöber planierten und Platten in den gefrorenen Schlamm legten, verwandelte sich unter ihren Rüsseln binnen weniger Tage in ein Schlammbad. Das Häuschen war ein Katastrophengebiet: In den Küchenwänden waren Löcher, Teile des Linoleums waren verschollen, vermutlich verdaut, und obwohl ich in den letzten Monaten bereits literweise Desinfektions- und Reinigungsmittel verbraucht hatte, stank der Teppich im Flur immer noch wie ein Schweineklo. Ich bemühte mich nach Kräften, aber es war und blieb ein peinliches Chaos, und ich genierte mich dafür, dass alle Welt es würde sehen können, wenn darin gefilmt wurde. Dad und ich hatten einige Tage mit Putzen verbracht, ehe Isa und die Crew eintrafen, aber bei zu vielen Tieren auf zu wenig Platz hielten sich die Ergebnisse eben in Grenzen.

Vor der kalten, kahlen, leblosen Kulisse des Februar 2018 begannen wir mit dem Dreh. Isa hatte zwei Leute mitgebracht: Kamerafrau Adelaida und Tontechniker Scott. Hilary, mutigstes Superhelden-Huhn der Welt und immer zum Flirten aufgelegt, verliebte sich auf der Stelle in Scott. Sie vernachlässigte die Mission: Tapetenpicken, um den ganzen Tag lang zu seinen Füßen zu stehen und ihn anzuhimmeln, während er den ganzen Tag lang versuchte, seine Arbeit zu erledigen und nicht über seinen Ein-Huhn-Fanclub zu stolpern. Obwohl ich mich immer noch für den Rahmen des Ganzen schämte, war es doch leicht, die Liebe einzufangen, die alles zusammenhielt. Isa war ein Naturtalent, was die Regieführung anging, und ich entdeckte in einer unerwarteten und wahrhaft bollywoodreifen Schicksalswendung, dass ich doch tatsächlich unglaublich gerne vor der Kamera stand. Bran, meinem alten Hundeschatten, ging es genauso. Er folgte mir in seinem kleinen blauen Winterpulli auf Schritt und Tritt, sammelte nebenbei Hühnerkacke auf und bestand darauf, bei jeder Kameraeinstellung im Bild zu sein.

»Dafür will ich einen Preis, Isa: Bestes Wäschezusammenlegen 2018.«

»Klar doch, Lexybee. Den Preis hast du schon in der Tasche!«

Ich saß im trüben Kunstlicht auf meinem Bett und legte meine Wäsche zusammen. Dabei krümmte ich mich vor Schmerz. Der Morbus Crohn flammte wieder auf, und der Darmabschnitt, der schon in der Vergangenheit so schlimme Schäden davongetragen hatte, machte allmählich Probleme. Es fühlte sich an, als würde sich die Entzündung ausbreiten, und auch die ersten Anzeichen von Verstopfung zeigten sich: Krämpfe, Übelkeit, Erbrechen und Erschöpfung. Die ständige Müdigkeit kam nicht nur von meinen niemals enden wollenden täglichen Pflichten. Ich spürte, wie mein Körper langsam wieder seinen Dienst versagte, hatte aber so viel zu tun, dass ich mich nicht ausruhen konnte. Ich sorgte mich: Zu dem Leben von damals, falls man es überhaupt so nennen konnte, wollte ich nicht zurück und hatte inzwischen auch so viel mehr zu verlieren. In der Doku wollten wir zeigen, wie sich die Krankheit auf mich auswirkte, und es gab nichts Alltäglicheres, als unter Schmerzen zusammengekrümmt Wäsche zusammenzulegen.

Nach ein paar Drehtagen erhielt ich einen Anruf. Ob ich ein Schaf in schlechtem Zustand aufnehmen könnte? Es hatte einige Wochen alleine in einer Scheune gelebt, konnte kaum laufen und litt allem Anschein nach unter einem Gehirntrauma oder einer neurologischen Erkrankung. Es benötigte Palliativpflege, und das Timing war verblüffend: Seine Geschichte würde in unseren Film über Liebe, Schafe und das Überwinden von Lebenshindernissen mit einfließen.

Als ich ihm bei der Übergabe auf einem Rastplatz zum ersten Mal begegnete, war auf den ersten Blick klar, dass es ihm wirklich schlecht ging. Auf einer Körperseite fehlte die Hälfte der Wolle, und die Haut war über und über verkrustet. Weil das Schaf lang ausgestreckt auf der Seite gelegen hatte und nicht in der Lage war aufzustehen, war das Auge auf dieser Seite durch das piekende Heu schwer beschädigt. Sechs Wochen lang hatte es alleine in der Eiseskälte des Winters im Norden Schottlands auf Betonboden gelegen. Nur einmal am Tag war jemand zum Füttern gekommen. Der Gedanke daran, was dieses junge

Fräulein während der letzten Wochen durchgemacht hatte, war kaum auszuhalten – und doch hatte es irgendwie genug Willenskraft zum Überleben gefunden.

Es war ein Samstag. Mit den schlimmsten Befürchtungen hetzte ich mit ihr zum tierärztlichen Notdienst. Auf dem Beifahrersitz neben mir filmte Adelaida unsere Fahrt. Ich befürchtete eine Listeriose, eine bakterielle Hirnhautentzündung, bei der sich die Bakterien durch kleine Verletzungen in der Mundschleimhaut bis ins Gehirn vorarbeiten, wo sie Enzephalitis und Abszesse verursachen, und die häufig von Listerien in verdorbener Silage hervorgerufen wird. Im Grunde genommen wurde das Gehirn des Schafs von Bakterien aufgefressen, und das in diesem Fall bereits über mehrere Wochen.

»Ich hab wirklich nicht viel Hoffnung, Lexy, aber wir können es mit einer brutal hohen Dosis Antibiotika über drei Tage versuchen, dazu Schmerzmittel. Aber ich glaub nicht, dass sie durchkommt …«

Die Tierärztin versuchte, mir den Hauch eines Silberstreifens am Horizont zu zeigen, aber instinktiv wusste ich, dass sie sterben würde. Mir blieb nur, ihren Tod sanft und friedlich zu gestalten, das war das Einzige, was ich tun konnte. In der kurzen Zeit, die ihr noch blieb – also vielleicht ein paar Tage, wenn überhaupt –, würde ich versuchen, die Einsamkeit, den Schmerz und die Hoffnungslosigkeit, die sie durchgemacht hatte, durch Liebe, Frieden und Hoffnung zu ersetzen. Ich werde nie die tiefe Verzweiflung vergessen, die mein Innerstes zerfraß, als ich das Schafmädchen betrachtete, das so gerne leben wollte und von dem ich doch wusste, dass es sterben würde.

Während Isa die Aufnahmen vorbereitete und Adelaide und Scott auf Position gingen, richtete ich im Schuppen einen Bereich für das Schafmädchen ein. Ich türmte Stroh auf, damit sie es warm hatte, und stapelte Heuballen um den Bereich herum, damit sie sich aufrichten und anlehnen konnte. Dann schnitt ich Möhren und Brokkoli klein, holte Wasser und bereitete die Antibiotika-Spritze vor.

»Hey, Maya – schau mal, wie warm und gemütlich es hier ist, meine Liebe! Komm rein, Süße, mach's dir bequem.«

Isa hatte sie Maya genannt: »Ein schöner Name für ein schönes Fräulein, was, Süße?«

Maya konnte kaum laufen. Aber mit ein bisschen Hilfe konnte sie aufstehen, und manchmal schaffte sie sogar ein paar wacklige Schritte, bevor sie auf den Boden krachte. Dabei zuzuschauen war die reinste Folter, aber ich musste sie in Bewegung halten. Wenn sie auch nur die kleinste Überlebenschance haben sollte, musste sie ihre Muskeln weiterbenutzen. Während Gimli neugierig von der anderen Seite des Zauns aus zuschaute und überlegte, was da wohl vor sich ging, versuchte Maya mit all ihrer Kraft aufzustehen und stehen zu bleiben. Jedes Mal, wenn sie wieder hinfiel, meckerte sie frustriert. Ich musste sie anfeuern, guter Dinge bleiben und sie zum Weitermachen ermuntern, aber es brach mir das Herz, und irgendwie fühlte ich mich, als würde ich sie belügen und hintergehen.

Zwei Tage lang saß ich bei Maya im Schuppen, während Isa, Adelaida und Scott um uns herum ihr Ding machten. Ich las mein Buch und fütterte sie mit Möhren und Brokkoli und Äpfeln, ihrem Lieblingsessen. Sie war ein liebes Mädchen, immer zum Kuscheln aufgelegt, und sie genoss es, eine Freundin an ihrer Seite zu haben. Wenn sie aufstehen wollte, half ich ihr und ermunterte sie dazu, nach draußen zu gehen und Pipi zu machen und sich zu bewegen. Ich konnte sehen, wie ihr Geist von unserer Freundschaft belebt wurde, und versuchte, die Tränen, so gut ich konnte, für mich zu behalten.

Am späten Montagabend filmten wir draußen im Schein der Außenbeleuchtung. Wir wollten Mayas Entschlossenheit und meine Hoffnungen und Befürchtungen für sie einfangen. Sie bestand darauf zu gehen, und schien in den letzten paar Tagen etwas stärker geworden zu sein.

»Maya … Komm, mein Schatz, raus mit dir …« Lockend stand ich draußen vor dem Schuppen. »Komm, meine Süße, du schaffst das!«

Mit aller verfügbaren Kraft hievte sie sich auf ihre wackligen Beine und schoss aus dem Schuppen. Ab ging die Post, raus in den Schnee, über den Rasen und in die Dunkelheit hinein. Wir hielten alle inne, schauten einander an und warteten auf den Rums und das entkräftete »Määäh«.

Einige Sekunden später tauchte sie auf der anderen Gartenseite wieder auf. Sie hatte eine ganze Runde ums Haus herum geschafft.

»Oh Maya, mein Mädchen, schau dich mal an! Du läufst ja!«

Sie schien äußerst zufrieden mit sich zu sein. Wild entschlossen trottete sie geradewegs an mir vorbei auf ihren Schuppen zu. Sie hatte es geschafft, in einem Rutsch, ganz ohne anzuhalten. Sie hatte ohne umzufallen gehen wollen, und das hatte sie geschafft.

Schluchzend und lachend rief ich meiner Freundin hinterher: »Oh Maya, du hast es geschafft! Du hast es doch tatsächlich geschafft!«

»Määäh!«, rief sie, offensichtlich begeistert, zurück.

Sie war so zufrieden mit ihrer Leistung. Sie wollte leben. Sie war noch ganz jung, unter einem Jahr, und sie hatte so hart um diese Chance zu leben gekämpft. Aber ich konnte nichts tun, um ihr zu helfen, mir blieb nur, am Ende ihr Cheerleader zu sein. Im Wissen um meine Machtlosigkeit gegenüber Vorgängen, die lange vor unserer ersten Begegnung in Gang gesetzt worden waren, spürte ich bereits den unausweichlichen Herzschmerz in mir.

»So, junge Dame, das war jetzt aber genug Aufregung für einen Tag. Ab ins Bett mit dir ...«

Die Crew war gerade wieder weg, und wir beide genossen unsere Kuschelzeit in der Stille des späten Abends. Sie kuschelte so unglaublich gern.

»Du hast es geschafft, Maya! Eine ganze Runde hast du geschafft. Du bist supertoll, weißt du das? Hier, ich glaube, den hast du dir verdient.« Ich gab ihr einen Keks. So saßen wir eine Weile zusammen, während sie an ihrem Keks kaute und ich mich vergewisserte, dass ihre Heuballen sie ordentlich abstützten, damit sie aufrecht sitzen konnte. »So, mein Schatz, Schlafenszeit. Du hattest einen großen Tag, oder? Ich glaube, wir gehören beide ins Bett jetzt. Ich bin so stolz auf dich, meine Liebe. Ich hab dich lieb. Gute Nacht!« Ich küsste sie auf die Stirn, knipste das Licht aus und ließ Maya allein.

Zu dem Zeitpunkt wusste ich noch nicht, dass es das letzte Mal sein würde, dass ich sie lebend sah. Während ich schlief, erreichte der Schaden in Mayas Gehirn wenige Stunden später den kritischen Punkt, und ein verheerender Schlaganfall beendete ihr Leben.

Unser Film, *Crannog*, feierte am 21. Juni 2018 auf dem Edinburgh International Film Festival Premiere. Einige meiner Freunde aus dem Internet und aus dem wirklichen Leben wollten sich ihn mit uns anschauen, und ich hatte im »Seeds for the Soul«, einem kleinen veganen Café in der Nähe des Kinos, eine After-Show-Party organisiert. Ich fand außerdem, das wäre eine schöne Gelegenheit für Bran the Man, einmal seine vielen Online-Fans zu treffen, und so arrangierte ich einen Überraschungsauftritt des alten Hundeherrn.

Nachdem ich ein halbes Vermögen für einen Parkplatz in einer Tiefgarage bezahlt und mich vergewissert hatte, dass Bran für die nächsten zwei Stunden gut im Auto untergebracht war, traf ich mich vor dem Parkhaus mit Mum und Dad. Aufgeregt redend gingen wir durch die überlaufenen Straßen zum Kino. Ich war nervös und befürchtete, dass die extra für den Film angereisten Besucher finden könnten, dass ich es vergeigt hatte. Vor dem Kino versammelte sich eine Menge vertrauter Gesichter. Es kam mir so unwirklich vor, dass sie gekommen waren, um sich einen Film über mich und meine Liebe zu Schafen anzuschauen.

»Beverley! Miriam! Michele! Heather! … Jane! Annette! Hallo!« Ich freute mich wie verrückt und war völlig überwältigt. Was für eine Ehre! Langsam verstand ich, wie sich das Hochstapler-Syndrom anfühlte. »Danke, dass ihr gekommen seid, so schön, euch zu sehen! Geht's euch gut?« Wir umarmten uns und unterhielten uns. Ich war total begeistert.

»Zeit, reinzugehen.« Dad, der die Uhr im Blick behielt, während ich quasselte und kicherte und jegliches Verantwortungsgefühl verlor, scheuchte uns rein.

Mum und Dad setzten sich hinter mich, was ich sehr beruhigend fand. Als ich mich nach ihnen umschaute, sah Mum aus, als würde sie gleich platzen. Isa und ich saßen nebeneinander, hielten uns nervös an der Hand und umklammerten unsere Programmhefte.

Crannog.

Regie: Isa Rao.

Dauer: 15 Minuten

Zusammenfassung: Crannog verfolgt Alexis, die sich unermüdlich darum bemüht, ein vernachlässigtes Schaf gesund zu pflegen. Der Film ist eine leise Reflexion über Güte und Freundlichkeit angesichts des Todes und zeigt die Zerbrechlichkeit und die Stärke, die daraus erwachsen, wenn man sein Leben der Fürsorge anderer widmet.

Ein großer Moment für uns beide. Wir hielten uns aneinander fest, als das Licht im Saal ausging.

»Määäh!«, rief uns Gimli von der Leinwand aus entgegen, und unsere Nervosität löste sich in Gelächter auf. *Der Big Woolly-Bastard auf der Kinoleinwand.* Ich konnte kaum fassen, was da gerade passierte.

Seit Mayas Tod waren einige Monate vergangen, doch in Kombination mit der Aufregung und der Nervosität war das Wiedersehen mit ihr einfach zu viel für mich. Sobald der Abspann lief, rannte ich schluchzend auf die Toilette. Als ich mir am Waschbecken Wasser ins Gesicht spritzte und versuchte, mich zu beruhigen, kam jemand aus dem Publikum dazu und stellte sich neben mich.

»Das war schön«, sagte sie. »Dieses Schaf … Ich war so traurig, als es starb. Ich wusste gar nicht, dass Schafe so eine starke Persönlichkeit haben.«

Wieder kamen mir die Tränen. Es geschah wirklich. Davon hatte ich geträumt, ich hatte davon geträumt, den Menschen zu zeigen, wie Schafe wirklich waren, wie viel mehr in ihnen steckte. Maya hatte so stark um dieses Leben gekämpft, das ihr vom Schicksal nicht vergönnt war, doch sie lebte weiter, lebte weiter in diesem Kino und in den Herzen und Köpfen der Menschen, die sie nie persönlich kennengelernt hatten, aber nie vergessen würden, was sie ihnen gezeigt hatte.

Ich liebe dich, Maya. Wir haben es geschafft, mein Schatz. Wir haben es geschafft.

In freundschaftlicher Runde aßen, redeten, lachten, weinten und feierten wir an diesem Mittsommerabend im Seeds for the Soul und stießen auf Maya und ihre Artgenossen an. Es war überwältigend gewesen und manchmal unmöglich erschienen, aber wir hatten es geschafft. Mit Isa und dem restlichen Team hatten Maya und ich ihre Geschichte erzählt. Wir hatten gezeigt, was die Liebe für sie getan hatte. Wir hatten der Welt einen anderen Weg gezeigt.

Als der Stargast des Abends, Bran, in Erscheinung trat, wurde er von Begeisterungsrufen begrüßt. Er zockelte in das Café, schwelgte in der Liebe und dem schönen Abend und saugte all das Brimborium und die Verehrung in sich auf, wie es nur jemand kann, der weiß, dass er es absolut verdient hat. Es war wunderbar. Dieser alte Kerl, den man in den Straßen genau dieser Stadt krank und alleine sich selbst überlassen hatte, war zurück, wacklig, aber gesund, der Herrscher des Universums, und er liebte es von vorne bis hinten.

Ich schaute zu, wie Bran wie ein Irrer grinsend von Fan zu Fan schlenderte und in der Liebe badete. Es lag noch ein langer Weg vor mir, und ich wusste, dass ich einige große Entscheidungen treffen und Veränderungen vornehmen musste, aber es ging voran. Allmählich kam es mir vor, als sei ich doch irgendwie auf den richtigen Weg gestolpert.

Kapitel 12

Weiterziehen

Es war kaum zu glauben, dass meine Familie und das Hospiz in nur zwei Jahren aus der Bleibe herausgewachsen waren, die ich mir als Ort zum Sterben ausgesucht hatte. Zu den Truthahn-Jungs hatten sich drei Puten-Damen gesellt, und mit jeder Rettungs- und Unterbringungsaktion vergrößerte sich unsere Hühnerschar. Jemand hatte mir von einigen Hähnen erzählt, die geschlachtet werden sollten, also waren auch davon ein paar zu uns gekommen, was bei meinem einzigen Nachbarn – wenig überraschend – nicht besonders gut ankam. Die Ferkel sollten ursprünglich Untermieter auf Zeit sein, blieben aber natürlich. Dann war Gimli zu unserer Gesellschaft hinzugestoßen, und man kann doch auch nicht nur ein Schaf haben – sieben ist doch eine viel schönere Zahl. Es war viel zu voll, das Grundstück verkraftete das alles kaum mehr, und mit Bran, B und Ri platzte auch unser winziges Häuschen aus allen Nähten. Irgendwo musste ich Abstriche machen. Entweder beendete ich meinen Weg auf der Stelle und suchte für die Ferkel-Gang, die Hähne und einige Schafe ein neues Zuhause, oder ich ging ihn weiter, vergrößerte das Ganze und brachte es damit auf das nächste Level.

Ich freute mich von Herzen darüber, am Leben zu sein und sogar die Möglichkeit eines Umzugs zu haben, aber alleine der

Gedanke daran, ein Objekt zu suchen, das in jeder Hinsicht richtig und passend war, und dann die ganze Menagerie dorthin zu verfrachten, weckte in mir den Wunsch, mir auf dem Sofa aus Kissen und Decken eine Höhle zu bauen und mich darin zu verstecken, bis ein Erwachsener die Situation in Ordnung gebracht hatte.

Aber Bran war zu sehr damit beschäftigt, in den Äther hinauszubellen, und Gimlis Hufe eigneten sich furchtbar schlecht für das Schreiben auf einer Tastatur, also machte ich mich doch selbst daran, tagein, tagaus Maklerseiten zu durchforsten. Das fühlte sich ganz ähnlich an, wie Dating-Seiten abzufischen. Ich war immer noch mittellos, aber Mum und Dad, die mich wie eh und je beim Streben nach meinen wilden Träumen unterstützten, boten an, mir mein Erbe vorzeitig auszuzahlen. Rechnete man die Summe dazu, die ich hoffentlich durch den Verkauf des Cottages erzielen würde, verfügte ich über ein Budget von ungefähr 250 000 Pfund. Für mich war das außerordentlich viel Geld, weit mehr, als ich mir je erhofft hätte, aber obwohl ich das Netz wirklich weit auswarf und bereit war, alles in Betracht zu ziehen, was auch nur im Entferntesten geeignet schien, gab es in meiner Preisspanne nur wenige Angebote. Die meisten mit einem Grundstück, wie meine tierische Familie und ich es brauchten, sprengten das Budget, oder aber das Haus war eine Ruine (oder es gab erst gar keins). Ich benötigte ein Objekt mit einem zumindest bewohnbaren Haus und einem Grundstück, das guten Weidegrund für die Schafe, festen, felsigen Boden für die Schweine und ausreichend Auslauf für die Hühner- und Truthahnschar bot. Außerdem, und das war vielleicht das Wichtigste, wollte ich auf dem Land auch ein ausgewiesenes Hospizgebäude bauen – das erste seiner Art weltweit. Bran hatte noch nie ein eigenes Zuhause gehabt, und dieses Geschenk wollte ich ihm unbedingt machen. Ich träumte davon, einen warmen, gemütlichen Raum zu schaffen, damit er und B und andere Tiere, die in Zukunft zu uns kommen würden, die letzten Tage ihres Lebens geborgen und getröstet verbringen konnten. Doch dieser lange Wunschzettel schloss eine Doppelhaushälfte in der Vorstadt natürlich kategorisch aus.

Jeden Tag suchte ich, aber es gab nichts, was die Voraussetzungen erfüllte, und langsam verließ mich der Lebensmut. Ich war so verzweifelt, dass ich mir sogar ein Haus in Campbeltown anschaute, drei Autostunden vom Festland entfernt auf der Halbinsel Kintyre, und eine Farm, die als »günstig an der West Coast Main Line gelegen« beschrieben wurde. Das war nicht einmal gelogen: Als Mum und ich gerade das Wohnzimmer besichtigten, schoss der 15:03-Uhr-Zug ab Glasgow nach London keine zwei Meter vor dem Fenster in einer Abgaswolke vorbei und hätte um ein Haar Mums Brille mitgerissen.

Mein Enthusiasmus war nach vielleicht drei Minuten Suche verflogen, aber ich versuchte es weiter. Die Situation im Cottage wurde immer anstrengender und immer schwerer zu beherrschen. Irgendetwas musste passieren, und zwar schnell. Ich setzte mir eine Frist von sechs Monaten: Wenn ich bis dann nichts gefunden hätte, würde ich die Situation noch einmal neu beurteilen und sehr schweren Herzens auch die andere Option in Erwägung ziehen.

Nach fünfeinhalb Monaten stand ich kurz vor dem Aufgeben, als die Freundinnen meiner Mum, Linda und Irene, die aus unerfindlichen Gründen eine Heidenfreude am Häusersuchen haben, ein Inserat fanden für ein altes traditionelles Bauernhaus mit knapp zwei Hektar Land in einer versteckten Ecke Südwestschottlands außerhalb von Kirkcudbright. Auf dem Papier sah es aus, als würde Ringliggate alles bieten, was wir suchten. Außerdem war es gerade noch im Budget. Trotzdem machte ich mir nicht viele Hoffnungen. Ich war inzwischen abgestumpft, mutlos und zynisch und erwartete, dass es ebenso laufen würde wie bei all den anderen Häusern. Um mir die lange, sinnlose Anfahrt zu ersparen, fuhren Mum und Dad von Kilmarnock aus hin, um es sich anzuschauen.

»Wir haben es gefunden!« Am anderen Ende der Leitung war Mum ganz aus dem Häuschen. »Das ist es. Das ist das Richtige.« Mum und ich hatten schon immer ein Gespür für Häuser; von manchen fühlten wir uns angezogen, von anderen abgestoßen. Ich wollte ihr gern glauben, tat's aber nicht. Andererseits stolperte ich nicht gerade über Alternativen, also vereinbarte ich widerstrebend einen Besichtigungstermin für das folgende Wochenende.

An einem verschneiten Februartag rang ich einen selbstverschuldeten Tobsuchtsanfall nieder, weil ich mich fürchterlich verfranzt hatte und zu spät zu dem Besichtigungstermin eintraf, und betrat Ringliggate zum ersten Mal. Mum hatte recht: Es fühlte sich an, als würde ich nach Hause kommen.

Das alte Haus war schon lange vernachlässigt, unbewohnt und ungeliebt. Es stank nach Feuchtigkeit, und der altmodische Boiler und die Elektrik waren kurz davor, den Geist aufzugeben. Von den bröckelnden Wänden löste sich die Farbe, und die Küche war so schlecht eingebaut, dass die Spülmaschine unbrauchbar kaputt war, ohne je einen einzigen Teller gespült zu haben. Damit Tiere auf dem Land leben konnten, würde das Gelände ebenso viel Aufmerksamkeit benötigen wie das Haus.

Doch selbst wenn ich von den Überraschungen gewusst hätte, die mir noch bevorstanden, etwa dem Teich unter dem Esszimmerfußboden oder den Pilzen, die aus dem Kaminvorsprung wuchsen, hätte das nicht gereicht, um mich abzuschrecken. Eine Menge Liebe würde nötig sein, um das Herz des Hauses wieder zum Schlagen zu bringen, und ich würde es von innen nach außen neu zusammensetzen müssen, aber endlich,

endlich hatte ich unser neues Heim gefunden. Am 30. April 2018 bekam ich die Schlüssel zu Ringliggate – und zu unserem neuen Leben.

Der Umzug von Ballindalloch in den Highlands hinunter ans andere Ende des Landes war eine gewaltige, fast entmutigend überwältigende Herausforderung. Für meinen Geschmack gab es außerdem viel zu viel Spielraum für Fehler. Eine fast unbegreifliche Menge an Aufgaben musste erledigt werden: Ein Hospiz musste gebaut und ein Gnadenhof geschaffen werden, und dazu musste ich noch irgendwie das Geld dafür zusammenbekommen. Das Haus befand sich zwar in einem Stück und hatte eine funktionierende Toilette und eine Küche, musste aber gründlich renoviert werden, um das Feuchtigkeitsproblem zu lösen und es sicher bewohnbar zu machen. Auch am Cottage musste noch viel gemacht werden, um es in einen verkaufsfähigen Zustand zu bringen. Das war schon so, bevor vier Ferkel und ein sehr freches Hühnchen *Extreme Makeover: Home Edition* darin gespielt hatten, aber jetzt, nach ihrer »Hilfe«, war teilweise ein Umbau fällig. Unsere einzige Option war ein Überbrückungsdarlehen, um Ringliggate zu kaufen und so viel Arbeit wie nur möglich in das Cottage zu stecken, um seine Verkaufschancen zu steigern.

Wenige Tage nachdem ich die Schlüssel zu Ringliggate bekommen hatte, beauftragte ich ein hiesiges Unternehmen mit dem Errichten der Zäune und zog selbst oben in Ballindalloch in den Wohnwagen und konzentrierte mich auf das Sammeln der Spenden, die ich brauchte, um all das auch bezahlen zu können. Ich wollte das Land für das Federvieh so sicher wie nur irgend möglich gestalten, und mir war wichtig, dass es ein Zuhause bekam, wo es so selbstständig wie möglich leben konnte. Deshalb beschloss ich, das gesamte Gelände, also knappe zwei Hektar Land, mit einem raubtiersicheren Zaun einfrieden zu lassen. Der Zaun sollte knappe zwei Meter hoch und einen guten halben Meter in die Erde eingegraben werden. Ein abgeknickter Überkletterschutz sollte Füchse und Marder fernhalten. Wenn die Hähne sich dann zum Beispiel eine Junggesellenbude im Ginsterbusch einrichten oder die Puten-Damen im Sommer im langen Gras draußen schlafen wollten, dann, so stellte ich es mir jedenfalls vor, würden sie das hinter einem derart sicheren Zaun tun können, und ich würde trotzdem in der Lage sein, ruhig zu schlafen. Das würde jedoch 25 000 Pfund kosten, und es war nicht gerade einfach, die Leute dazu zu bringen, für einen Zaun zu spenden. Der war zwar dringend nötig, stellte aber nicht unbedingt das attraktivste Objekt einer Spendenkampagne dar.

Zwischenzeitlich musste das Fundament des Hospizes ausgehoben, gegossen und glattgezogen werden, bevor die bestellten Bestandteile des Gebäudes eintrafen. Dick, der Landwirt, dessen Familie seit Generationen das Land in der Gegend bebaute, bot überaus großzügig an, diese Aufgabe zu erledigen, und schickte binnen weniger Stunden einige Arbeiter mit einem Bagger vorbei.

Ich hatte mir Gedanken darüber gemacht, wie meine etwas eigenartige Familie von den Einheimischen aufgenommen werden würde. In Ballindalloch hatte ich mich nie ganz heimisch gefühlt. Sosehr ich das Waldhäuschen auch liebte, ich fühlte mich doch immer ein bisschen wie eine Außenseiterin. Ich hatte schon vorsichtig darauf gehofft, dass wir hier irgendwie in die Nachbarschaft passen und mit der Zeit Teil der Dorfgemeinschaft werden würden, bekam aber überraschend schnell das Gefühl vermittelt, wirklich herzlich willkommen zu sein. Die Freundlichkeit und Hilfsbereitschaft, die Dick und Stuart, sein Schäfer, uns entgegenbrachten, überwältigte mich, und nur ein paar Stunden nach der Schlüsselübergabe kamen Mandy und Sam von nebenan vorbei, um mir zu sagen, ich sollte mich einfach melden, wenn ich etwas brauchte.

Während in Ringliggate die Arbeiten voranschritten und allmählich Ordnung einkehrte, herrschte im Cottage im Norden das reinste Chaos. Die Überreste, die in der Nach-Ferkel-Ära von der Küche übrig geblieben waren, wurden herausgerissen, und das Wohnzimmer wurde auf die nackten Wände und Böden zurückgebaut. Ein Toaster, ein Wasserkocher und ein kleines Halogenöfchen auf einem Stück alter Arbeitsplatte im Wohnzimmer taten ihr Bestes, um angemessene Mahlzeiten zu produzieren. Heißes Wasser und eine Waschmaschine gab es nicht, und das Geschirr spülte ich in der Badewanne.

Im Wohnwagen war es heiß, eng und es stank, aber das Leben dort hatte auch seine Vorzüge. Ich liebte es, so gut wie draußen bei den Tieren zu sein, und fühlte mich ihnen in vielerlei Hinsicht so viel näher. Gimli und Co. kapierten ziemlich schnell, dass ein offenes Wohnwagenfenster ein magisches, keksspendendes Fenster sein könnte, so wie der magische, keksspendende Briefkasten Rich-Tea-Kekse ausspuckt. Wenn ich mir also wieder einmal die Haare raufte und mir über den letzten Zum-Geier-noch-mal-Moment in Sachen Umzug den Kopf zerbrach, tauchte hin und wieder ein Paar Schafsohren im Fenster auf, schnell gefolgt von einer vornehmen Römernase und großen, kekssüchtigen Augen.

»Oh, hallo, Gim.«

»Määäääää.«

»Sorry, Kumpel, hab keine Kekse.«

»Määäääääääää.«

»Es gibt aber keine Kekse, Gim …«

»Määäääääääääää.«

»Boah, ja, na gut: Es sind doch noch Kekse da …«

Neben Planung, Organisation, Bauarbeiten, Spendensammeln und allen anderen nötigen Umzugsvorbereitungen lief die Pflege aller Bewohnerinnen und Bewohner von Hospiz und Gnadenhof täglich weiter wie immer. Eines Nachmittags hatte ich in Elgin Material für die Renovierungsarbeiten und Tierfutter gekauft und sauste nach Hause, um Elisa, ein sehbehindertes Schaf, Bran und eine Henne namens Ri junior für einen Besuch beim Tierarzt einzupacken. Weil ich zu knapp dran war, um das Auto vollständig leer zu räumen, quetschte ich alle, so gut ich konnte, zwischen Futtersäcke, Rohrzubehörteile und ein Edelstahlspülbecken, das ich für die neue Küche gekauft hatte, und nahm die Beine in die Hand, um es rechtzeitig nach Grantown zu schaffen.

Nach den Untersuchungen lud ich Elisa vor der Tierklinik wieder in den Kofferraum. Verwirrt und ein wenig erschrocken protestierte sie mit einem lauten »Määäh!«. Ein vorbeispazierendes Pärchen wurde stutzig, als ich Elisa zurückdrängte und die Heckklappe schloss. Die beiden blieben stehen und drehten sich um.

»Ist das ein … Schaf?«, erkundigte sich der Mann. Wahrscheinlich fragte er sich, ob es sich um eine neuartige, wollige und mähende Hunderasse handelte, die er gerade erst entdeckt hatte. Ein Schafshund, sozusagen.

»Ja, das ist Elisa.« Lächelnd öffnete ich die Heckklappe wieder.

Er schaute rein, und Elisa begann, sein Gesicht mit ihren Nüstern zu erkunden. Bran saß auf der Rückbank und fragte sich, warum jemand anders Aufmerksamkeit bekam und nicht er.

»Und ein Hund ist aber auch da drin?«

»Ja, genau, das ist Bran. Der ist ungefähr 146 Jahre alt.«

»Gack-gack«, ergänzte Ri junior.

»War das ein … Huhn?«

Ich war mir nicht sicher, ob ich dem Mann gerade den Tag versüßte oder ihn an seinem gesunden Menschenverstand zweifeln ließ.

»Na, so was hab ich ja noch nie gesehen. Sie könnten ja auf der Stelle einen Bauernhof aufmachen, fehlen nur noch Bad und Küche …«

Ich öffnete die hintere Tür und schob Brans Decke beiseite, um die Küchenspüle vorzuzeigen, die ich wenige Stunden vorher gekauft hatte.

»Sie wollen mich doch auf den Arm nehmen …«

An diesen Sommer erinnere ich mich nur verwaschen, teils, weil wohl eine Art Selbsterhaltungstrieb einsetzte, damit ich diesen Wahnsinn nie wieder durchleben musste, teils wegen der üblen Benommenheit, die ich einfach nicht loswurde. Gute, erinnerungswürdige Momente gab es durchaus auch: mit meinen Freunden Gill und Jim in Dads Anhänger bei über 30 Grad Schafe zu scheren beispielsweise, das waren ein paar herrlich witzig-verschwitzte Tage, oder dass ich mein Brautkleid beim Packen wiederfand und es einen Abend lang trug, während ich, in Gummistiefeln natürlich und mit Gimli als Brautjungfer, meine Pflegerunde drehte. Vor allem aber war das Ganze frustrierend, besorgniserregend, entmutigend, überwältigend und zutiefst deprimierend, und was auch immer da mit meinem Körper nicht stimmte, warf in mir die Frage auf, ob ich nicht doch im Sterben begriffen war.

»Ja«, lautete die Antwort. »Kommt ziemlich gut hin.«

An einem heißen, schweißtreibenden, wahnhaften Julinachmittag brach ich auf dem schmuddeligen durchgelegenen Wohnwagenbett zusammen. Meine Muskeln waren steif geworden, und mein ganzer Körper tat weh. Der Schmerz bohrte sich in die Muskeln wie glühend heiße Nadelspitzen. Mir kam es vor, als hätte jemand meine Adern aufgeschnitten und würde mir jeden Tropfen Blut, jeden Funken Energie abzapfen, und so lag ich bewegungsunfähig da wie eine dürftig belebte steinerne Statue. In meinen Eingeweiden gluckste und stöhnte es, und von einem Punkt knapp über meiner rechten Hüfte aus strahlte lähmender Schmerz in Schüben durch den ganzen Körper. Wie lange ich so dalag, kaum bei Bewusstsein und im Glauben, das wär's jetzt, so würde ich nun also sterben, weiß ich nicht, und ich habe auch keine Ahnung, wie ich an dem Tag die Abendrunde hinter mich brachte.

Ich konnte es meinem Körper nicht erlauben, zu beschließen, dass es das jetzt gewesen war, ich hatte einfach nicht die Zeit dazu. Immer noch musste ich Zehntausende Pfund für die neue Infrastruktur beschaffen, einen Umzug organisieren und mich um Dutzende Tiere kümmern. Aber nichts funktionierte mehr. Ich war so benebelt, dass ich kaum einen verständlichen Satz zusammenbrachte. Meine Gelenke und Knochen fühlten sich an wie unter Beschuss, ich konnte kaum aufstehen, geschweige denn gehen, und es kam mir vor, als würden sich meine Eingeweide auflösen.

An die Fahrt ins Krankenhaus und an die ersten Tage dort erinnere ich mich nicht. Untersuchungen brachten eine erneute Blockade zum Vorschein, eine schlimme, eine, die schlimmer war als alle vorherigen. Die anderen Symptome waren und blieben ein Rätsel, aber aufgrund meiner Erfahrungen würde ich sie Erschöpfung und Stress zuschreiben. Dad kümmerte sich zu Hause um alles, während ich im Krankenhaus blieb, wo man mich mit Steroiden abfüllte, bis die Entzündung etwas abgeklungen war. Außerdem wurde ein weiterer Untersuchungstermin im Dumfries Royal Infirmary vereinbart – der sollte einige Wochen später sein, nach dem Umzug.

Als ich schließlich entlassen wurde, war ich noch lange nicht wieder auf den Beinen, fühlte mich aber nicht mehr ganz so, als würde ich gleich den Löffel abgeben. Die Trennung von meiner tierischen Familie hatte mir überhaupt nicht behagt, und ich freute mich von ganzem Herzen darauf, wieder nach Hause zu kommen. Die ganze Woche über hatte ich mir eine Szene ausgemalt, bei der Gimli und ich in Zeitlupe aufeinander zustürmten und einander überglücklich in die Arme fielen. Als ich ankam, rannte ich sofort selig zu ihm hin und warf meine Arme um seinen Hals. »Gimli!« Ich verteilte Küsse über sein ganzes Gesicht, auf seiner langen Nase und auf dem weichen Fleckchen zwischen Auge und Ohr. »Ich hab dich vermisst, mein Freund.« Ich lächelte erleichtert und fühlte mich so viel besser als in den vergangenen Wochen.

Doch die erwartete herzliche Begrüßung blieb aus. Er war kühl und distanziert, gar nicht so liebevoll und kuschelig wie sonst.

»Was ist los, Gim? Geht's ihm denn auch gut, Dad?«

Ihm sei es ganz gut gegangen, sagte Dad, er sei nur ein wenig stiller gewesen als sonst.

Während ich so neben ihm kauerte, spürte ich plötzlich, wie etwas so sehr an meinem Bein zerrte, dass ich fast umgepurzelt wäre. Gim hatte eins seiner Vorderbeine angehoben und an meinem Oberschenkel eingehakt. Er zog mich so eng, wie er nur konnte, an sich.

»Was machst du denn da, Gim, mein Schatz?« Lachend versuchte ich, das Gleichgewicht zu halten. Aber ich wusste genau, was er mir zu sagen versuchte.

Was fällt dir eigentlich ein? Wo warst du bloß? Man kann dir nicht über den Weg trauen, Frau. Jetzt bleibst du aber hier, und wenn ich höchstpersönlich auf dich aufpassen muss …

Mir blieben noch sechs Wochen, um den Umzug zu organisieren und die laufenden Bauarbeiten des Hospizes zu finanzieren. Nach einem Wirbel aus Online-Kampagnen über Facebook, Aufrufen in der Lokalzeitung, von Unterstützern organisierten Spendenaktionen und Briefen, in denen ich um Tombolapreise bettelte, nach Schweiß und Tränen und Nervenzusammenbrüchen, hatte ich Ende Juli über 80 000 Pfund zusammen. Das war unfassbar, und ich war völlig überwältigt – vor Dankbarkeit, schierer Erleichterung und Erschöpfung. Die Zäune waren errichtet, die Hühnerställe standen, und die Schweinekoppeln waren fertig. Das Hospizgebäude an sich stand auch, war aber noch eine leere Hülle. Ich hatte ein sehr klares Bild davon, wie es aussehen sollte. Ich stellte mir vor, dass es ein warmes, einladendes Zuhause sein würde, ein Ort, an dem B und Bran und alle zukünftigen Bewohner es bequem und sicher haben würden. Kalt, klinisch oder irgendwie medizinisch sollte es nicht sein. Ich wünschte mir gemütliche Schlafzimmer für sie, ein Wohnzimmer, eine Küche und ein Bad, Terrassen vor dem Haus und draußen natürlich auch reichlich Platz zum Herumstrolchen. Aber mir lief die Zeit davon, und es musste noch so viel erledigt, so viel bezahlt werden, dass das Geld trotz der für mich riesigen Spendensumme schon wieder knapp wurde. Ich konzentrierte mich darauf, die Schlafzimmer für Bran und B herzurichten, der Rest würde sich dann später schon finden.

Endlich war der Umzugstag gekommen. So schwer der Sommer auch gewesen sein mochte, das war doch der Tag, vor dem mir am meisten graute. Der Gedanke daran, sämtliche Bewohner knappe 500 Kilometer ans andere Ende des Landes zu verfrachten, belastete mich sehr. Glücklicherweise hatte ein Freund, den ich übers Internet kennengelernt hatte, Alan, sich erst kürzlich einen ehemaligen Tiertransporter-LKW gekauft,

um die Transportlücken für Tierschutzorganisationen schließen zu können, für die der Transport größerer Tiere immer
ein Problem darstellt. Für uns hätte das Timing nicht besser
sein können; ich glaube, wir waren seine ersten oder zweiten
»Kunden«.

Als der Papierkram erledigt und alles andere vorbereitet
war, bog Alan mit seinem Truck auf unsere Einfahrt ein. Wir
hatten beschlossen, die Schweine am ersten Tag und alle anderen – Schafe, Hühner, Truthähne und -hennen und die Hunde – am zweiten Tag zu überführen. Bisher war der Sommer
heiß und trocken gewesen, aber wenige Tage zuvor war das
Wetter umgeschlagen. Die kühle Brise war eine willkommene
Abwechslung und erleichterte mich sehr, weil ich mir Sorgen
darum gemacht hatte, wie alle den Transport bei der großen
Hitze überstehen würden. Dummerweise hatten die sintflutar-
tigen Regengüsse nicht nur alles erfrischt und die schwülheiße
Luft gereinigt, sondern auch den Boden aufgeweicht, und so
saß der Truck fest, kaum dass er vorgefahren war.

Das kostete uns eine Stunde Arbeit unter dem Fahrzeug, viel
Fluchen und eine hektische Suche nach einem Nachbarn mit
einem Traktor, der uns herausziehen konnte, aber immerhin
brach zwei Stunden später als geplant ein erstaunlich gelassener
Alan auf. Emily, Charlotte, Barnaby, Brian, Carl und Andrew
waren auf ihrem Weg in ihr neues Zuhause.

Am nächsten Tag ging es etwas geschmeidiger los. Von einigen abtrünnigen Ausreißerinnen einmal abgesehen, die beschlossen hatten, sich verdammt noch mal auf gar keinen Fall
in die Transportboxen stecken zu lassen, wurden die Hühner
und Truthähne und Putendamen sicher verladen. Schafe sind
sehr viel kooperativer als Schweine und neigen auch nicht ganz
so sehr dazu, einen platt zu walzen und in einen menschlichen
Pfannkuchen zu verwandeln, also würde ihr Verladen doch

bestimmt sehr viel weniger anstrengend werden als das der Schweine tags zuvor. Aber natürlich musste es jemanden geben, der die Aktion sabotierte. Als wir die Schafe auf die Rampe lockten, fiel mir auf, dass Hazel ja gar nicht alle anderen beiseitedrängte, um an den Futtereimer zu kommen. Wenn Hazel in der Futterschlange nicht ganz vorne stand, stimmte zweifellos etwas nicht.

»Warte mal … Wo ist Hazel?« Mit wachsender Panik begann ich zu suchen. Schließlich fand ich sie in einer Ecke des Gartens liegend. Sie sah ganz einsam und verlassen aus. Schnell rannte ich zu ihr hin. »Was ist denn los, meine Liebe?«

Sie ließ den Kopf hängen, und nicht einmal ein Keks konnte sie locken. Ich spürte, wie mich das Adrenalin durchflutete – hier war wirklich etwas ganz und gar nicht in Ordnung.

Mit einer wortreichen Entschuldigung ließ ich Alan stehen, wuchtete Hazels gewaltigen wolligen Hintern ins Auto und raste zum Tierarzt.

Während ich nervös vor dem Sprechzimmer für Nutztiere wartete, kaute ich an den Fingernägeln und versuchte, Ruhe zu bewahren, war aber wirklich besorgt. Der Gedanke daran, dass Hazel etwas passieren konnte, war unerträglich. Sie war erst ein Jahr alt und frech bis über beide Ohren.

Die Tür ging auf, und der Tierarzt, der sich gerade die Handschuhe auszog, erschien. »Ist Hazel … ziemlich, ähm … verwöhnt? Kann es sein, dass sie ein bisschen … wehleidig ist?« Ich sah ein Lächeln über seine Lippen huschen.

Stirnrunzelnd und verwirrt dachte ich nach. »Na ja, hm, ja, denk schon, dass sie ein bisschen verwöhnt ist … Sie hat's wohl ziemlich gut, würde ich sagen, und gibt gerne die Dramaqueen.«

»Ja, hab ich mir gedacht. Sie hat sich das Knie aufgeschürft, aber sonst ist alles in bester Ordnung.«

Nachdem Alan die Tür hinter sich geschlossen hatte, belud ich mein Auto mit den letzten paar Sachen, und dann brachen wir mit Dramaqueen Hazel und Bran zu unserer Fahrt gen Süden auf. Dad blieb mit Ri und B noch ein paar Tage länger am Cottage, um die letzten Renovierungsarbeiten vorzunehmen (und die letzten ausgebüxten Hennen einzufangen), aber ich ging zum letzten Mal von dort fort. Wegen des ganzen Dramas am Morgen hatte ich kaum Zeit, alles zu verarbeiten. Ich hatte keine Zeit mehr gehabt, den Waldfriedhof zu besuchen, wo Georgia und alle ihre Freundinnen begraben waren, und auch keine Gelegenheit mehr, auf Maggies Feldherrenhügel zu sitzen, wo sie so gerne über ihren geliebten Garten gewacht hatte. Unser Häuschen im Wald hatte Maggie so viel Freude bereitet, und jetzt verließ ich diesen Ort, an dem wir zuletzt gemeinsam gelebt und Erinnerungen geschaffen hatten. Ich stellte mir vor, wie sehr Mags es geliebt hätte, alle Ecken und Winkel von Ringliggate auszukundschaften. Mein Herz machte einen Satz. Vor mir rollte der Laster an. Ich atmete tief durch und sammelte meine Kräfte. Es tat weh wie verrückt, aber im Leben konnte es keinen Stillstand geben. Maggie würde immer bei mir sein und dafür sorgen, dass ihr Vermächtnis weiterlebte.

Als wir endlich müde und gestresst eintrafen, war es bereits dunkel geworden, und der Sommerregen kam von der Seite. Ich fühlte mich immer noch furchtbar. Nach den Sorgen, dem Druck und der vielen Arbeit der letzten Tage hatte mich die lange Fahrt nun endgültig k. o. geschlagen. Während der Regen in Sturzbächen auf uns niederprasselte, rutschten und stolperten Mum, Alan und ich im Schein der Taschenlampen durch den Schlamm und luden alle aus dem LKW aus. Ich lockte die Schafe durch das Tor auf ihre Weide, und Mum und Alan trugen die Transportboxen mit den abgespannten, besorgten Hennen in die Hühnerställe. Während ich mich durch den Matsch kämpfte, überfielen mich erneut Krämpfe, und ich schrie vor Schmerz auf, weil sich Muskeln, von denen ich nicht einmal gewusst hatte, dass es sie gab, blitzartig anspannten und brannten. Ich war am Verhungern, aber das Essen bereitete mir schreckliche Qualen, und ich wusste, dass alles, was ich aß, sowieso sofort wieder hochkommen würde. Unterwegs hatte ich einige Notfall-Stopps auf Parkplätzen einlegen müssen, weil meine Eingeweide gluckerten und sich verkrampften.

Nachdem alle untergebracht waren, machte sich Alan auf den Heimweg – wahrscheinlich sehr froh, uns los zu sein. Er hatte seine Aufgabe hervorragend erledigt und seine Ruhe mehr als verdient. Mum und ich schüttelten uns in der Küche den Regen vom Leib und setzten den Wasserkocher auf. Mir war nur noch nach ganz viel Schlaf und morgen ein bisschen Ruhe.

Morgen …

»Ach, shit, das fällt mir ja jetzt erst wieder ein!« Mit weit aufgerissenen Augen starrte ich Mum erschrocken an. »Morgen Vormittag um elf hab ich ein Live-Interview im Radio in Dumfries.«

Das Interview lief richtig gut. Wenige Tage später meldete sich eine Journalistin namens Joan, die sich erkundigte, ob ich ihr die Geschichte des Hospizes erzählen würde. Sie hatte einen Teil des Interviews im Radio mitbekommen, war fasziniert von der Idee und wollte die Story einigen überregionalen Zeitungsredaktionen vorschlagen. In der darauffolgenden Woche posierten Gimli und ich auf einem Hang für einen Fotografen des *Guardian*.

Alle gewöhnten sich langsam ein, und die Hühner, Truthähne, Putendamen, Schweine und Schafe liebten ihre neuen Unterkünfte. Bran tat sich etwas schwer damit, sich in seinem neuen Schlafzimmer zu Hause zu fühlen, und dafür gab es natürlich nur eine Lösung: unablässiges Bellen. Schon sehr bald trafen die ersten Besucher ein, die unsere neue Bleibe sehen wollten. In den ersten Wochen wohnten auch ein paar Freiwillige mit bei uns und waren eine riesige Hilfe.

Ende September erschien der Artikel im *Guardian*. Sarah, eine Freiwillige, die zwei Wochen bei uns verbrachte, und ich saßen zusammen am Esszimmertisch und kamen kaum hinterher vor lauter Anrufen und E-Mails. Morgens um sieben kamen die ersten rein, und danach ging es den ganzen Tag so. Uns erreichten Presseanfragen von der BBC, ITV, Lokalzeitungen, überregionalen Zeitungen, aus China, Griechenland und Ohio. Ich hatte keine Ahnung, was da los war, und war völlig überwältigt.

Doch während all diese spannenden Dinge passierten, stellte mein Körper wieder einmal seinen Dienst ein. Ich konnte kaum essen, schlafen oder den Stuhlgang kontrollieren und litt immer wieder unter Muskel- und Darmkrämpfen. Eines Abends schlief ich an die offene Ofentür gelehnt ein, während ich darauf wartete, dass die Mahlzeit, die ich nicht essen würde, gar wurde. Ich wusste wohl, dass hier irgendetwas ganz gewaltig schieflief, und ich wusste, dass ich einen Gang herunterschalten musste, aber ich hatte keine Zeit. Ich musste weitermachen.

An einem trüben Tag Mitte Oktober nahm mir mein Körper die Entscheidung ab. Während ich auf meiner Morgenrunde durch den Matsch stapfte, durchzuckte mich ein Schmerz, wie ich ihn noch nie erlebt hatte, und ich brach im Schlamm zusammen.

Kapitel 13

Eine zweite zweite Chance

»Dann wollen wir doch mal sehen, ob wir sie diesmal reinbekommen.« Die Krankenschwester sprach beruhigend auf mich ein, während sie auf der Suche nach einer geeigneten Vene die Nadel anders positionierte.

»Aaaaaah … Shit … Bitte … Bitte, machen Sie, dass das weggeht …« Ich stöhnte und umklammerte ihre Hand, während eine weitere Schmerzwelle meinen Körper durchlief.

»Schon gut, meine Liebe, wir schaffen das. Keine Sorge, wir kriegen das Morphium schon bald rein.«

Meine Venen waren noch nie besonders kooperativ, und manchmal war es geradezu unmöglich, etwas in sie hinein- oder aus ihnen herauszubekommen.

In den letzten fünfzehn Jahren hatte ich mit dem Schmerz wirklich reichlich Bekanntschaft geschlossen, aber so etwas war mir noch nicht untergekommen. Alle paar Sekunden wurden meine Eingeweide von einem Krampf gepackt und ineinander verdreht. Wie Messer hieb der Schmerz auf das entzündete, wunde Gewebe ein. Es begann mit einem dumpfen, pulsierenden Schmerz genau über meiner rechten Hüfte, das immer stärker wurde, bis es in meinen Darm ausstrahlte. Jeder Krampf war schmerzhafter als der vorige. Jedes Mal, wenn die unsichtbare Faust zugriff und mir die Eingeweide umdrehte, zuckte ich zusammen, krümmte mich, stöhnte und flehte darum, dass es aufhören möge. Nach etwa einer Minute erreichte das Crescendo seinen Höhepunkt und hörte dann schlagartig auf, als hätte jemand einen Schalter umgelegt. Dann entspannte sich mein Körper, und ich wartete atemlos und wie versteinert vor Angst auf das nächste dumpfe Pulsieren, mit dem das Ganze wieder von vorne begann.

Kennen Sie die Szene im Film *Alien*, in der John Hurt rücklings auf den Esstisch fällt und das Alien aus seinem Bauch herausplatzt? Der Drehbuchautor, Dan O'Bannon, hatte Morbus Crohn. Er schrieb diese Szene in den Film, weil er sagte, die von Morbus Crohn verursachten Schmerzen fühlten sich an wie ein Alien im Gedärm, das an den Innereien reißt und versucht, sich nach draußen durchzufressen. In der Tat. Genau so.

»So, meine Liebe, jetzt wären wir drin. Dann sehen wir mal zu, dass wir das in Sie hineinbekommen.«

Die kühle Flüssigkeit begann durch meine Vene zu kriechen.

»Oh, Gott sei Dank … Danke …« Als das Morphium wirkte, sank ich in schmerzfreier Seligkeit zurück auf das Kopfkissen. Ich hätte die Krankenschwester, Nikki, umarmen können – die wundervolle Frau mit der Zaubernadel, die die Schmerzen wegmacht. Hab ich vielleicht sogar. Bei Facebook sind wir immer noch Freunde.

Kaum verwunderlich, dass ich mich an die darauffolgenden Stunden nicht erinnere. Als ich in meinem Bett auf der Station aufwachte, war es dunkel, und ich brauchte ein paar Sekunden, um mich darauf zu besinnen, wo ich war, und die Bruchstücke zusammenzusetzen. Das Morphium ließ nach. Ich spürte den Schmerz wie ein Echo, weit unten auf meiner rechten Körperseite. Sachte drückte ich mir ein Stückchen oberhalb des Punktes, von dem der Schmerz ausging, auf den Körper. Oh, shit, tat das weh! Was genau da vor sich ging, wusste ich nicht, vermutete aber schwer, dass es irgendein Verschluss oder eine Ruptur war. Was auch immer es war, es war schlimm.

Ich stieg vorsichtig aus dem Bett und ging langsam zur Toilette. Vor Schmerz zusammenzuckend holte ich Zahnbürste und Zahnpasta aus meinem Rucksack, putzte mir die Zähne und krabbelte zurück ins Bett. Es war kurz nach drei Uhr morgens. Einschlafen dürfte schwierig werden. Ich öffnete meinen Laptop.

Ach, verdammt noch mal …

Offenbar hatte ich in meinem Opiatwahn beschlossen, dass ich jetzt eine Künstlerin war und mein neu entdecktes »Talent« mit der Welt geteilt werden sollte. Auf der Hospiz-Seite war mein Porträt von Charles, dem Dödelputer, das ein bisschen aussah wie ein angepisster Dodo mit einem Kopfschmuck aus Utensilien, die gut zu einem Junggesellinnenabschied gepasst hätten und die alle an männliche Genitalien erinnerten. Und Gimli war jetzt anscheinend eine Krankenschwester aus den Vierzigerjahren, *Schwester B. W. B'Stard* hieß es auf seinem Namensschild, der trug jetzt nämlich einen kleinen weißen Hut mit einem roten Kreuz drauf und ein Stethoskop. Auch sein Porträt hatte ich veröffentlicht und aller Welt verkündet, dass er sich um mich kümmern würde, solange ich im Krankenhaus war. Doch ich entdeckte nicht nur, dass ich völlig den Verstand verloren und mich im Internet zum Affen gemacht hatte, sondern fand auch viele wirklich liebe Nachrichten und Genesungswünsche von Freunden und Unterstützern des Hospizes, die mir liebe Grüße schickten und hofften, dass ich bald wieder gesund werden und heimkommen würde.

Heim.

Wie es wohl allen ging? Ob sie alle ihr Abendessen bekommen hatten und rechtzeitig ins Bett gegangen waren? Dad war im Hospiz und kümmerte sich um alles, aber ich war gar nicht gern woanders. Vor meiner Abfahrt war ich noch einmal herumgehinkt, um alle zu besuchen. Nur für den Notfall. B, Hazel, Hilary, die Putendamen, Elisa, die Ferkeljungs, Gimli, Bran, Ri …

Ich schloss meinen Laptop, nahm die Brille ab und versuchte, es mir bequem zu machen. Umgeben von Geräten, die piepten und klickten und schnauften, fragte ich mich in dieser nachtschlafenden Stunde, ob jetzt der Zeitpunkt gekommen war, an dem mich der Morbus Crohn endgültig geschlagen hatte.

Nö.

Ich musste meine Familie wiedersehen. Ich musste daran glauben, dass ich wieder auf die Beine und nach Hause kommen würde. Alles andere stand gar nicht zur Debatte.

Mum und Dad besuchten mich, sobald sie konnten. Besonders viel von ihrem Besuch weiß ich nicht mehr, weil man mich mit Medikamenten abfüllte, um die Schmerzen und die Entzündung in den Griff zu bekommen. Ich erinnere mich nur vage daran, dass sie an meinem Bett saßen. Dad sah besorgt aus, Mum weinte und hielt meine Hand und flüsterte mir etwas von einem Ausflug nach Brighton ins Ohr, wo wir uns eine Woche lang dumm und dämlich essen würden, wenn es mir erst wieder besser ging.

Durch eine glückliche Fügung hatte ich einige Tage vor meinem Zusammenbruch die MRT-Untersuchung gehabt, die bei meinem Krankenhausaufenthalt in Elgin vereinbart worden war. Weil ich nicht viel essen konnte, war ich untergewichtig und anämisch, und deswegen hatte ich erst in der Vorwoche eine Eisentransfusion bekommen. Der behandelnde Arzt hatte vermutet, dass eine geplante Operation anstehen könnte, und wollte sicherstellen, dass ich darauf vorbereitet war. Ohne es zu wissen, hatte man mich auf die Operation vorbereitet, die ich nun wahrscheinlich brauchen würde.

Als der Gastroenterologe und der chirurgische Assistenzarzt zu mir kamen, um die Ergebnisse der jüngsten MRT-Untersuchung zu besprechen, sah es ziemlich düster aus. Der Teil meines Darms, der schon vorher so lädiert war – das kranke, löchrige Gewebe, das mich drei Jahre zuvor auszuschalten drohte –, war kurz vor dem großen Finale. Es war ein klebriges, knorriges, entzündetes, verstopftes, zerberstendes Kuddelmuddel. Schlimmer noch, es hatte begonnen, sich mit meiner Niere und der Harnröhre sowie mit meiner Bauchdecke zu verkleben. Es musste raus – und zwar schnell.

»Es besteht kein Zweifel, dass Sie operiert werden müssen«, sagte der Arzt. »Aber es gibt einige Probleme. Weil Ihre Nieren und der Bauchraum ebenfalls betroffen sind, ist der Eingriff inzwischen viel komplizierter und riskanter.«

Er war ein mitfühlender, ernster, respektvoller junger Mann, dem ich instinktiv vertraute. Er erklärte mir, dass er mit den Kolleginnen und Kollegen in der Urologie und mit dem Team für entzündliche Darmerkrankungen sprechen würde. Während der Operation würde auch ein urologischer Chirurg anwesend sein müssen. Sie würden meine Nieren und meine Harnröhre mit einem Stent versehen, um sie zu schützen, während sie sie von dem klebrigen Kuddelmuddel befreiten.

»Ehrlich gesagt kann es sein, dass wir die Operation nicht durchführen können«, sagte er mir. »Aber wir werden tun, was wir können.«

Ich brauchte nicht zu fragen, was passieren würde, wenn sie es nicht schafften.

Während ich darauf wartete, dass die Ärzte entschieden, was sie für mich tun konnten – oder auch nicht –, klang die Entzündung ab, und die Wirkung des Morphiums ließ nach, und ich fühlte mich langsam weniger benommen. Die Krankenschwestern waren außerordentlich freundlich. Ungefähr stündlich kam jemand vorbei, um mich zu fragen, ob ich etwas brauchte, ob ich mich wohlfühlte, ob sie etwas für mich tun könnten. In dem neuen Krankenhaus Dumfries Royal Infirmary waren alle Zimmer Einzelzimmer, und obwohl ich es verabscheute, von meiner Familie getrennt zu sein, war es nach der Unerbittlichkeit der letzten Monate eigentlich ganz schön, nichts anderes zu tun zu haben, als in meinem eigenen kleinen Zimmer mit meinen Puzzles, meiner Musik und meinen Büchern im Bett zu liegen und im Internet zu chatten – und *keine* Karriere als Künstlerin zu verfolgen. Mir fehlte es an nichts, außer an meiner Familie zu Hause.

An jenem Abend kam eine Krankenschwester, um für einen künstlichen Darmausgang Maß zu nehmen, falls man mir während der Operation einen anlegen musste. Mit hochgerafftem Krankenhauskittel stand ich da, während sie mit einem Filzstift Kreise auf mich malte und mir erzählte, dass etwa 85 Prozent der Patienten in diesem Krankheitsstadium und bei dieser Art von Operation einen Beutel benötigten. Sie versprach mir, dass ich es kaum bemerken würde; er sei wirklich einfach zu benutzen und überhaupt nicht ungewöhnlich, ich solle mir keine Sorgen machen, falls ich nach der Operation aufwachte und feststellte, dass ich einen hätte.

Am Donnerstag, zwei Tage nachdem ich in die Notaufnahme getaumelt war, kam gegen Mittag der Chirurg wieder. Die Besprechung, bei der meine Situation und die möglichen Behandlungswege diskutiert wurden, hatte stattgefunden.

»Nach unserem Erkenntnisstand und nach dem, was die Urologie sagt, glaube ich, dass ich die Operation durchführen kann. Sie wird langwierig und kompliziert, aber ich glaube, ich

habe genug Erfahrung und kann das. Wenn Sie mich lassen.«
Er sah ein wenig ängstlich aus; ich mochte ihn. »Aber ich muss
Sie warnen«, sagte er. »Es ist eine gefährliche Prozedur, und es
besteht eine gewisse Gefahr, dass Sie nicht überleben werden.«

»Hmpf.« Diesem Kracher hatte ich nicht wirklich viel hin-
zuzufügen.

»Also, ich kann Sie heute operieren oder am Montag, wenn
ich wieder Schicht habe. Wenn Sie es heute machen wollen,
sage ich die geplanten Operationen heute Nachmittag ab, und
wir bringen Sie runter in den OP. Wenn Sie etwas länger darüber nachdenken wollen, können wir auch bis Montag warten.«
Er hielt inne. »Aber viel mehr Zeit bleibt Ihnen nicht.«

»Hmpf.«

»Lassen Sie sich Zeit. Ist schließlich eine Menge zu ver-
kraften.« Er setzte sich auf die Fensterbank, um mir ein bisschen Bedenkzeit zu geben. Hinter ihm erstreckten sich die Gal-
loway Hills in der Ferne.

»Wenn ich also nicht operiert werde, bin ich nächste Woche
tot?«

Er hielt inne und nickte.

»Dann sollten wir uns wohl besser beeilen.«

Er lächelte. »Prima. Dann sehen wir uns in einer Stunde
unten.«

Ich blickte auf meine Laptoptasche und die Ecke meines Ter-
minkalenders, die aus ihr herausschaute. Ich hatte so viel zu
tun. Durch die Presseinterviews und das Einleben in unser neues Zuhause war so viel los gewesen, dass ich mit dem Verwal-
tungskram in Rückstand geraten war – wie der Dankespost an
die Spenderinnen und Spender, dem Beantworten von Anfragen, »Pounds for Poundies«, Weihnachtsartikeln und tausend
anderen Dingen. Bald sollte es noch mehr Berichterstattung in
den Medien geben; ein paar kleine Filmteams waren da, um

kurze Beiträge über das Hospiz und das Sanctuary aufzunehmen, und ich wollte die neue Website fertig haben, bevor die ausgestrahlt wurden. Ich hatte an diesem Morgen ein bisschen daran gearbeitet, und da gab es etwas, das mich störte und das ich nicht hatte beheben können. Ich griff nach meinem Laptop. Es war eine Sache von wenigen Minuten; das konnte ich schaffen, bevor ich in den OP hinuntermusste … Ich lachte. *Darüber denkst du also nach, wenn du vielleicht nur noch eine Stunde zu leben hast? Scheißt der Hund die Wand an.* Ich steckte meinen Laptop zurück in die Tasche und wählte Mums Nummer.

Ich hasste es, dass die Krankheit meinen Eltern so viele Sorgen bereitete. Ich hatte ihnen nicht immer jede Kleinigkeit erzählt, aber wir hatten das immer gemeinsam durchgestanden, und ich wusste, dass sie mich immer unterstützen würden. Jetzt, mehr als je zuvor, brauchten sie die düsteren Details nicht zu hören; das hätte nichts gebracht, und sie waren schon besorgt genug.

»Wir sehen uns morgen«, schniefte Mum. »Und denk dran, wenn das alles vorbei ist, fahren wir nach Brighton.«

»Na klar fahren wir nach Brighton! Okay, ich mache mich besser mal fertig. Sie rufen dich an, wenn ich aus dem OP raus bin. Mach dir keine Sorgen. Wir sehen uns morgen.« Ich schickte ihr ein paar herzhafte Küsschen durch die Leitung. Sie schaffte es beinahe, sie zu erwidern.

Dann holte ich tief Luft und setzte mich auf die Bettkante. Ich schaute aus dem Fenster, über den Parkplatz zu den Hügeln hinüber und dachte an alle zu Hause. Dann sah ich auf die Uhr: Fast halb eins. Zu Hause wäre ich jetzt mit meiner Runde fertig, alle wären satt, sauber und würden ihren Tag genießen.

Ich rief Dad an und erzählte ihm das Wesentliche. Er hatte die Nachricht schon erwartet und war besorgt, aber pragmatisch. Im Hintergrund hörte ich die Hähne krähen. Bran war im

Garten herumgestrolcht, und Papa und B waren zur Wetterstation auf dem Hügel spaziert. Alle waren glücklich und wohlauf.

»Wie geht's Gimli?« Ich lächelte. *Schwester B. W. B'stard.*

»Ganz gut. Eingeschnappt ist er allerdings, ich glaube, auf dich ist er wieder ganz schlecht zu sprechen.«

Ich wusste, dass ich bald in den OP gebracht werden würde, war aber ganz ruhig. Falls ich wirklich sterben musste, schien es irgendwie zwecklos, sich dagegen zu sträuben. Ich wollte alle wiedersehen, aber wenn die Zeit gekommen war, war sie eben gekommen. Ich hatte so viele tierische Freunde das Gleiche durchmachen sehen. Ich hatte in ihre Augen geblickt, als sie diese Welt verließen, und sie waren dabei so ruhig und akzeptierten es. Ich hatte von ihnen gelernt, dass es keinen Sinn hat, dagegen anzukämpfen; es gab nichts, was ich dagegen tun konnte. Da ich dem Tod schon oft begegnet war, hatte ich keine Angst vor ihm, denn ich hatte gesehen, wie friedlich er sein konnte.

Kurz nach eins kam ein Pfleger. Er rollte mich hinunter, half mir in einer abgeschirmten Nische auf ein Bett und wünschte mir viel Glück. Um mich herum war eine Menge los, und ich fühlte mich wie das ruhige Auge im Sturm. So viele Menschen bereiteten sich auf diese Operation vor, eilten schnell von der Schwesternstation zum OP und zu anderen Orten, die ich nicht sehen konnte. Da waren Leute in hellgrünen Kitteln, dunkelgrünen Kitteln, blauen Kitteln, mit Einwegschürzen und Handschuhen, Menschen, die Dinge hin und her trugen oder Sachen bewegten. Ich weiß, dass sie einfach ihrer Arbeit nachgingen, aber ich staunte doch darüber, dass sie all das für mich taten und für jeden anderen Menschen, der eine Operation brauchte. Ich hatte unglaubliches Glück, überhaupt diese Chance zu haben, und ich war fest entschlossen, das durchzustehen, gesund zu werden und nach Hause zu kommen.

Der Vorhang öffnete sich, und eine Krankenschwester kam herein, um mir ein paar Fragen zu stellen. Name. Adresse. Geburtsdatum …

»Super, dann geht es jetzt weiter zu den Anästhesisten.« Sie strahlte mich beruhigend an und rollte mich in eine andere Kabine. Nach einem kurzen Gespräch über die verschiedenen Optionen entschieden sich die beiden netten Anästhesisten und ich für eine Periduralanästhesie, eine PDA, zur Schmerzlinderung nach der Operation. Allein der Gedanke daran ließ mich zusammenzucken, aber ich dachte mir, ich hätte einerseits zwar schon genug Schmerzen erlebt, andererseits aber tatsächlich noch nicht die Erfahrung gemacht, in der Mitte aufgeschnitten zu werden, Teile herausgeschnitten zu bekommen und dann wieder zusammengetackert zu werden. Ich hatte keine Lust, jemals wieder Schmerzen zu haben, also sagte ich, dass sie mir das Ding in die Wirbelsäule stecken sollten, so eklig es auch sein mochte. Sie zogen den Vorhang um die Kabine und gingen die benötigten Dinge holen.

Ich wurde in den OP gerollt, wo mir eine freundliche Krankenschwester auf den OP-Tisch half. Alles war brandneu und glänzend, und ich fühlte mich wie am Set von Star Trek. Ich konnte die Anästhesisten mit ihren Spritzen in der Nähe bereitstehen sehen, den Chirurgen allerdings konnte ich unter den ganzen durcheinandereilenden Leuten nicht ausmachen.

»So, meine Liebe, wir wären dann so weit.« Die Krankenschwester, die pure Herzlichkeit ausstrahlte, beugte sich über mich und nahm mir sanft die Brille vom Gesicht.

Ohne Vorwarnung schwappte eine Welle der Panik hoch. *Shit, shit, shit.* »Werd ich durchkommen?«

Sie nahm meine Hand. Von der Angst gepackt hielt ich mich an ihr fest.

»Es wird schon alles gut, meine Liebe.« Sie lächelte und drückte meine Hand. »Wir fangen jetzt an, von zehn an rückwärts zu zählen, okay? Sind Sie bereit? Zehn …neun …«

Elisa … Hazel … Charles … Georgia … acht … Mum … Dad … Angus … Ri … Annie … sieben … B … Gimli … sechs … Maggie … fünf … Bran …

»Grrrrrgggh chchch grmmmch …«

»Hallo! Keine Sorge, es ist alles in Ordnung. Sie haben eine Operation hinter sich. Bitte versuchen Sie stillzuliegen.«

Ich versuchte, meine Hand zu meinem Gesicht zu heben. Da … war … doch … was …

»Versuchen Sie, sich auszuruhen.« Die Krankenschwester nahm sanft meine Hand und hielt sie in ihrer, und ich spürte die Wärme ihrer Haut auf meinen kalten Fingern. »Schlafen Sie ruhig. Ich sorge dafür, dass es Ihnen gut geht.«

Die nächsten paar Tage waren brutal. Drähte und Nadeln waren im Spiel, und ich hatte einen Schlauch im Hals, um die Säure aus meinem Magen zu holen, damit mir nicht übel wurde. Ich musste jedes Mal würgen, wenn ich schluckte. Meine Eingeweide waren immer noch wie gelähmt vor Schock über das, was ihnen gerade widerfahren war, und die einzige Nahrung, die ich zu mir nehmen konnte, waren ab und zu ein paar Schlucke Wasser. Durch die PDA waren die Schmerzen unter Kontrolle. Ich konnte nur immer wieder einnicken und aufwachen und mich an den Gedanken klammern, dass dies vorübergehen würde, dass ich es überstehen und bald daheim sein würde.

Ich hatte mich auf die Aussicht vorbereitet, mit einem Stomabeutel aufzuwachen. Die Wahrscheinlichkeit war größer, als ohne davonzukommen, und der Gedanke störte mich auch nicht besonders. Lieber ein paar Mal am Tag einen Beutel entleeren, als dreißig Mal zur Toilette laufen, mit all den damit verbundenen Unannehmlichkeiten, der Peinlichkeit und dem Verlust der Würde. Aber wie sich herausstellte, war ich beutellos.

Bei der OP hatten sie das verfaulte Stück herausgenommen und mithilfe einer Murmel (ja, einer Murmel) ein paar andere kleine Narbengewebeblockaden entlang der Länge meines Darms gefunden. Sie schnitten sie auf, drehten sie auf links und nähten sie wieder zu. Abgesehen davon war mein Darm eigentlich in einem ziemlich guten Zustand. Es gab keine Anzeichen einer aktiven Krankheit, und wo sich vorher jahrelang ein aggressives, wundes, krankes Gewebe befunden hatte, war es jetzt gesund und rosa, und ich war um einen Stomabeutel herumgekommen.

Ich war fest entschlossen, das alles durchzustehen, und meine Gedanken waren wie immer beim Hospiz und meinen Aufgaben. Als ich am Tag nach meiner Operation um zwei Uhr morgens im Bett auf der Intensivstation saß und vor Frust weinte, kam ich endlich hinter das Problem mit der Website. Ich schaffte es, es zu beheben – gerade rechtzeitig, bevor der Artikel über das Hospiz veröffentlicht wurde, der erschien nämlich an jenem Morgen.

Mum und Dad besuchten mich, wann immer sie konnten, und ich bekam regelmäßig Updates von zu Hause. Allen ging es gut, aber Gimlis Unmut wurde von Tag zu Tag größer. Auch Bran fragte sich, wo ich abgeblieben war. Dad kümmerte sich zwar um ihn, aber das war nicht dasselbe, wie wenn er sein Frauchen um sich hatte. Ich würde eine Menge wiedergutzumachen haben.

Irgendwann in jener Woche kamen mich meine Freundin Karen und ihre Mutter Berda aus Kilmarnock besuchen. Berda war selbst sehr krank und benutzte seit Kurzem einen Rollstuhl. Ich erinnere mich jetzt nicht einmal mehr an die Einzelheiten, aber in typischer Karen-und-Berda-Manier war auf dem Weg zu mir etwas Lächerliches, Peinliches und Urkomisches passiert, und wir verbrachten den Nachmittag unter großem Gelächter. Karen war wieder einmal genau das, was ich brauchte, und ich lachte, bis es wehtat.

Ein paar Wochen bevor ich ins Krankenhaus kam, hatte ich einen Anruf erhalten: Ich war für den »Great Scot Community Champion Award« nominiert. Das ist ein von der Tageszeitung *Daily Record* verliehener Publikumspreis, man wird also von der Öffentlichkeit nominiert und gewählt, ich war begeistert. Nachdem ich von meiner Nominierung erfahren hatte, teilte ich den Beitrag mit der Bitte, für mich und das Hospiz abzustimmen. Wenn wir diesen Preis gewinnen würden, wäre das eine tolle Sache für das Hospiz und – das kann ich nicht leugnen – ein schöner Ego-Schub für mich, aber ich trat gegen zwei andere Leute an, die großartige Arbeit für ihre Gemeinden in Schottland leisten, es war also ein wirklich offener Wettbewerb.

Der Gewinner würde bei einer Preisverleihung in einem Hotel in Glasgow bekannt gegeben werden – und die sollte neun Tage nach meiner Operation stattfinden. Ich wusste, dass ich es auf keinen Fall schaffen würde, und war ein bisschen enttäuscht über den Zeitpunkt, aber so war es nun einmal.

Ein paar Tage vor der Bekanntgabe rief mich allerdings die Dame an, die die Preisverleihung organisierte. Sie war sehr nett und tat ihr Bestes, um mir die Teilnahme per Videolink zu ermöglichen, sodass ich die Zeremonie von meinem Krankenhausbett aus verfolgen konnte. Sie sagte, sie hätte ein paar Neuigkeiten. »Ich darf das eigentlich nicht, und Sie müssen versprechen, es niemandem zu sagen … Aber wir haben die Stimmen ausgezählt, und Sie haben gewonnen. Sie sind unser Community Champion 2018.«

»Das kann doch wohl nicht wahr ...« Ich lachte. »Im Ernst?«

»Ja, und ich muss Ihnen das doch einfach sagen, falls Sie doch irgendwie dabei sein können. Ich weiß, dass das wahrscheinlich nicht geht, aber nur für den Fall ...«

»Ich werde da sein!« Ich lachte. »Aber hallo, ich komme auf jeden Fall!«

Es bedurfte einiger Überredungskünste, aber ich war mir nicht zu schade, ein bisschen zu betteln und – »Ach bitte, bitte, ich habe doch einen Preis gewonnen« – ein paar Knöpfe zu drücken und brachte den Chirurgen dazu, mich frühzeitig zu entlassen. Ich hatte jeden Tag Physiotherapie gemacht und mich so viel wie möglich angestrengt, ohne es allerdings dabei zu übertreiben natürlich. Ich bemühte mich darum, zu Kräften zu kommen, und stand inzwischen wieder recht fest auf den Beinen. Die Schläuche und Drähte waren alle weg, und mal davon abgesehen, dass ich in der Mitte immer noch zusammengetackert und bis zum Scheitel mit Opiaten vollgepumpt war, mein Darm nur widerwillig zu erwachen begann und ich mich beim Versuch zu essen oder auf die Toilette zu gehen jedes Mal fühlte, als würde mich ein heißer Schürhaken durchbohren, ging es mir alles in allem doch ziemlich gut. Ich war bereit, nach Hause zu gehen.

Wie sollte ich mich bei den Leuten bedanken, die mir das Leben gerettet hatten, die sich um mich kümmerten und mich anfeuerten, während ich würgte und erbrach und weinte und tobte, und die schnell kamen, wenn ich um drei Uhr morgens im Bad Hilfe brauchte, um mein Gleichgewicht und meine Würde wiederherzustellen?

Acht Tage nach der Operation wankte ich auf Dad gestützt aus der Eingangstür des Dumfries Royal Infirmary an die frische Luft. Ich holte tief Luft und wandte mich lächelnd Dad zu. Ich war am Leben, und ich war zu einer Party eingeladen.

»Schau an, schau an!« Ich lachte, als Dad die Treppe herunterkam und seine Fliege zurechtrückte. Ich hatte ihn noch nie in einem Smoking gesehen. Er war meine Begleitung für den Abend, mein Chauffeur, Medizinspender und Aufpasser.

Wir waren fast fertig zum Aufbruch. Mum hatte mein Abschlussballkleid ausgegraben, ein schräg geschnittenes kastanienbraunes Kleid mit Wasserfallausschnitt und tiefem Rücken. Ich hatte es nicht mehr getragen, seit ich zwanzig war, aber es passte perfekt, und das war auch gut so, denn es war das einzige schicke Kleid, das ich hatte. Claire, die Nachbarin meiner Eltern, die einen eigenen Friseursalon hatte, kam, um mir die Haare zu machen, während Mum meine Fußnägel passend zu meinem Kleid lackierte. Ich knabberte solange an einem Toast und stöhnte, als mein Darm protestierte. Ich war so erleichtert, wieder in meiner vertrauten Umgebung und nicht mehr im Krankenhaus zu sein.

Als die Frisur saß, die Nägel lackiert waren und ich mich geschminkt hatte, schlüpfte ich in zehn Zentimeter hohe Stilettos, wickelte mir eine Fleece-Decke um die Schultern und machte mich mit Dad auf den Weg.

Es war alles so arrangiert, dass ich später zu der Zeremonie dazustoßen und mich, kurz bevor der Gewinner des Great Scot Award bekannt gegeben wurde, auf einen leeren Stuhl in der Nähe der Tür schleichen konnte. Die Dame, die die Zeremonie organisierte, kam uns im Foyer entgegen. »Sie müssen so stolz auf Alexis sein!«, sagte sie strahlend, während sie uns langsam über den glatten Marmorboden führte. »Sie hat diesen Preis wirklich verdient, besonders nach allem, was sie durchgemacht hat.«

Dad hielt inne. »Was, du weißt schon, dass du gewonnen hast?« Er war hin- und hergerissen zwischen Begeisterung und Beleidigung.

»Ja«, antwortete ich lachend. »Aber ich habe versprochen, es niemandem zu sagen.« Lächelnd nahm ich seinen Arm, und wir machten uns auf den Weg zu unseren Plätzen.

Ich erinnere mich, dass ich auf der Bühne stand und an die hellen Lichter, und anscheinend hielt ich auch eine Rede, aber ich habe keine Ahnung, was ich sagte. Man hatte dem Publikum berichtet, dass ich gerade eine große Operation hinter mir hatte, also kann ich nur hoffen, dass sie mir meine Redeversuche genauso verziehen wie die Unterstützer des Hospizes meine Kunstversuche.

Hinter der Bühne ließ ich dann, meinen Preis fest umklammernd, Fototermin, Händeschütteln und Small Talk über mich ergehen, und ich erinnere mich, dass alle sehr nett zu mir waren. Als die letzten Fotos gemacht wurden, gurgelten meine Eingeweide, die endlich aus ihrem Schlummer zu erwachen begannen. Ich zog eine Grimasse und lächelte den Schmerz weg. Ich freute mich, dass wir gewonnen hatten, und ich freute mich, am Leben zu sein, zu atmen, aus dem Krankenhaus heraus zu sein und einen schicken Fummel zu tragen, aber in diesem Moment hätte ich den Preis sofort gegen einen ordentlichen Furz eingetauscht.

Zurück im Auto zog ich meine Stöckelschuhe aus und meinen Kapuzenpulli an. Dad wickelte mir die Fleece-Decke um die Schultern und lächelte. »Du wusstest, dass du gewonnen hast?« Er schüttelte den Kopf. »Bereit, heimzufahren?«

Ich war erschöpft und bereit fürs Bett, in meinem alten Kinderzimmer, mit meiner alten Tapete und all den vertrauten Gerüchen und Geräuschen von zu Hause. Meine Eingeweide meldeten sich mit einem Grummeln. Es war Wochen her, dass ich das letzte Mal feste Nahrung zu mir genommen hatte. Ich war so weit. Es war Zeit. Es gab nur eine Lösung. »Ja«, erwiderte ich. »Aber können wir uns erst 'ne Portion Pommes holen?«

Kapitel 14

B-Bop-a-Loo-Bop-a-Woppa-Bamma-Boom

Ich taumelte vorwärts, hielt mich am Rand der Küchenspüle fest und sackte zusammen.

»Zum Teufel noch mal …«

Ich war schon seit ein paar Tagen zu Hause in Ringliggate. Treppensteigen war noch verboten, also hatte ich die strikte Anweisung, oben zu bleiben, während meine Familie und Freunde sich um alle kümmerten, auch um mich. Ich fühlte mich ziemlich genau so, wie ich mir vorgestellt hatte, dass ich mich fühlen würde, nachdem ich fast gestorben wäre und man mich ausgeknockt, aufgeschnitten, ein bisschen auseinandergenommen und wieder zusammengetackert hatte, aber ich war froh, zu Hause zu sein.

Rausgehen und alle Mann besuchen konnte ich nicht, dazu waren die Verletzungs- und die Infektionsgefahr einfach zu groß, aber aus dem Badezimmerfenster hatte ich einen Ausblick auf das Hospiz und den Gnadenhof. Jeden Tag stützte ich mich einige Minuten lang auf dem Fenstersims ab und sah zu, wie alle da draußen im schwindenden Licht des Spätherbsts ihrem Alltag nachgingen: die Schafe, die ruhig auf dem Hügel vor sich hinmümmelten, das Drama der täglichen Hühner-Seifenoper, die Schweine, die auf dem felsigen Acker auf der Rückseite des Gnadenhofs ihren Ausgrabungen nachgingen und in der Erde wühlten. Nach Bran brauchte ich nicht aus dem Badezimmerfenster Ausschau zu halten, den konnte ich auch bei geschlossenen Fenstern von meinem Schlafzimmer aus hören.

Ich schaute zu dem halb fertigen Hospizgebäude hinüber und dachte daran, wie viel dort noch zu tun war. Es war einfach klasse, das Gebäude dort so stehen zu sehen, eine handfeste, wirkliche Sache, die noch vor wenigen Monaten nur ein Gedanke und ein Traum gewesen war. Allerdings gab es Probleme mit dem Gebäude und eine sehr lange Mängelliste. Es gab kein fließendes Wasser, und für die Stromversorgung musste ich ein Verlängerungskabel aus dem Haus hinüberlegen. Es war immer noch nicht das Zuhause, das ich mir für Bran und B ausgemalt hatte, aber ich konnte nicht erwarten, dass alles auf einen Schlag passierte. Immerhin hatten die beiden warme, sichere Schlafzimmer und draußen viel Platz zum Herumstrolchen. Es würde besser werden, alles würde sich mit der Zeit fügen, und ich freute mich darauf, zu sehen, wie die beiden ihr richtiges, fertiggestelltes Zuhause genossen.

Schmerz durchzuckte meinen Körper. Zeit, wieder ins Bett zu gehen. Ich verabscheute es, handlungsunfähig, gelangweilt und rastlos im Bett zu liegen. Als ich so viel zu tun hatte, dass ich hätte heulen können, wollte ich nur noch ins Bett gehen und schlafen. Und jetzt, da man mir gesagt hatte, ich sollte ins Bett gehen und schlafen, wollte ich nur noch so viel tun, dass ich hätte heulen können.

Immer noch nahm ich Schmerzmittel ein, aber das waren jetzt nur noch frei verkäufliche Tabletten, nicht mehr die Opiate, die man mir im Krankenhaus verpasst hatte. In meinem Körper gab es keine Faser, die nicht schmerzte. Die Tackernadeln mussten noch etwa eine Woche drinbleiben, und die langsam abheilen-de Narbe juckte und tat weh. Immer noch schossen stechende Schmerzen durch mich, weil meine Innereien sich erst einmal an den neuen Grundriss gewöhnen mussten. Außerdem muckte der Teil des Darms auf, der in Mitleidenschaft gezogen und wieder zusammengeflickt worden war. Ich wollte *jetzt* wieder gesund sein und versuchte jeden Tag, mich ein bisschen in die richtige Richtung zu pushen. Ich zwang mich zum Essen, wohl wissend, dass sich das Ganze wie gemahlenes Glas anfühlen würde, wenn es zwei Stunden später das Narbengewebe passierte.

Weil meine Muskeln ausgehungert und unbenutzt waren, fühlte ich mich sehr lange schwach, und mir kam es vor, als würde ich meinen Körper eher durch die Gegend schleppen als tragen. Ich wollte die Gelegenheit nutzen, um ihn stärker wiederaufzubauen als zuvor, deshalb versuchte ich, jeden Tag zusätzliche Krankengymnastik zu machen oder einfach nur aus dem Quark zu kommen und mich zu bewegen. Im Bad mach-te ich mit zusammengebissenen Zähnen Pilatesübungen, um meine Bauchmuskeln dazu zu kriegen, wieder zusammenzu-wachsen. Ich wusste, dass das möglicherweise wirklich nicht zu empfehlen war, und ich riskierte, dass das Ganze nicht or-dentlich abheilte, aber strenge Bettruhe hätte ich auf gar keinen Fall sechs Wochen lang durchgehalten, außer vielleicht unter Beruhigungsmitteln, und das wollte ich auch nicht.

Ich beschäftigte mich mit der Erledigung der ausstehenden Verwaltungsaufgaben und machte zwischendurch immer wie-der Nickerchen. Die meiste Zeit verbrachte ich jedoch damit, mich aus dem Bett zu hieven und so schnell wie möglich zur Toilette zu watscheln, oft zum vierten Mal innerhalb einer Stunde, wobei ich langsam den Lebensmut verlor und ständig hoffte, dass ich nicht noch eine weitere demütigende Säube-rungsaktion zu bewältigen haben würde.

Langsam ließ ich mich zurück ins Bett fallen. Ich hatte mich gerade in eine erträgliche Position gebracht, meinen Laptop aufgeklappt und mich eingeloggt, um meine E-Mails zu checken, als mein Telefon klingelte. Es war Dad. Er war draußen und gab Bran und B ihr Abendessen.

»Alexis, es geht um B«, sagte er. »Sie ist zusammengebrochen.«

Ich konnte die Panik in seiner Stimme hören. Mein Magen kribbelte, als ein Adrenalinstoß Wirkung zeigte. »Was? Klar, ich komme ...« Ich rüstete mich innerlich und stand auf. Dann machte ich mich auf den Weg nach unten, durch das Haus und zur Hintertür hinaus. Ich benutzte den Zaun als Geländer und taumelte zum Hospiz hinüber. Dem Schmerz, den das verursacht haben muss, schenkte ich kaum Beachtung.

Im gleißenden Licht von Bs Schlafzimmer konnte ich Dad in der Dunkelheit mit der Hand auf ihrer Flanke neben ihr kauern sehen. B lag keuchend, zitternd und kaum bei Bewusstsein auf der Seite.

Ein paar Tage zuvor, fünf Tage nach meiner Entlassung aus dem Krankenhaus, war B operiert worden, um einen kleinen Mammatumor zu entfernen. Ihr Tierarzt war der Meinung, dass es angesichts ihrer Vorgeschichte besser sei, den Tumor lieber früher als später zu entfernen, und da sie ansonsten bei guter Gesundheit zu sein schien, kam sie gut für eine Operation infrage. Sie war zwar schon eine ältere Dame, aber ihr Herz und ihre Lunge waren so weit fit, und ihre Laborwerte hatten nicht auf Probleme mit der Leber, den Nieren oder etwas anderes hingewiesen, das Anlass zur Sorge hätte geben können. Es war ein ziemlich unkomplizierter Eingriff, vor allem im Vergleich zu dem, was sie vorher durchgemacht hatte. Sie hatte sich in ihrem Zimmer erholt, aber Dad hatte an diesem Morgen gesagt, dass er das Gefühl hatte, es ginge ihr nicht so gut. Die Narkose schien sie wirklich umgehauen zu haben. Dad hatte sie zum Tor gebracht, und ich bahnte mir einen Weg durch den Schlamm, um nach ihr zu sehen und mir ein Bild zu machen. Ich stimmte zu: Sie wirkte nicht wie sie selbst. In ihre einst munteren und scharfen Augen hatte sich eine Müdigkeit geschlichen. Sie hatte keine Lust mehr. Irgendetwas fehlte.

»Was ist passiert?«, fragte ich jetzt, während ich mich in die Hocke begab und unter Schmerzen zusammenzuckte, als sich nachwachsendes Gewebe dehnte und zerriss.

»Weiß ich nicht«, stotterte Dad. Er war blass und erschüttert von dem Schreck. »Sie war schon so, als ich hereinkam. Ich wollte ihr Futter holen und …«

»Wie lange ist sie schon so?« Ich tastete nach meinem Telefon. Ich hatte vergessen, es mit rauszunehmen. *Shit.*

»Vor ein, zwei Stunden hab ich nach ihr gesehen. Da war sie müde und ein bisschen genervt, aber es ging ihr gut. Sie war auf jeden Fall nicht so …«

»Gut, okay. Wir müssen sie zum Auto bringen. Sie muss zum Tierarzt. Ich weiß nicht, was los ist, aber das sieht nicht gut aus.«

»Mnnnnmnnnnn«, stöhnte ich. Jede Unebenheit auf der Straße schickte eine Schockwelle durch meine Eingeweide.

Ich hätte mindestens sechs Wochen lang das Bett nicht verlassen und zwölf Wochen lang nicht bei den Tieren draußen sein sollen, und jetzt saß ich mit einem Hund auf dem Schoß auf dem Weg zum Tierarzt im Auto. Ich war gerade einmal seit sechs Tagen zu Hause.

Während der Fahrt über die dunklen Landstraßen konnte ich Bs schemenhafte Umrisse auf meiner Kleidung kaum erkennen. Ich hörte ihren schnellen, flachen Atem und spürte das Fieber in ihrer Schnauze und ihren Ohren wüten. Sie schien immer wieder das Bewusstsein zu verlieren, und hin und wieder stöhnte sie fast unhörbar. B verhielt sich selten demonstrativ. Reserviert, unabhängig, fröhlich und die Einzige, die von Charles, dem Dödelputer, respektiert wurde, der aufgrund seiner aggressiven Art normalerweise zum Angriff überging – ja, das war sie, überbetont oder demonstrativ gefühlvoll jedoch nicht. Ich konnte mich glücklich schätzen, wenn ich einmal im Monat im Vorbeigehen einen Handkuss bekam.

Ich stand unter Schock. Damit hatte ich nicht gerechnet. Keine Ahnung, was passiert war, aber ich wusste bereits, dass ich B nie wiedersehen würde, nicht die ganze B. Nicht die B-Bop-A-Loo-Bop-A-Woppa-Bamma-Boom-B – das war der liebevolle, erfundene, lächerliche Spitzname, mit dem ich sie immer ansprach. Ich wusste, dass das gewisse Etwas, das sie zu der Persönlichkeit machte, die sie war, jetzt und hier gerade dabei war, den Betrieb einzustellen.

So behutsam wie nur möglich hob Dad B von meinem Schoß und trug sie in die Tierklinik. Ich zwang mich, aus dem Auto zu steigen und ihm hinterher die Treppe zur Praxistür hochzusteigen. Als ich eintrat und mich in den Plastikstuhl in der Ecke des Behandlungszimmers sinken ließ, lag B auf dem Tisch auf der Seite. Der Tierarzt hörte mit besorgtem Blick ihre Brust ab.

»Ihr Herz rast. Sie kollabiert«, sagte er und nahm sein Stethoskop ab. »Ich gebe ihr Flüssigkeit und Morphium. Und über den Tropf auch ein paar Antibiotika, falls es eine Infektion ist. Was das Fieber verursacht, weiß ich nicht, aber wir müssen es senken, und zwar schnell.«

Ich sah erst ihn an und dann B. Sie war kaum bei Bewusstsein, und es schien, als würde es ihr schlechter gehen, nicht besser. Ich stand halb auf, schob meinen Stuhl vor und griff nach ihrer hellbraunen Vorderpfote.

»Was ist los?«, fragte ich. »Hat es etwas mit der Operation zu tun?« Das war das Naheliegendste; der Eingriff war wirklich schwer für sie gewesen. »Oder mit dem Krebs?« Ich versuchte herauszufinden, was los war, worauf wir uns einstellen mussten, was vielleicht passieren würde.

»Ich weiß es nicht. Möglicherweise. Könnte eine Infektion sein, könnte aber auch sein, dass der Krebs gestreut hat. Morgen früh wissen wir mehr.«

»Bleibt sie heute Nacht hier?« Ich wollte sie nicht allein lassen, aber ich wusste, dass sie ärztliche Aufsicht brauchte.

»Ja, sie muss heute Nacht hierbleiben. Sie braucht den Tropf und die Schmerzmittel. Möglich, dass der Schmerz das Fieber verursacht. Wirklich schlimme Schmerzen können tatsächlich Fieber verursachen.«

Schmerzen, die so schlimm sind, dass man stöhnend zusammenbricht. Kam mir bekannt vor.

»Ich weiß, B-Bop. Ich weiß.« Ich drückte ihre Pfote. »Bleib tapfer. Wir sehen uns bald wieder, okay?«

Ich türmte die Bettdecke auf und wühlte ein wenig herum, um es mir bequem zu machen. Neben mir tat B dasselbe. Sie seufzte und stützte ihr Kinn auf ihre Pfoten. Ich hob mein Buch auf und legte meine Hand auf ihren Rücken.

Über Nacht hatten sich ihr Herzschlag und ihre Atmung wieder normalisiert, und am Morgen war sie wach und aufmerksam. Wir hatten jedoch auch des Rätsels Lösung gefunden: Irgendetwas blockierte den normalen Fluss ihres Lymphsystems. Ein Hinterbein war angeschwollen, weil die Lymphe nicht abfließen konnte. Der offensichtliche Übeltäter war nicht zu übersehen. Der Krebs hatte sich ausgebreitet und war auf der Schnellstraße ihres Körpers unterwegs.

Der Tierarzt hatte mich gebeten, sie mit nach Hause zu nehmen und es ihr bequem zu machen. Er sagte, die Schwellung würde entweder innerhalb von 48 Stunden zurückgehen oder gar nicht. Und in dem Fall wusste ich, wie sich B entscheiden würde.

Ich konnte selbst kaum aufstehen; es kostete mich viel Überwindung, aber ich sammelte ein paar Bettdecken und Decken aus der ganzen Wohnung zusammen und machte uns auf dem Wohnzimmerboden zwei Betten nebeneinander zurecht. B mochte ihren Freiraum und ich auch, aber nun lagen wir nebeneinander, beide in der Mitte aufgeschnitten und wieder zusammengenäht, beide fühlten wir uns mies, verletzlich und unserer Würde beraubt. B wollte genauso wenig wie ich dort liegen und sich Gedanken darüber machen, dass sie sich vor jemand anderem blamieren könnte.

»Mmmmggghhhhh«, stöhnte ich.

»Mmmmmmmmnnnggghh«, antwortete B und wälzte sich herum.

Ja. Wir wussten beide genau, was die andere durchmachte.

B liebte Ringliggate. Auf meinen Runden begleitete sie mich den Hügel hinauf und ging los, um Informationen für den nächsten Quadranten ihrer Schnüffelkarte zu sammeln. Hinterher fing sie mich, in Erwartung des Frühstücks, das in ihrem Zimmer auf sie wartete, am Tor am Fuß des Hügels wieder ab. Weil sonst so viel los war, hatte ich nicht viel Zeit, und mir fehlte die Energie für lange Spaziergänge, aber wir hatten ein paar Ausflüge an die Strände in der Gegend und nach Kirkcudbright unternommen und Dufteindrücke eingesammelt.

Im Cottage in Ballindalloch war es für sie genauso stressig gewesen wie für uns andere auch, und nun genoss sie die Unabhängigkeit und die Ruhe in ihrem neuen Zuhause – wenn man denn das Zusammenleben mit einem Hund, der einen Lautsprecher anstelle eines Kehlkopfs hatte, als »Ruhe« bezeichnen konnte. Wenn B die Wahl hatte, zog sie immer lieber alleine los und machte ihr eigenes Ding. Ich ließ sie nicht mehr von der Leine, nachdem sie oben in Ballindalloch ein paar Mal weggelaufen war, den Hügel hinunter durch den Wald zum Fluss. Einmal brachte sie einen Hahn mit nach Hause (lange Geschichte). Dort war sie frustriert, weil ihr die Freiheit fehlte, aber jetzt erforschte sie voller Elan die Geheimnisse von Ringliggate und die neue Welt um sie herum und hatte wieder ein Funkeln in den Augen, das ich schon viel zu lange nicht mehr gesehen hatte.

»Wie geht's dir denn, B?« Ich begann mich umzudrehen (ein umständliches Unterfangen). Ich war eingenickt, und inzwischen wurde es dunkel. B lag still da. Im Dämmerlicht konnte ich jedoch nicht erkennen, ob sie schlief. »Möchtest du es mit ein bisschen Ei probieren, B-Bop? Einfach mal versuchen, wie wär's?«

Ich schaltete das Licht ein. Sie folgte mir mit dem Blick, über ihren Augen zuckten und hüpften die hellbraunen Tupfen. Sie hatte immer ordentlich Appetit gehabt, fand aber inzwischen immer weniger Dinge ansprechend, und das Einzige, für das sie sich inzwischen wenigstens ansatzweise interessierte, war Rührei.

»Prima, dann geh ich das mal vorbereiten. Willst du erst noch kurz an die Luft?«

Zurück im Wohnzimmer ordnete ich ihre Bettdecken und Decken neu und half ihr, sich niederzulassen. Es fiel ihr schwer, sich selbst zu bewegen. Wenn sich die Schwellung in ihrem Bein in etwa so anfühlte wie mein Fuß damals, als ich in Aviemore dachte, ich hätte ihn mir gebrochen, dann muss es wirklich verdammt wehtun. Ich hatte ihr das Bein mit Ingweröl massiert, in der Hoffnung, dass dies die Schwellung lindern würde, aber es wurde nicht besser, sondern schlimmer. Im Gegensatz zu Bran, dem es überhaupt nichts ausmachte, in seinen Häufchen herumzutrampeln, weil er wusste, dass sich jemand anderes darum würde kümmern müssen, machte es B wirklich zu schaffen, dass sie spürte, wie ihre Würde verloren ging.

Ich fühlte mich furchtbar. Mein Körper war noch im Begriff, sich vom Schock der Operation zu erholen, und mein Kopf hatte die Erfahrung auch noch nicht ganz verarbeitet. Aber ich machte weiter, und jeden Tag fühlte ich mich ein bisschen stärker, belastbarer. Ich hatte noch einen langen Weg vor mir, und es würde Monate dauern, bis ich wieder ganz gesund war, aber ich konnte spüren, wie mein Körper zu Kräften kam. B war dagegen in die andere Richtung unterwegs. Die Schwellung an ihrem Bein breitete sich jetzt über ihren Oberschenkel weiter Richtung Hüfte aus. Langsam musste sie einen nagenden Hunger verspüren, und ihr machte die Scham darüber zu schaffen, umsorgt, gepflegt und gesäubert werden zu müssen. Jeden Tag sah ich, wie B schwächer wurde.

Wir hatten den Krebs zweieinhalb Jahre lang in Schach gehalten – zweieinhalb Jahre länger, als wir ursprünglich für möglich gehalten hatten. B hatte sich das Leben erkämpft, aber sie wurde schwächer. Vor ihr lag also nur noch ein einziger, letzter Weg.

Meine Freundin wollte nicht verschwinden, wollte nicht die Würde und Unabhängigkeit missen, auf die sie so großen Wert legte. Ich würde das für mich nicht wollen, und ich wollte das auch nicht für sie. Es war fast 48 Stunden her, dass Dad B aus der Tierklinik nach Hause gebracht hatte. Ich holte tief Luft, nahm mein Telefon und rief den Tierarzt an.

Mit schmerzverzerrtem Gesicht verlagerte ich mein Gewicht und versuchte, es mir bequem zu machen. Uns blieben noch zwei Stunden. B beobachtete mich und sah genauso genervt aus, wie ich mich fühlte. Ich legte ihr die Hand auf den Rücken. »Ich weiß, B-Bop.«

Ich lächelte sie an. Sie schaute auf und erwiderte einen Moment lang meinen Blick, dann schaute sie wieder zu Boden.

Ich beugte mich vor und küsste ihren Kopf. »Ich weiß.«

Kapitel 15

Der wilde
Kackwurst-Chaot

»So, Shitter McDitter, warte … NICHT SPRINGEN!«

Ich hockte mit weit ausgebreiteten Armen vor dem Heck des Autos, als würde ich ein Feldhockeytor verteidigen wollen, während sich die Nervensäge von einer elektrischen Heckklappe langsam öffnete. Der dusslige alte Hund würde sich vermutlich ohne jeden Gedanken an mögliche Konsequenzen aus dem Auto stürzen, aber wenn ich mich beeilte, erwischte ich ihn vielleicht noch auf halbem Wege in der Luft.

»Brandon Fleming – jetzt gedulde dich doch! Warte mal kurz, bis ich dir den Mantel angezogen habe …«

Es war Valentinstag, und obwohl es grau, nass und vielleicht gerade so zwei Grad warm war, hatte ich beschlossen, dass Bran und ich unten am Strand ein Valentinstags-Date haben würden. Wir parkten vor dem kleinen Supermarkt in Kirkcudbright, in dem ich Eis und einen Blumenstrauß für unser »Date« gekauft hatte, und ich dachte, der alte Bummelant würde gerne noch ein bisschen durch die Straßen zockeln, bevor wir unsere Pommes holten und zum Strand gingen.

»Ist das … Ist das Bran?«

Erschrocken schaute ich mich um.

Eine mit Einkaufstüten beladene Frau linste verblüfft in den Kofferraum. »Hallo, Entschuldigung, ich bin Tracy«, stammelte sie. »Ich folge Ihrer Facebook-Seite. Ich hoffe, es macht Ihnen nichts aus, ich kann nur nicht glauben, dass ich Bran tatsächlich persönlich über den Weg laufe!«

Ich lachte. »Hey, Bummel-Bran, du wurdest erkannt, Kumpel.«

»Ob er vielleicht ein Leckerli möchte? Ich habe immer welche in der Tasche …«, fragte Tracy grinsend. Hätte mich nicht überrascht, wenn sie auch gleich noch ein Autogrammbuch hervorgezaubert hätte.

Brans Augen waren nicht besonders, und er war (selektiv) taub. Aber mit seiner Schnauze war alles in bester Ordnung, und er erkannte ein Leckerli, wenn er eins roch, und jetzt gerade hatte er das Ziel erfasst und steckte quasi schon fast in ihrer Hosentasche.

»Doch, doch, ich bin mir ziemlich sicher, dass er ein Bonbon möchte … Aber auf die Finger aufpassen; der Weiße Hai ist nichts dagegen!«

Ich ließ Bran für ein paar Minuten im Auto zurück, um uns auf einem kleinen grasbewachsenen Vorsprung am oberen Ende des Strandes einen Picknickplatz zu suchen. Dort breitete ich die hübsche bestickte Tischdecke aus, die ich für ein paar Cent im Second-Hand-Laden gekauft hatte, und sammelte ein paar Steine, um die Ecken zu beschweren. Wir nannten diesen Ort »Bran's Beach«, er war einer unserer Lieblingsplätze. Bei Flut steigt das Wasser hier sehr weit an, aber bei Ebbe reicht die flache Sandfläche bis in die Bucht zum Leuchtturm und darüber hinaus bis zur Isle of Man hinaus. Heute konnte ich das ferne Wasser kaum erkennen. Es war ein ruhiger Tag, aber bitterkalt, wirklich kein passendes Wetter für ein Picknick am Strand, aber ich wusste, dass wir keinen weiteren gemeinsamen Valentinstag erleben würden. Außerdem waren wir es gewohnt, das Beste aus dem schottischen Wetter zu machen – oder besser gesagt, ihm irgendwie aus dem Wege zu gehen. Während ich in Reichweite des Autos unseren Essplatz vorbereitete, konnte ich hören, wie dem alte Kerl der Geduldsfaden riss.

»WAU WAU, FRAU FRAU!« *Pommes.* »WAU WAU!«

»Ja, ich hör dich! Augenblick noch, Branigan.«

Er tigerte im Auto hin und her, weil er das Warten satthatte.

»Okay, dann lass uns mal ein paar Pommes verdrücken, was, Shitter?«, sagte ich, öffnete mit der Fernbedienung den Kofferraum und ging in Auffangposition.

Er stürzte sich in meine Arme. Noch in der Luft ruderte er mit den Beinen, um sofort aktiv werden zu können, sobald seine großen Bärentatzen den Boden berührten. Ich setzte ihn ab, und tatsächlich hechtete er sofort los und steuerte auf den unebenen Felsvorsprung und, immer der Nase nach, auf die Pommes zu.

»Langsam, Brandon!«

Ihm fehlte jedes Gespür für Gefahr und auch das Verständnis dafür, dass er etwa 146 Jahre alt war. Eingemummelt gegen die Kälte saßen wir grinsend wie Teenager auf unserer Picknickdecke und aßen Pommes und Eis. Dabei knipste ich einige Fotos, um sie mit Brans treuen Online-Freunden zu teilen. Ein Pommes für mich, vier Pommes für Bran …

»Hey, pass auf meine Finger auf, du Dussel!«

»FRAU! WAU! WAU!«, rief er dem Himmel entgegen. *Pommes.* »WAU!«

Ich kraulte seinen Nacken und zog ihn an mich. »Pommes am Strand, mein Freund. Viel besser geht's nicht, oder?«

»Na, Branigan, du Hooligan, dann wollen wir mal dein Zimmer vorbereiten …« Mit einem Stapel gefalteter Wäsche bewaffnet ging ich zu seinem Schlafzimmer im Hospiz. Bran war schon immer ein wenig wacklig auf den alten Beinen gewesen, in den letzten Wochen aber noch unsicherer geworden. Seine alten Knochen knarrten und ächzten, und mir tat das Herz weh, als ich sah, dass seine ohnehin schon wackeligen Hinterbeine sichtlich schwächer wurden. Seiner Entschlossenheit tat das keinen Abbruch, aber er baute ohne jeden Zweifel ab. Schon ein paar Mal war es vorgekommen, dass ich ihn bei Spaziergängen, die er vor nicht allzu langer Zeit noch ohne nachzudenken geschafft hatte, zum Auto zurücktragen musste.

Damit er sich bei seinen Ausrutschern und Stolperern nicht verletzte, hatte ich sein Zimmer mit Bettdecken, Decken und wasserfesten Bodenplanen in ein einziges großes Bett verwandelt. Weil der alte Herr sein Bett liebte, war er mit der »Mein ganzes Zimmer-ist-ein-Bett«-Situation ziemlich zufrieden. Jeder Zentimeter des Fußbodens war bedeckt. Wenn ich abends alles fertig hatte, hielt ich gern einen Moment inne und genoss das flüchtige Vergnügen, dass der Raum frisch und sauber war. Wenn ich dann am Morgen das über Nacht entstandene Chaos beseitigte, kam es vor, dass ich Napalm als mögliche Option in Erwägung zog. Ich habe noch nie jemanden kennengelernt, der eine solche Verwüstung anrichten konnte, während er doch eigentlich schlief. Ich habe auch noch nie jemanden kennengelernt, der ein Zimmer so derartig mit Kackwürsten dekorieren konnte wie Bran. Der wilde Kackwurst-Chaot machte einem seiner vielen Spitznamen alle Ehre: Er machte sein Häufchen und dann … Ich weiß wirklich nicht, wie ein zwanzigjähriger Hund es schafft, einen großen Klumpen Scheiße bis eine Handbreit unter die Decke zu bekommen.

»Das war ein großer Tag, was, mein Bummelant? Strand, Pommes UND Eiscreme? Du bist so verwöhnt, weißt du das?« Ich kniete mich neben ihn auf den Teppich und küsste den knochigen Grat auf seinem Scheitel. »Na komm, Schlafenszeit. Raus zum Pinkeln.«

Langsam richtete er sich auf, und ich zuckte zusammen, als sich seine alten Knochen knirschend in Bewegung setzten. Ich legte meine Hand auf seine Flanke, um ihm beim Ausbalancieren zu helfen.

Er genoss es, auf eigene Faust über die Wiese zu streifen, doch in letzter Zeit behielt ich ihn dabei im Auge. Nur für den Fall der Fälle. Während er herumschnüffelte und sich beschäftigte, lehnte ich mich gegen den Türrahmen, gähnte und blinzelte gegen die Müdigkeit an. Er war schon immer anspruchsvoll gewesen, aber je mehr das Alter seinen Tribut forderte, desto mehr Zeit und Zuwendung benötigte und wollte Bran. Er war noch hartnäckiger und ungeduldiger geworden als früher. Verstand ich ja alles, aber alleine seine Betreuung entsprach eigentlich zwei Vollzeitjobs, ohne freie Tage, und alle anderen Aufgaben des Tages musste ich schließlich auch noch irgendwie unterbringen. Ich war völlig zermürbt.

»So, du, komm jetzt. Schlafenszeit.«

In der Gewissheit, dass er auch die letzte Duftinfo des Tages aufgenommen hatte, machte Bran sich auf den Weg zurück zum Hospiz. Sein Körper baute allmählich ab, aber mit seinem Verstand und seinem Appetit war alles in Ordnung, und es war Zeit für die letzten Süßigkeiten des Tages.

»Einmal noch in den Glückstopf, Sir?«

Während er sich auf seiner Bettdecke im Kreis drehte, um sie gerade richtig zurechtzutrampeln, schleppte ich mich in die Küche, um unseren Glückstopf zu holen. Manchmal spielten wir vor dem Schlafengehen noch eine Weile Leckerli fangen, aber ich fand, wir hatten für einen Tag genug Aufregung, und wollte unbedingt in mein Bett.

»FRAU!« *Leckerli.* »FRAU! WAU! WAU!«

»Ja, ja, ich komm ja schon. Bitte sehr, der Herr …«

Ich hielt ihm die Schale mit den Leckerli vor die Nase und versuchte, durch meine trockenen Kontaktlinsen scharf zu sehen.

»Sieh mal einer an, geradewegs rein da, du machst echt keine halben Sachen, was …« Ich lachte, als er sein Gesicht hineinschob und nach seinen Lieblingsleckerli wühlte.

»Hey, du Wilder, beruhige dich mal!« Ich zog ihm die Schüssel unter der Schnauze weg, und er ließ seine Beute vor sich auf sein Bett fallen. »Fünf kleine und zwei große, ja? Was ist das, ein verdammter Full House, Kumpel?«

Als die Nächte merklich kürzer wurden und die Welt langsam wieder zum Leben erwachte, hatten wir alle gründlich die Nase voll vom Winter. Draußen gab es noch viel zu tun, und sobald es die finanziellen Mittel zuließen, wollte ich einen Parkplatz, Wege und befestigte Flächen anlegen, um den Schlamm, verdammt noch mal, ein für alle Mal loszuwerden. Im Hospizgebäude gab es immer noch kein fließendes Wasser, weshalb selbst das Füllen eines Putzeimers mühsam war, weil ich das Wasser in Fünf-Liter-Kanistern vom Haus hinschleppen musste – und allein für die Wilde-Kackwurst-Chaoten-Suite waren oft mindestens zwei Eimer nötig.

»Lust auf Rührei zum Frühstück heute, Sir Bran?«

Bran beobachtete mich von einem sonnigen Plätzchen auf seinem Teppich aus und folgte mir mit dem Blick, als ich den Wischmopp vorbereitete, um der Verwüstung in seinem Zimmer zu Leibe zu rücken. Das Wichtigste am Hospiz war immer, dass es sich wie ein Zuhause anfühlen musste. Soweit ich das beurteilen konnte, hatte Bran nie ein richtiges eigenes Zuhause gehabt; er hatte die meiste Zeit seines Lebens allein in einem Zwinger verbracht. Als wir einander kennenlernten, versprach ich ihm, dass er eines Tages ein Heim für sich haben würde, eins, das nur für ihn gebaut wurde. So oft schien das unerreichbar. Aber als Bran das erste Mal aus seinem Schlafzimmer in sein neu eingerichtetes Wohnzimmer zockelte, sich auf den runden grauen Teppich in der Mitte des Raums setzte und sich wie der Herr des Universums fühlte, waren all die Jahre der Vorbereitung, all das Spendensammeln, Bauen, die Störungen und die Sorgen und der Stress nur noch eine ferne Erinnerung. Der alte Bummelant hatte ein Leben lang darauf warten müssen, aber nun endlich hatte er ein eigenes Zuhause, und er liebte es.

Endlich lag eine vielversprechende Wärme in der Luft. Den ganzen Winter über hatte ich gehofft, dass wir noch einen Frühling und einen Sommer mit gemeinsamen Spaziergängen, Autofahrten und Sonnenbädern erleben würden. Wir liebten es, den Tag gemeinsam in der Sonne zu verbringen.

»Schön heute draußen, Bran. Vielleicht sogar schön genug für ein Nickerchen im Auto! Was denkst du?«

AUTO! »FRAU! WAU! WAU!« *AUTO!* »WAU! WAU! WAU! WAU! WAU!«

»Ja, hab mir schon gedacht, dass dir der Vorschlag gefällt … Na, dann komm. Ich glaube, es ist an der Zeit für dein Frühlingshalsband …«

Ich kniete neben ihm auf seinem warmen, sonnigen Platz auf dem Teppich, fuhr mit den Händen über sein Gesicht und seinen Hals und küsste seine Schnauze. Mit geschlossenen Augen sonnte er sich in der Sonne und der Aufmerksamkeit.

»Fühlt sich gut an, was?« Ich lachte, als er glücklich bis dorthinaus ein schiefes Grinsen aufsetzte und sich ächzend so flach auf den Boden drückte, dass er fast mit dem Teppich verschmolz. »Wie bist du denn drauf, Bummel-Bran ... Du klingst wie Chewbacca, wenn er betrunken ist ...«

Vor ein paar Monaten waren Bran und ich eines Abends spät nach Hause gekommen. In meiner üblichen Hockey-Torwart-Haltung hielt ich mich vor dem Kofferraum bereit, um ihn beim Aussteigen aufzufangen, aber als sich die Heckklappe hob, merkte ich, dass etwas nicht stimmte. Verwirrt und erschrocken stand Bran bebend und stark nach links geneigt da und taumelte dann seitwärts.

»Oh, shit, Bran – was ist los, was fehlt dir denn?« Panik und Angst durchströmten mich, während ich versuchte, mir ein Bild von der Lage zu machen. Schnell nahm ich ihn in die Arme und hob ihn aus dem Kofferraum auf den Boden. Er torkelte auf die Wand zu wie ein Betrunkener, der um vier Uhr morgens einen nüchternen Eindruck machen möchte. *Shit, shit, shit.* Es war Sonntagabend, und ohne guten Grund wollte ich die Tierärztin nicht stören, aber das konnte nicht warten. Mit klopfendem Herzen holte ich mein Telefon aus der Tasche.

»Es ist okay, mein Lieber, alles wird gut ...« Ich wusste nicht, ob ich ihm die Wahrheit sagte. Was, wenn es Zeit war? Was, wenn er mich ansah und es wusste? Mein Magen krampfte sich zusammen. Trostsuchend vergrub er seinen Kopf in meiner Brust, und ich schlang meine Arme um ihn. Ich spürte, dass auch er sich Sorgen machte.

Seine Tierärztin, Giselle, lebte nicht weit entfernt auf der Farm oben auf dem Hügel, und sie war innerhalb von Minuten bei uns. Im Fackelschein beobachtete sie ihn, wie er mit gesenktem Kopf und nach links geneigt herumtaumelte. Ich konnte den Anblick kaum ertragen und fürchtete mich vor dem, was Giselle mir gleich sagen würde. *Bitte, bitte, mach, dass die Zeit noch nicht gekommen ist ...*

»Er hatte einen Mini-Schlaganfall«, sagte Giselle, als sie aufstand und ihr Stethoskop abnahm.

»Wird er wieder gesund?« Verzweifelt hockte ich mich neben Bran, der bereits wieder etwas klarer wirkte und stabiler auf seinen Füßen stand.

»Ja, ich glaube schon. Es sieht wahrscheinlich schlimmer aus, als es ist. Das kommt bei älteren Hunden häufig vor, wir sehen es ständig. Es gibt ein wirksames Medikament, das er langfristig nehmen kann. Er ist bestimmt müde; das Beste für ihn ist jetzt viel Schlaf, und wir untersuchen ihn dann morgen früh noch mal.«

Ich hob Bran zurück in den Kofferraum. Giselle bereitete seine Medizin vor und gab ihm ein paar Spritzen. Überwältigt von Erleichterung bedankte ich mich bei ihr und winkte ihr zu, als sie sich den Hügel hinauf auf den Rückweg machte. Mir kam es vor, als wären wir gerade noch rechtzeitig von den Gleisen gerollt, ehe der Zug vorbeibrauste.

Erschüttert saßen Bran und ich Seite an Seite im Kofferraum und dachten darüber nach, was gerade passiert war. Ich hörte den Bach neben dem Haus auf seinem Weg hinunter zum Meer vorbeiplätschern, und eine leichte Brise bewegte die trockenen Blätter, die noch an den Zweigen hingen. In der Ferne unterhielt sich ein Waldkauzpaar. In meinem Bauch bahnte sich ein Riesenschluchzer an.

»Also, sag mal, du, komm mal her.« Ich drehte mich zu ihm um und schlang meine Arme um seinen Hals. Müde ließ er sich mit seinem ganzen Gewicht gegen mich fallen. Die Medizin wirkte, und er schien das Schlimmste überstanden zu haben, aber das Ganze hatte ihn wirklich erschöpft, und der alte Mann schlief schon im Sitzen ein.

Als mein Schock nachließ, begannen die Tränen zu fließen. Für einen kurzen Moment hatte ich gedacht, ich würde meinen Kumpel verlieren. Darauf war ich nicht vorbereitet. Richtig bereit würde ich nie sein, aber ich wusste, dass ich etwas tun musste, wozu ich bisher nicht den Mut hatte.

»Gut, du, dann hör mir mal zu.« Ich beruhigte mich, und im schwachen Schein der kleinen Lampe im Kofferraum sah ich ihm ins Gesicht. »Ich verspreche – *verspreche* –, dass ich auf dich hören werde, wenn du mir sagst, dass es Zeit ist.« Ich hielt sein altes graues Gesicht in meinen Händen und küsste die kalte, samtige Stelle direkt über seiner Nase. Ich spürte, wie ein weiterer Schluchzer aus meiner Magengrube aufstieg. »Du versprichst, mir Bescheid zu sagen, und ich verspreche, dass ich auf dich hören werde. Abgemacht?«

Ich wollte mich dem Gedanken an ein Leben ohne Bran nicht stellen und auch nicht an den Moment denken, der unweigerlich kommen würde. Aber was gerade passiert war, hatte mir vor Augen geführt, wie unvorbereitet ich war. Irgendwann erwischt es uns alle, klar. Aber Bran war fast zwanzig Jahre alt, und Verfall und Alter ließen sich nicht aufhalten. Der unvermeidliche Moment würde kommen, ob ich wollte oder nicht. Ich fühlte, wie mein Herz allein bei dem Gedanken daran zerbrechen wollte, aber ich musste bereit sein und die Kraft haben, das zu tun, was ich für meinen Freund nun einmal tun musste, wenn die Zeit gekommen war. Ich durfte nicht in Panik geraten, Angst haben oder an dem zweifeln, was er mir sagte. Eines Tages würde er es mir sagen, und dann würde ich auf ihn hören. Unter fast unerträglichen Seelenqualen, weil ich das Inakzeptable akzeptieren musste, hatte ich es getan – ich hatte ihm ein in Stein gemeißeltes Versprechen gegeben, das nicht gebrochen werden durfte.

Am Frühlingsanfang war es bald drei Jahre her, dass Bran und ich einander kennengelernt hatten. Seine Willenskraft und seine Lebensfreude waren unglaublich.

»Drei Jahre, hey, Bummelanten-Bran?«

Er hob seinen Kopf, der auf seinen großen, plumpen übereinandergekreuzten Pfoten geruht hatte.

»Ich finde, du solltest eine Party feiern, Branigan. Was denkst du?«

Ein Fest war dringend angesagt. Er hatte im Internet so viele Freunde, die ihn anhimmelten, hatte die meisten von ihnen aber noch nie kennengelernt. Ich schrieb zwar jeden Tag Facebook-Posts für und über ihn, teilte seine Geschichten und unsere Unterhaltungen und wusste, wie viel Liebe es da draußen für diesen stinkenden alten Hund gab, vergaß aber doch allzu leicht, dass er nicht einmal von der Existenz dieser Leute wusste. Ich sagte ihm oft genug, wie viele Menschen ihn liebten, aber das war ja nicht dasselbe, wie diese Liebe persönlich zu spüren. Und da der alte Bummelant immer bummeliger und brummeliger wurde, würde eine Feier eher früher als später stattfinden müssen, wenn wir denn eine feiern wollten.

Ich suchte mir das Wochenende aus, das seinem Gotcha!-Hab-dich!-Tag am nächsten lag, also dem Tag, an dem er 2016 im Hospiz ankam. Und dann hatte ich innerhalb weniger Minuten zumindest im Kopf auch schon alles geplant.

Sonntag, der 2. Juni 2019, sollte der Bran Day sein.

Sofort begann ich, über Facebook Einladungen zu verschicken. Trotz nur zwei Wochen Vorlauf wollte ich sicherstellen, dass so viele Leute wie möglich kommen konnten. Viele der weiter entfernten Bran-Fans wollten auch dabei sein, und während wir in den nächsten Tagen eine Tombola, eine Schatzinsel, ein Barbecue und die Logistik hinsichtlich unserer albtraumhaften Parkplatz- und Toilettensituation organisierten, trafen Pakete und Nachrichten aus der ganzen Welt ein. Schöne, aufmerksame Geschenke, adressiert an den wilden Kackwurst-Chaoten, Shitter McDitter, Shoogly McDoogly, Bran the Man, SuperBran, Branigan der Hooligan und seine vielen anderen Spitznamen brachten den Postboten zum Lachen und ließen mein Herz höherschlagen.

Eine langjährige Unterstützerin des Hospizes, Nicola, bot an, extra Bran-Day-T-Shirts für seine Fans zu entwerfen, und eine andere Unterstützerin bot an, ihm einen Kuchen zu backen. Er war knochenförmig, mit Erdnussbuttergeschmack und mit großen fetten Buchstaben verziert: *Der wilde Kackwurst-Chaot.*

Im Hospiz war immer noch sehr viel zu tun. Die drei Schlafzimmer waren erst halb fertig und mussten gestrichen und eingerichtet, zwei davon sollten auch gefliest werden. Es gab immer noch kein fließendes Wasser oder Toiletten, und die Küche bestand aus im zukünftigen Badezimmer aufgebauten Versatzstücken. Immerhin war durch die wärmeren Temperaturen zumindest der Schlamm abgetrocknet, und sollte das Wetter nicht auf unserer Seite sein, war das Hospiz funktional genug, um bei der Party Unterschlupf zu bieten. Für etwa zwanzig Leute würde der Platz reichen, so konnte jeder mit jedem ins Gespräch kommen und die Kuchen und Leckereien genießen, die uns als Beitrag zum Bran Day zugeschickt wurden. Außerdem hatten wir für den Grillbereich einen Pavillon organisiert.

Beim Aufwachen begrüßte uns eine stimmungsvoller, nebliger Sonntagmorgen. Ein Fotograf namens Toby, der sich bereit erklärt hatte, die Eindrücke des Tages für uns einzufangen, machte draußen Aufnahmen von den Hühnern, Truthähnen, Schafen und Schweinen, während ich noch in aller Eile Parkverbotsschilder für die Grünstreifen der Nachbarn bastelte und sich ein paar Freiwillige um Pavillon-Probleme kümmerten. Ich war viel zu aufgeregt und besorgt, um zu essen, knabberte aber pflichtbewusst ein paar Happen zum Frühstück, ehe ich mit reichlich Vorlauf die Morgenrunde drehte, damit ich auch fertig würde, ehe der Ansturm losging.

»Morgen, Kumpel!«

Bran wachte gerade erst triefäugig auf, als ich seine Zimmertür öffnete. Sein Gesicht war immer noch ganz zerknautscht vom Schlafen, und über einem Eckzahn kräuselte sich seine Oberlippe.

»Zeit zum Aufstehen. Heute ist dein großer Tag!«

Er lag auf seinem neuen, mit bunten Spielzeugautos der Kinderserie *CARS!* bedruckten Bettbezug, und ich half ihm, sein Superman-Halsband, seinen neuen Mantel und eine Fliege mit Tartanmuster anzuziehen – alles Geschenke von seinen Fans aus der ganzen Welt. Ich nahm mir die Zeit, ihn, von Gefühlen überwältigt, zu betrachten.

Ehe er mich kennenlernte, hatte Bran die Tage alleine in einem Zwinger verbracht. Er war alleine eingeschlafen und alleine aufgewacht, hatte sich nach einer freundlichen Hand gesehnt, die ihn tröstete und ihm die Einsamkeit nahm. Ich wusste nicht, wie lange er dort hatte warten müssen, wohl aber, dass er sehr lange sehr einsam gewesen war. Sein wildes Einfordern von Zuwendung – und seine nicht weniger wahnsinnige Reaktion darauf – in der Anfangszeit unseres Zusammenlebens zeigten nur überdeutlich, dass Liebe und Freundlichkeit für Bran nicht die Norm waren. Als sein alter Körper anfing, Alterserscheinungen zu zeigen, krank zu werden und Ärger zu machen, hatte man ihn wie einen Müllsack auf der Straße entsorgt. Ob er darauf gehofft hatte, dass ihn eines Tages jemand bemerkte? Wie nur hatten sein ungeliebtes Herz und seine einsame Seele trotz des Schmerzes all die Jahre durchgehalten?

Aber jetzt sollte der alte, ungeliebte, ungewollte Hund, der fast ein ganzes Leben lang ohne Liebe gelebt hatte, mit einem rauschenden Fest gefeiert werden, das es mit den tollsten Partys überhaupt aufnehmen konnte. Ich saß neben ihm auf seiner Bettdecke und nutzte den Augenblick, um ihm Küsse auf den Kopf zu drücken und ihn zu knuddeln, bevor die Gäste hereinströmten und alles in vollem Gange war. Mit meinem Ärmel wischte ich mir eine Träne weg. »Alle kommen nur wegen dir her, mein Lieber. Das haben alle zusammen nur für dich vorbereitet …«

Als der Beginn des Festes näher rückte, klarte der Himmel auf, und schon bald trafen die ersten Gäste ein. Mum und Dad hatten ihren neuesten Pflegehund mitgebracht, einen fröhlichen American-Bulldog-Rüden namens Kilo mit einem riesigen, unbehandelten und inoperablen Tumor am Bein. Sie plauderten mit den anderen Gästen und genossen das Kuchen- und Snackbuffet.

Währenddessen versuchten Bran und ich, unsere Aufregung zu zügeln, während wir im Kofferraum des Autos darauf warteten, dass Dad uns das Signal für den großen Auftritt des Stars der Show gab.

»So, jetzt geht's los …«, sagte ich, als ich sah, wie Dad das Haupttor öffnete und sich auf den Weg zu uns machte.

Als wir die Gäste begrüßen gingen, war Bran in seinem Element und sonnte sich in der Liebe, die ihm an diesem Tag entgegengebracht wurde. Ich hatte befürchtet, es könnte ihm zu viel werden, aber da hatte ich mir um die falsche Person Sorgen gemacht: Ich war es, die die ganze Sache zu emotional aufgeladen und überwältigend fand.

»So viele Leute, Dad … Sie sind alle gekommen, um Bran zu besuchen.«

»Ach, Liebes, ich weiß. Alles ein bisschen viel, was? Aber ist doch trotzdem gut. Ich hoffe, das sind Freudentränen.« Er legte seinen Arm um mich und zog mich in eine Umarmung.

»Ja, echt.« Ich schniefte und lachte über mich selbst. »Es ist nur … Er ist so etwas Besonderes.«

»Nun komm, heut ist ein Freudentag.« Er reichte mir ein Taschentuch. »Sieh nur, was Bran erreicht hat! So viele Menschen haben ihn lieb, und das weiß er auch, guck mal.«

Ich schaute auf Bran hinunter, der vor Aufregung hechelte und von einem Ohr zum anderen strahlte. Papa hatte recht. Bran war etwas ganz Besonderes und sollte sich heute wie der König der Welt fühlen.

So willig Bran auch war, sein Körper konnte mit seiner Entschlossenheit nicht mithalten. Daher nahm ich Bran auf den Arm und trug ihn zu seinen wartenden Gästen im Hospiz. Toby hielt den Moment fest. Dad ging neben mir her, und als wir das Tor öffneten, trafen sich unsere Blicke, und er sah, wie mir wieder Freudentränen der Überwältigung in die Augen stiegen.

Er schüttelte lachend den Kopf. »Komm schon, du Weichei.«

Durch die Glasscheibe in der Tür konnte ich sehen, dass im Hospiz lauter gespannte Gesichter auf die Ankunft der Hauptperson warteten. Bran zappelte in meinen Armen; wieder einmal gewann die Ungeduld die Oberhand.

»Also, mein Lieber, los geht's …« Nervös und aufgeregt rüstete ich mich innerlich, bevor Dad die Tür öffnete und wir eintraten.

»Happy Bran Day to you! Happy Bran Day to you! Happy Bran Day, dear Shoogly! Happy Bran Day to you! Hipp hipp Hurra!« Lachen und Applaus erschallten im ganzen Hospiz. In meinen Armen schaute Bran von mir zu den Gästen und wieder zurück. Langsam dämmerte es ihm: *Die sind alle wegen mir hier …*

Ich ließ ihn auf den Boden sinken. Eine kleine Weile lang stand er regungslos auf seinem Teppich und ließ die Szene auf sich wirken. Langsam schaute er von einer Person zur anderen, und ich konnte fast hören, wie sich die Rädchen in seinem Oberstübchen drehten, als er sich abmühte, das Ganze zu verarbeiten. *Die sind alle … wegen mir hier … wegen mir …*

»WAU! WAU! WAU!«

»Hach, Shoogly, dein Gesicht!« Ich kniete mich neben ihn und knuddelte ihn kurz zur Ermutigung. »Komm, mein Lieber, wie wär's, wenn du alle einmal begrüßt?« Ich half ihm, zu seinen Fans hinüberzuzockeln, und er ging in null Komma nichts in der Aufmerksamkeit und dem Getue seiner Gäste unter, wanderte von einer Person zur nächsten und sog das alles in sich auf.

»Guck dir mal sein Gesicht an – er genießt das richtig!« Alan, der Mann mit dem Transporter, der uns während der turbulenten Tage im Jahr zuvor beim Einzug in unser neues Heim geholfen hatte, war fast genauso gerührt wie ich. »Ich habe etwas für dich gemacht«, sagte er und reichte mir ein großes rechteckiges Paket.

Es war ein Bild von Bran, das er für mich gemalt hatte. »Oh, Alan, ich liebe es! Vielen, vielen Dank.« Wir umarmten uns, und wieder war es um mich geschehen, die Tränen flossen nur so.

Als Bran seine Runden gedreht hatte, sammelte ich ihn auf und setzte ihn auf eine rote Decke vor seinem Gabentisch. »Hey, Shitter, die sind alle für dich, Kumpel!«

Er grinste mich an. Seine alten Augen funkelten. Wir öffneten ein paar Geschenke. Alle sahen erfreut zu, wie er das Geschenkpapier zerriss, von einem Päckchen zum nächsten schnüffelte und sein Glück kaum fassen konnte. Für einen alten Hund, der schon so lange darauf gewartet hatte, dass ihn jemand beachtete, genoss er die Aufmerksamkeit in vollen Zügen. Aber allmählich wurde er müde. So ein greiser Hundeopa konnte nur mit einem gewissen Maß an Aufregung umgehen.

»Gut, mein Alter, ich denke, das reicht fürs Erste. Zeit für ein Nickerchen.«

Als die Party zu Ende ging und die Aufräumarbeiten begannen, holten mich die Ereignisse des Tages langsam ein. Als ich im Internet Fotos teilte, sah ich die Nachrichten, die aus der ganzen Welt eingetroffen waren: von Leonie aus Neuseeland, Judy aus Südafrika, Hendrika, Louis, Pam und Annabelle aus den USA, Bo aus den Niederlanden und so vielen mehr. In einer immer gespalteneren Welt hatte die gemeinsame Liebe zu diesem alten Hundeopa Menschen zusammengebracht, die gemeinsam würdigten, was er erreicht hatte. Der »Bran Day« war ein Ausdruck der Liebe zu ihm, die in der virtuellen Welt begonnen und sich ausgebreitet hatte und in der realen Welt lebendig wurde. So lange hatte er darauf gewartet, gekannt und geliebt zu werden, und jetzt wusste er, dass er es war.

In der Stille des Sommerabends schlang ich meinem alten Freund eine Decke um die Schultern. »Ich könnte mich da drin neben dir zusammenrollen, Shoogly …« Gähnend küsste ich seinen Kopf und massierte seine Schultern. Er war völlig erschöpft und freute sich darauf, lange zu schlafen. »Du bist ein sehr geliebter alter Mann, Brandon Fleming. Gute Nacht, mein Schatz.« Ich küsste ihn noch einmal, löschte das Licht in seinem Zimmer und ging beschwingt zurück zum Haus.

»WAU! FRAU! WAU! WAU! WAU!«

»Ich komme, Bran, ich komme ja schon …«

Oben auf dem Hügel hatte ich die Runde fast beendet. Bran war im Auto von seinem Nickerchen aufgewacht und fragte sich, wo ich war. In den letzten Wochen war er immer unselbstständiger geworden und wollte nicht einmal mehr auch nur eine Sekunde allein sein. Ich hatte angefangen, im Hospiz zu schlafen, und die unruhigen Nächte, in denen er in der Dunkelheit herumtappte, forderten ihren Tribut. Seine Hinterbeine wurden fast täglich schwächer. Obwohl seine Medikamente ihn vor Schmerzen bewahrten, musste er jetzt ins Hospiz und wieder heraus getragen werden und brauchte bei seinen immer kürzer werdenden Erkundungsspaziergängen auf der Wiese immer öfter Hilfe, um sich aufrecht zu halten.

Meine Hoffnungen auf einen weiteren gemeinsamen Sommer hatten sich jedoch erfüllt, und wir hatten Tag für Tag damit verbracht, auf einer Bettdecke im Gras zu liegen und unsere schmerzenden Knochen von der Sonne durchwärmen zu lassen. Er liebte die Sonne. Seite an Seite, ohne viel zu tun, außer zusammen zu sein, verbrachten wir lächelnd Stunden damit, einfach die Gesellschaft des anderen zu genießen. Wir waren jeder auf seine Art müde. Ich bekam nicht viel Schlaf, und die Anforderungen des Gnadenhofs und meines alten Freundes brachten meine Geduld manchmal an ihre Grenzen.

»WAU! FRAU! WAU! WAU! WAU!«

Ausgelaugt, besorgt, frustriert und erschöpft hatte ich mich gerade mit einer Tasse Tee hingesetzt. Mehr konnte ich nicht ertragen, nicht heute. Ich stürmte rüber zu seiner Tür. »WAS? Was willst du, Bran? Ich hab dir nichts mehr zu geben, verdammt noch mal! Bitte hör doch einfach auf!«

Schuldgefühle zerrten an mir, während mir die Worte aus dem Mund sprudelten, und der Blick in seinen verwirrten alten Augen brannte sich für immer in mein Herz und meine Seele ein. Ich war alles, was er hatte, die einzige Person, auf die er sich verlassen konnte, und ich hatte ihm Angst eingejagt. Das ertrug ich nicht. Ich war völlig erschöpft, aber das war keine Entschuldigung. Ich brach neben ihm auf dem Boden zusammen, schluchzte, küsste ihn, beruhigte ihn, sagte ihm, wie leid es mir tat, und versprach, nie wieder die Beherrschung zu verlieren. Meine Tränen fielen auf sein Fell, und er küsste meine Nase. *Ist ja gut, Frau. Ist schon gut.*

Die Spaziergänge wurden immer schwieriger. Weil er aber immer noch voller Tatendrang steckte, unternahmen wir im Sommer lange Autofahrten. Ich legte eine Bettdecke auf den Vordersitz und schnallte ihn an. Dann kurvten wir selig vor Freude mit lauter Musik, heruntergelassenen Fenstern über die Landstraßen, und Bran zeigte sein schiefes, überglückliches Grinsen.

»You're the song in my heart! You're the song in my hea-heart …«, sang ich so schlecht und so laut, wie ich nur konnte. »Damit bist du gemeint, Kumpel!« Ich lächelte ihm zu und kitzelte ihn am Hals.

Als der August kam, begannen wir, die Dinge noch langsamer anzugehen. Im Hospiz war ich vom Schlafsofa auf den Boden umgezogen und hatte den »Mein ganzes Schlafzimmer ist ein Bett«-Aufbau ins Wohnzimmer verlagert, damit wir nebeneinander schlafen konnten. Leckerli liebte er immer noch, und ich hatte keine Ahnung, wie ein über zwanzig Jahre alter Hund immer noch so ein Meister im Leckerlifangen sein konnte. Aber was sein selbst gekochtes Abendessen anging, wurde er immer wählerischer, und ich musste ihn immer öfter mit billigem Dosenfutter locken, damit er seine regelmäßigen Mahlzeiten bekam. Neben Rührei (und den erwähnten Leckerlis) war das das Einzige, was er überhaupt noch fraß.

Ich wusste, was uns bevorstand. Mein alter zottliger, zockeliger Kumpel wusste es auch. Noch war es nicht so weit, aber ich bereitete mich auf den Tag vor, an dem er mir Bescheid sagen würde. Jeden Tag hing eine dicke graue Wolke über mir, die nur darauf wartete, Schmerz und Trauer in einem Platzregen über mir auszuschütten.

»Kein Abendessen heute, mein Schatz? Okay, wie wäre es stattdessen mit einem Bonbon?« Ich reichte ihm unseren Glückstopf.

Er schnupperte desinteressiert und wandte sich ab.

Mit jeder abgelehnten oder gegessenen Mahlzeit schwankte mein Herz zwischen Kummer und Erleichterung. »Ich hab dich lieb, alter Mann«, sagte ich ihm. »Ich hab dich so, so dolle lieb …« Tränen und Rotz landeten auf seinem Fell. Am Ende eines klaren Augusttages lagen wir zusammen im Halbdunkel auf unserem dicken Stapel von Bettdecken auf dem Boden des

Hospizes. Als ich seinen alten, gebrechlichen Körper an mich drückte, hallte die Angst vor dem Versprechen in mir nach, das wir einander Monate zuvor gegeben hatten. Er würde mir Bescheid sagen, bald. Obwohl es das Letzte war, was ich auf der Welt hören wollte, klopften Unvermeidlichkeit und Zeit an die Tür. Da gab es kein Entrinnen.

Es war kurz nach sieben Uhr morgens, als uns nach einer unruhigen Nacht ein heller Sonnenstrahl weckte, der früh am Morgen über den Boden strich. Bran empfand die Nächte zunehmend als schwierig, weil seine Schmerzmedikamente mit seinen Schmerzen nicht mehr Schritt halten konnten und es seinem alten Gehirn immer schwerer fiel, sich einen Reim auf Dinge zu machen, die er vor nicht allzu langer Zeit noch als tröstlich empfunden hatte. Er war die ganze Nacht lang hechelnd herumgetigert, und zum ersten Mal hatte ich mit ansehen müssen, wie sehr ihm sein alter Körper zu schaffen machte. Als ich mich zu ihm umdrehte, wusste ich es bereits.

Müde hob er den Kopf, und unsere Blicke trafen sich.

Es ist so weit, Frau.

Ich senkte den Kopf und schloss die Augen. Irgendwie, von irgendwoher, musste ich die nötige Kraft finden. Ich holte tief Luft, um nicht an der Trauer zu ersticken, die aus meinem tiefsten Inneren aufstieg. Ich hatte mich an dem Ort zwischen Leben und Tod verlaufen. *Du hast es versprochen. Er vertraut dir. Du musst das tun.* Ich schlang meine Arme um ihn und beruhigte ihn mit einer kräftigen Umarmung. »Es ist okay, mein Lieber. Es wird alles wieder gut … Alles wird wieder gut …«

Ich küsste seinen Kopf und steckte ihm die Bettdecke um die Schultern fest. Langsam stand ich auf und ging in die Küche, um sein Frühstück vorzubereiten. Ich hoffte, dass etwas Rührei ihn vielleicht zum Fressen verleiten würde, bevor der Tierarzt kam. Ein Schluchzen brach aus mir heraus; ich wollte nicht, dass er hungrig starb.

Ich hatte recht gehabt – Rührei war genau das Richtige. Er schlang es hinunter und suchte nach mehr.

»So was von typisch, Brandon Fleming! Ja, gut, warte hier, ich mache noch mehr.« Erleichtert lächelnd strich ich mit den Händen durch sein glänzendes schwarzes Fell. Für so einen alten Kerl hatte er sich wirklich gut gehalten.

Bevor ich den Tierarzt anrief, musste ich noch meine Runde drehen. Mir blieb nichts anderes übrig; ganz egal, was sonst passierte. Gedankenverloren öffnete ich schnell die Ställe, verteilte Futter und füllte die Wassernäpfe auf. Die Sonne wärmte mein Gesicht, aber durch meine Knochen kroch das kalte Grausen. Die Zeit lief ab. Ich nahm mein Handy aus der Tasche: 8:31 Uhr. Jetzt hatte die Tierklinik geöffnet. Mist.

Ich hatte eine Aufgabe zu erledigen, musste die Verantwortung schultern und ein Versprechen einhalten. Meine Feigheit hatte hier jetzt nichts verloren. Ohne zu zögern, wählte ich die Nummer. »Hi, hier ist Alexis, oben im Hospiz. Es … es geht um Bran.« Ich zwang mich, ruhig zu sprechen. »Es ist an der Zeit …«

Bran und ich hatten drei glückliche, gesegnete, liebevolle Jahre miteinander. Mein alter Kumpel hätte auf so viele beunruhigende, erschütternde, einsame oder schmerzhafte Arten sterben können, die alle jenseits meiner Kontrolle lagen, aber er war ihnen allen entgangen. In den nächsten paar Stunden hatte ich die Chance, seinen Tod so gut zu gestalten, wie die letzten Jahre seines Lebens gewesen waren. Das war unser letzter Segen.

Vorsichtig trug ich Bran aus dem Hospiz zum Auto.

»Was hältst du von einem kleinen Date unten am Strand, Shoogly?« Wir hatten Zeit für einen weiteren Ausflug an unseren Lieblingsort.

»WAU! WAU!« *AUTO!* »FRAU! WAU!« *STRAND!* »WAU!«

»Ja, klar, mit deinem Kehlkopf ist alles in Ordnung, was, Shitter McDitter?« Ich vergewisserte mich, dass wir ein paar seiner Lieblingsleckerlis dabeihatten, und stieg ein. »Gut, Kumpel, los geht's! Noch ein letztes Lied, damit's auch wirklich reicht. Was meinst du?«

Ich drehte die Musik auf, und als wir zum letzten Mal gemeinsam zu unserem besonderen Ort fuhren, sang ich unter Tränen der Freude und des Kummers so laut, dass selbst der schwerhörige alte Hundeopa es hören konnte.

»You're the song in my heart! You're the song in my heaheart …«

Kurz nach zehn Uhr dreißig am Samstag, dem 10. August 2019, schlief Bran beim Leckerlifressen in seinem geliebten Auto in den Armen seiner Frau in Würde, Frieden und Liebe ein und ließ seinen knirschenden, abgenutzten alten Körper sanft zurück, um den Weg einzuschlagen, auf dem ich ihm nicht folgen konnte.

Langsam ging ich zum Haus zurück. Erleichterung überkam mich. Mein alter Freund war den perfekten Tod gestorben. Diese schönen letzten Momente konnte uns niemand mehr nehmen. Mein zockeliger, zotteliger alter Freund hatte genau den Tod bekommen, den ich mir für ihn gewünscht hatte. Er hatte Sanftmut und Frieden erleben dürfen, im Leben und im Sterben. Er hatte mir Bescheid gesagt, und ich hatte auf ihn gehört, und als wir gemeinsam dem Unbekannten ins Auge sahen, bekamen wir unser letztes Geschenk.

Ich öffnete die Flasche Gin und goss etwas davon in ein Glas. »Auf dich, mein Lieblingsbummelant …«

Ich riss mich zusammen, kippte den Gin runter, zog die Gummistiefel an und ging Hühnerställe ausmisten.

Kapitel 16

Ein schöner Ort
zum Leben

Zeit zum Trauern blieb mir nicht, auch wenn Bran jetzt nicht mehr da war. Das Rad drehte sich weiter, das Leben nahm seinen Lauf, und es gab immer einen neuen tierischen Freund, der meine Hilfe brauchte.

Einige Wochen ehe Bran uns verließ, war K im Hospiz eingezogen. Sie hatte eine Menge durchgemacht: Ihr Mensch war gestorben, weshalb sie in einem Zwinger in einem Rettungszentrum gelandet war; sie war auch einige Male vermittelt worden, doch keine Vermittlung war auf längere Sicht erfolgreich gewesen. Als sie an einem Hinterbein zu lahmen begann, ließ die Tierschutzorganisation einige Untersuchungen vornehmen, bei denen mutmaßlich karzinöses Gewebe in ihrem Hüftgelenk entdeckt wurde. Ihre Prognose war schlecht, und der Tierarzt ging davon aus, dass sie nur noch einige Wochen zu leben hatte. Die Ehrenamtler im Rettungszentrum mochten K wirklich sehr, aber andere Hunde regten K doch sehr auf, und die Unterbringung in einem Zwinger war für sie einfach zu stressig. Sie erkundigten sich bei mir, ob es im Hospiz noch einen Platz für einen Hund gab, damit sie ihre letzten Wochen in einem echten

Zuhause verbringen konnte und dort hoffentlich den Frieden finden würde, der ihr in ihrem bisherigen Leben gefehlt hatte.

Zwei Tage später traf sie ein. Ihre Staffie-typische Ausgelassenheit wurde von dem ganzen Stress noch verstärkt, weshalb sie im Grunde genommen rund um die Uhr im Viereck springen wollte. Einige Wochen lang musste ich ihr Beruhigungsmittel geben und mich zu ihr setzen und leise auf sie einreden, um sie überhaupt so weit zu beruhigen, dass sie in einen unruhigen Schlaf fand, der dann auch nur einige wenige Minuten lang vorhielt. Aber irgendetwas passte hier nicht ganz zusammen. Zu groß war der Unterschied zwischen meinen Erwartungen an einen Hund mit Krebs im Endstadium und der rotbraunen Flitzpiepe, die so viel Energie hatte, dass sie gar nicht wusste, wohin damit. Sie schien keine Schmerzen zu haben und sah ganz bestimmt nicht so aus, als befände sie sich in ihrem letzten Lebensabschnitt.

Ich brachte sie zu meinem Tierarzt hier am Ort, um eine zweite Meinung einzuholen. Er schaute sich ihre Röntgenaufnahmen an, untersuchte sie und sagte schließlich: »Der Hund hier hat gar keinen Krebs.«

Es stellte sich heraus, dass sie eine alte Verletzung oder Erkrankung in der Hüfte hatte, möglicherweise auch ein Geburtsfehler, was zu einem deformierten Hüftgelenk und einem etwas kürzeren Bein geführt hatte. Ihr schlechtes Bein war etwas schwächer als ihr gutes und schmerzte etwas, wenn sie es wirklich übertrieb, aber ansonsten machte es ihr nicht viel aus.

Während wir einander im Lauf der Monate kennen, vertrauen und lieben lernten, beruhigte sich K immer mehr und fand endlich den inneren Frieden, der ihr gefehlt hatte. Inzwischen sprang sie zwar immer noch gelegentlich im Viereck, aber das war ein fröhliches Hopsen, kein wahnwitziges Rasen. Ich war froh, dass sie nicht im Sterben lag, aber das bedeutete, dass ich eine schwierige Entscheidung treffen musste. Das Hospiz sollte unheilbar kranken Tieren ein Zuhause sein, und K war nicht unheilbar beziehungsweise überhaupt nicht krank. Aber während mein Herz darunter leiden musste, dass mein alter zotteliger, zockeliger Kumpel immer schwächer wurde, blühte K zunehmend auf und überschüttete mich mit ihrer endlosen Staffie-Liebe. Ihr Lebenssinn bestand darin, zu lieben und geliebt zu werden. Ihr strahlendes Lächeln und ihre sanften, zufriedenen Augen wuchsen mir sofort ans Herz. Sie brauchte jemanden, ich brauchte jemanden, und wir hatten einander gefunden. K und ich beschlossen, dass sie zu Hause war, und sie hatte ihren Spaß daran, mich auf Trab zu halten.

»Na, du, Zeit fürs Gassi. Sitz still, damit ich dir den Mantel anziehen kann …«

K schmiss sich gegen das Gatter ihres Freilaufs und drehte sich im Kreis, während ich sie in Mantel und Geschirr stopfte.

»Juuuuaaamaaaachchch!«

K hatte Geräusche für jede Gelegenheit in ihrem Repertoire, von denen keines klang wie die Geräusche, die Hunde eigentlich machen sollten. Als sie endlich in Mantel und Geschirr steckte und ich die Leine fest um mein Handgelenk gewickelt hatte, öffnete ich das Tor. Ein Spaziergang mit K war eine recht schnörkellose Sache. Das hatte schon eher etwas von einem Zughunderennen – so schnell sie konnte und in einer geraden Linie ging es voran. Wohin wir gingen, war völlig wurscht, solange wir auf dem direktesten Weg und so schnell wie möglich dorthin kamen. Ein paar Wochen zuvor hatte ihr Versuch, sich als stärkster Hund der Welt zu beweisen, unten am Bran's Beach damit geendet, dass ich mir die Bänder in meinem linken Knöchel riss. Danach humpelte ich tagelang. Unsere »Spaziergänge« in den Wäldern oberhalb von Kirkcudbright waren die reinsten Hindernisläufe, bei denen ich von einem kleinen roten Haftpflichtschaden auf vier Pfoten über, durch oder unter umgestürzte Bäume, stolpergefährliche Wurzeln, schlammige Pfützen und Gestrüpp gezerrt wurde.

An diesem Nachmittag bestiegen wir den Hügel auf der anderen Straßenseite. Ich genoss die Aussicht über das Wasser, auf die dunstigen Umrisse der Isle of Man, während K beim Anblick der Kühe bebte und die Art von Geräusch machte, von dem ich mir vorstelle, dass es eine Robbe machen würde, wenn sie in einem Rohr stecken bleibt. Ich stemmte mich gegen eine kühle Südwestböe und stopfte mir meinen Halswärmer in den Kragen.

»Puh, K, das pustet die Spinnweben weg, was, Püppi?«

Auf unseren Spaziergängen winkten wir den Leuten zu, die wir trafen, und hielten oft an, um ein wenig zu plaudern. Auf dem Rückweg blieb Stuart, der Schäfer, der gerade seine Runde drehte, für ein Pläuschchen stehen.

»Hallo, Stuart. Hey, Rab.«

Stuarts Bordercollie, Rab, saß gelassen und konzentriert hinter ihm und hob beim Anblick des ziehenden, zappelnden, quietschenden Rotschopfs würdevoll und todernst die Augenbrauen. Ganz offensichtlich war Rab der Ansicht, dass K Geräusche machte, die Hunde seiner Meinung nach nicht machen sollten.

»Kalt heute, was?«, rief Stuart über den Krach hinweg.

Zurück im warmen Hospiz putzte ich weiter. K schlenderte von Spielzeug zu Spielzeug und fragte sich, was sie wohl als Nächstes spielen sollte.

»Wo sind deine Spielsachen, K? Hol sie!«

Sie grinste mich mit ihrem breiten Staffie-Grinsen an und schnappte sich stolz das nächstbeste Spielzeug.

Als ich mit dem Aufwischen fertig war, ließ ich mich aufs Sofa fallen, um mich bei einer Tasse Tee und einem Kreuzworträtsel ein bisschen auszuruhen.

»Hey, Hyper, komm rüber und knuddel mich ein bisschen.«

Aufgeregt hechelnd sprang sie neben mich. Ich konnte meine Teetasse gerade noch rechtzeitig in Sicherheit bringen.

»Vorsicht! Na, dann komm mal her, du … Her mit dem Bauch …«

Während ich ihren Bauch kraulte und rubbelte, wand sie sich auf dem Rücken liegend, strampelte mit den Hinterbeinen und gab mir patschnasse Küsse auf Gesicht und Hände. Dabei gab sie sich die ganze Zeit über Mühe, ihre Darstellung eines in der Sanitärinstallation stecken gebliebenen Meeressäugers zu vervollkommnen.

Ich trank meinen Tee aus und ging in die Küche, um zwecks der Abendbeschäftigung ihren Kong mit Erdnussbutter zu füllen.

»So, meine Liebe, Schlafenszeit.«

Sie sah zu mir auf, sie hatte keine Lust, auf ihr Zimmer zu gehen.

»Bitte schön, mein Mädchen. Lass es dir schmecken …« Ich reichte ihr den Kong.

Sie sprang ins Bett. Jetzt war Kong an der Reihe, dem sie nun ihre ungeteilte Aufmerksamkeit widmete.

»Bis später, Schätzchen! Hab dich lieb!« Ich glaube, sie hat meinen Gutenachtkuss nicht einmal bemerkt.

Ich schloss die Tür und stellte die beiden 20-Kilo-Hanteln davor. Ich liebte meinen kleinen, irren roten Püppi-Engel, so weit der Himmel reichte, machte mir aber nicht die geringsten Illusionen.

Ein paar Wochen später gesellte sich ein neuer Mitbewohner zu K. Baggins (bei seiner Ankunft hieß er Billy) hatte ein schreckliches Leben gehabt. Er war ein Doggenmischling und wurde wahrscheinlich als derbe aussehender »Statushund« angeschafft, aber sein Besitzer landete im Gefängnis, weshalb die Freundin des Mannes sich um Billy kümmern sollte. Er wurde zufällig in ihrem Garten hinter dem Haus gefunden. Da war er schon völlig ausgehungert und aufgrund einer E. coli-Infektion halb tot, er hatte kein Bett und nur eine Sperrholzplatte als Unterschlupf. Mindestens zwei Jahre lang war er vernachlässigt worden und war im Prinzip seitdem schleichend im Sterben begriffen. Als Caz, die Frau, die ihn fand, Billy kennenlernte, konnte sie ihre Hände um seine Taille legen. Zehn Monate kämpfte sie um sein Leben. Sie musste ihn langsam wiederaufbauen, musste sorgfältig auf den Schutz seiner Organe achten, die kurz vor dem Versagen standen, und seine Infektionen und Wunden behandeln. Monatelang schrubbte sie verspritzten Durchfall von den Wänden, während sein kaputter Körper ums Überleben kämpfte.

Caz und ich kannten uns über »Pounds for Poundies«. Als Billy allmählich gesund wurde, erkannte sie, dass er glücklicher wäre, wenn er seine letzten Tage im Hospiz verbringen könnte, wo er an einem friedlichen Ort weitab der Stadt draußen sein konnte, auch wenn sie ihn von ganzem Herzen liebte. Seit Bran gestorben war, wartete die Wilde-Kackwurst-Chaoten-Suite auf ihren nächsten Schützling, und so kam Baggins an einem nassen, nebligen Abend Ende September 2019 zu uns.

Er hatte noch einen langen Weg vor sich, als er hier eintraf. Caz hatte wahre Wunder an ihm vollbracht, aber sein schwarzes Fell war immer noch trocken und voller Schuppen, und ihm fehlte einfach dieser gewisse Funken, der entsteht, wenn die Heilung wirklich von innen nach außen wirkt. Es dauerte eine Weile, aber schließlich kehrte das Strahlen zurück, und mit ihm zeigte sich auch sein lang unterdrückter innerer Welpe in seinen alten Augen.

Baggins Körper trug immer noch die Spuren seiner Vergangenheit, und erst kürzlich war bei ihm eine degenerative Myelopathie diagnostiziert worden, was man etwa mit Multipler Sklerose bei Hunden vergleichen könnte. Er konnte seine Hinterbeine immer weniger benutzen. Ich gab ihm naturheilkundliche Medikamente und förderte ihn mit Physiotherapie, um ihn gesundheitlich so weit wie möglich auf dem Damm zu halten. Zusätzlich unterstützte ich ihn an seinen schlechteren Tagen mit einem Geschirr. Trotzdem war es irgendwann offensichtlich Zeit für ein paar Räder.

Die Räder kamen in Form zweier Stützräder, die um seine Mitte befestigt wurden. Das sollte ihm helfen, das Gleichgewicht zu halten. Ich war mir ziemlich sicher, dass er sie ohne große Aufregung annehmen würde. Wie Bran ließ auch Baggins sich nicht von vielem stören, und er ging davon aus, dass es überaus zuvorkommend und freundlich von ihm war, dass er mir zu etwas Beschäftigung verhalf. Ich sollte recht behalten: Als er merkte, dass er mit seinen neuen Rädern blitzschnell durch die Gegend flitzen konnte, wurde er innerhalb weniger Tage zu einer mobilen Landplage.

»Hey, Baggins?«

Was?

»Ich mach gerade eine kleine Liste der Dinge, die du heute stibitzt und entführt hast. Bisher hab ich eine Tüte Äpfel, eine leere Bonbonpackung, eine braune Papiertüte, eine Schachtel Katzenleckerlis, eine Packung Kräutertee, einen Schnellhefter aus Pappe, einen Hundemantel, der dir fünf Nummern zu klein ist, ein Schälchen Erdbeeren und eine Kaffeebüchse. Fehlt noch was?«

Jau, pack noch ein Stofftier dazu, und dann spielen wir Am laufenden Band, *Frauchen …*

Mit K und Baggins und meiner immer größer werdenden Tier-
familie gab es immer viel zu tun. Jeden Morgen war ich in aller
Herrgottsfrühe auf den Beinen, um meine Runde zu drehen.

Während ich mit dem Vorhängeschloss am Haupttor kämpfte, ließ ich meinen Blick über den Hügel gleiten. Ich war erst
seit ein paar Minuten aus dem Haus, und meine Hände waren
bereits durchgefroren. Wenn ich morgens zum ersten Mal vor
die Tür ging, war ich immer etwas angespannt. Sosehr ich mich
auch um Sicherheit für alle bemühte, hatte ich doch lernen
müssen, dass es Tage gab, an denen ich bei meiner Runde fest-
stellen musste, dass jemand krank oder verletzt war oder gar
Schlimmeres. Sei es, weil ich etwas übersehen oder vergessen
oder etwas Dummes oder Unverantwortliches getan hatte oder
weil schlicht etwas Unvorhergesehenes und Unvermeidliches
passiert war: Manche Tage waren einfach nicht gut. Außerdem
hatte ich gelernt, dass der Tod nicht immer anklopft, bevor er
über die Schwelle tritt. Daher hatte ich mich damit abgefunden, dass so ein gewisses Grundgefühl, eine ständige mütter-
liche Sorge, bei einer solchen Lebensaufgabe einfach dazugehört.

Die Schafe und einige Junggesellengockel tummelten sich im
Stechginster, dessen kleine gelbe Blüten sich gerade zu zeigen
begannen und die ganze Umgebung nach Sonnenmilch duften
ließen. Ein paar Jungs veranstalteten ein Treffen am Versammlungsbaum, dem markanten, geschützten Stechginster, der sich
auf dem Hügelkamm gegen den Himmel abhebt. In Gedanken
zählte ich schnell die Schafe durch. Sieben waren es aktuell, und
sie waren alle anwesend und sahen gut aus. *Puh.* Das kleine
Schafsmädchen, dem der Schalk nur so aus den Augen blitz-
te und dessen Hörner es aussehen ließen, als hätte es Zöpfe,
genoss das morgendliche Hinternkratzen an einem knorrigen
alten Busch.

»Mäh häh häh häh häh!«, rief Figgy an ihrem geschützten Platz oben am Hang.

»Morgen, Fig. Alles klar, Schatz?«

»Mäh häh häh.« Figgy war ein Schönwetterschaf, das es hasste, Schlamm an seine zierlichen weißen Füße zu bekommen. Wie wir anderen auch hatte sie von Wind und Regen die Nase voll.

»Bald gibt's Frühstück, Püppi!«, rief ich zu ihr hinauf.

Die letzten Tage waren trüb gewesen, typisch für einen kalten, nassen und windigen November, und es sah so aus, als würde es heute genauso werden. Bitterkalt war es, wahrscheinlich der kälteste Morgen des bisherigen Winters. Es hatte mich all meine Willenskraft gekostet, mich in der Dunkelheit aus dem Bett zu quälen. Aus den Tiefen meiner Bettdecke heraus betrachtet, mit meinen Füßen an Ris warmem Staffie-Bauch, wirkte das Prasseln des Regens am Schlafzimmerfenster tröstlich und gemütlich. Wenn man erst einmal draußen war, war es doch entschieden weniger kuschlig.

Die kleinen Vögel schienen von dem Wetter genauso wenig beeindruckt zu sein wie ich, schimpfend hüpften sie umher und bemitleideten sich gegenseitig, während sie ihre morgendlichen Besorgungen machten. Die Dohlen dagegen machten das Beste daraus und vergnügten sich im Wind. Auf dem Bauernhof nebenan waren die Männer schon seit dem Morgengrauen mit ihren Traktoren beschäftigt.

Die Schweine waren bereits aufgestanden und suchten draußen auf ihrer Winterkoppel nach Wurzeln und allem, was es sonst noch wert ist, dass man stundenlang danach im Schlamm herumschnüffelt. Wenig reizvoll, fand ich, aber sie versicherten mir, dass es eine tolle Art sei, den Morgen zu verbringen.

Außerhalb der Koppel gackerte ein weißer Hahn durch die Gegend und wartete auf mich.

»Adam Jones! Hey, Kumpel, wie geht's dir heute?« Meistens kuschelten und quatschten wir morgens auf dem Weg zu Gimlis und Elisas Koppel. »Wenn bloß dieser verdammte Schlamm nicht wäre, Adam Jones. Dieser gottverdammte Schlamm!«

Die Arbeiten am Hospiz und auf dem Gelände waren noch nicht abgeschlossen. Die automatischen Wassertröge und der Ausbau der Ställe – freundlichst erledigt von Baumeister Dad, der »Verdammt komischer Ruhestand« vor sich hinmurmelte – hatten meine täglichen Aufgaben enorm erleichtert, und die Anfang des Jahres neu angelegten Wege und der Parkplatz hatten unser Leben verändert. Der Weg hinauf zu Gimlis Feld war früher der reinste Morast, durch den ich mich jeden Morgen rutschend, stolpernd und fluchend kämpfen musste. Mir kam es fast vor, als würde ich täglich für ein Tough-Mudder-Rennen trainieren. Dick, der Landwirt von nebenan, hatte wieder einmal gerne mitgeholfen und das gesamte Gestein für die Wege aus seinem Steinbruch gespendet, wodurch das Hospiz ein kleines Vermögen sparen konnte.

»MääähhhhÄÄÄÄÄÄHH!«, blökte Gimli über das Feld. Für ein so großes Schaf hatte er eine ungewöhnlich piepsige Stimme.

»Morgen, Gimbolina!«

Ich sorgte mich immer mehr um Gimli. Im Laufe der Zeit beeinträchtigte ihn die Behinderung durch seine verdrehte Wirbelsäule und die verschobene Hüfte immer mehr. Er genoss das Leben zwar, doch ich wusste, dass es ohne eine angemessene Unterstützung irgendwann körperlich und/oder geistig zu viel für ihn werden würde. Ich wünschte ihm wirklich von Herzen, dass er seine Freiheit zurückbekommen und in der Lage sein würde, ohne Anstrengung herumzulaufen und die freudigen Flitzereien zu unternehmen, die er so sehr liebte. Ein Rollstuhlprototyp, den jemand freundlicherweise für ihn angefertigt hatte, hatte sich als zu instabil erwiesen. In meiner Verzweiflung heckte ich gerade noch einen anderen Plan aus – ich spann an dem Gedanken herum, eine mit einer aus den USA importierten Schlinge ausgerüstete Seilbahn in seinem Paddock zu installieren. Ich hoffte verzweifelt, dass mein Versuch, eine Art Seilrutsche für Schafe zu bauen, die Lösung sein könnte. Ich war fest entschlossen, alles in meiner Macht Stehende zu tun, um ihm zu helfen, das bestmögliche Leben zu leben.

»MääääääähÄÄÄÄÄÄÄÄÄH!«, rief er, diesmal nicht mehr ganz so geduldig.

»Ja, schon gut, Gimli. Augenblick noch!«

Erleichtert darüber, dass es oben auf dem Hügel allen gut ging, schloss ich die Hospiztür auf und begann, mich aus meinen Regensachen zu schälen.

»Guten Morgen, K! Guten Morgen, Baggins!«

Ich konnte hören, wie sie sich in ihren Schlafzimmern zu rühren begannen. Das Wohnzimmer im Hospiz wurde nun von unseren zwei neuesten Gästen belagert – Badger und Digger.

Die beiden alten Schwerenöter, wie ich sie nannte, kamen Anfang September 2020 zu uns. Sie waren siebzehn Jahre alt, und man sagte mir, dass sie Brüder seien, aber es war ein sehr seltsam aussehendes Brüderpaar. Badger war ein fröhlicher kleiner Jack-Russell-Rüde, schwarz-weiß, mit fast pfirsichfarbenen Wangen und einem Hauch Altersgrau im Gesicht. Diggity Dog war ein mürrischer, halb tauber, halb blinder Cairn-Terrier, ein fast mehr aus Fettknötchen bestehender alter Sack von einem Hund. Ihr Mensch, ein alter Mann, der sie abgöttisch liebte, war im Sommer gestorben. Die Familie mochte Badger und Digger zwar sehr, hatte aber selbst Hunde, sodass sie die beiden alten Herren nicht behalten konnte. Das Hospiz schien der perfekte Ort für ihren Lebensabend. Die ersten Wochen hier waren für uns alle sehr schwierig; sie hatten viel durchgemacht, und es war alles sehr verwirrend für sie. Aber mit etwas Ausdauer, Routine und vielen Küssen und Streicheleinheiten gewöhnten wir uns langsam aneinander.

»Morgen, Jungs. Igitt, was habt ihr zwei denn angestellt? Hier riecht es wie in einem Klo für alte Hundeopas …«

Badger, der zusammengerollt in seinem kleinen Bettchen auf einem größeren Bett lag, schreckte auf, sah mich an und blinzelte, während sich das Uhrwerk in seinem Oberstübchen in Gang setzte. Digger lag immer noch völlig weggetreten auf der dicken Memory-Foam-Matratze vor der Heizung. Badger schälte sich aus dem Bett und wackelte zu mir hinüber. Während ich meine wasserdichte Hose abstreifte und meine Gummistiefel auszog, machte er seine morgendlichen Dehnübungen.

»Oooooohhh, ja, schön strecken, mein Lieber. Das fühlt sich gut an, was?« Ich stupste seine glänzende Knopfnase an, als er seine Pfoten nach mir ausstreckte und spielerisch an meiner Hand nagte. »Komm her, du – knuddel mich mal!« Ich hob ihn hoch, umarmte ihn kräftig und küsste ihn über das ganze Gesicht.

Badger ignorierte mich völlig. Der Fasan, der im Gemüsebeet vor dem Fenster herumwühlte, interessierte ihn viel mehr.

»Komm schon, du – raus aus dem Bett.« Ich kniete mich neben Digger und strich ihm die Haare aus den Augen, während er allmählich aufwachte. »Wie du wieder aussiehst, mein lieber alter Mistkerl.« Ich küsste seine Schnauze und schlang meine Arme um ihn. »Ich liebe, liebe, liebe dich«, sang ich, während ich ihn knuddelte und seinen Rücken von vorne bis hinten durchkraulte.

Mit voll aufgeladenen Batterien sprang er aus dem Bett und marschierte zur Tür.

Badger neigte zu der Überzeugung, dass die Tür aufgehen würde, wenn man dagegen hopste, während Diggity es gerne mit Bellen versuchte. Könnte ja klappen.

»Warte … Heute Morgen ist es furchtbar kalt draußen. Ohne eure Mäntel geht ihr mir nicht raus …« Ich hielt sie fest und zog ihnen die Wintermäntel an. »So, jetzt aber, ihr zwei, raus mit euch, Pipi machen.« Ich öffnete die Tür, und die beiden alten Herren hopsten hinaus und rannten los, um sich in die Abenteuer des Tages zu stürzen.

Während sie nachschauten, was der Morgen zu bieten hatte, machte ich mich daran, das Chaos aufzuräumen, das sie verursacht hatten, während sie eigentlich hätten schlafen sollen. Erst einmal gucken, wie weit sie es in der Nacht geschafft hatten, unter den Kühlschrank zu pinkeln. *Ziemlich weit*, lautete die Antwort. Ich räumte ein bisschen auf und machte ihnen Frühstück, wobei ich ein paar Leckerlis um ihre Betten herum verteilte, damit sie eine kleine Schatzsuche machen konnten, wenn sie heimkamen.

Nachdem sie eine Weile draußen herumgestöbert hatten, ging ich nachsehen, ob Digs wieder Hilfe beim Finden der Haustür brauchte. »So, junge Herren, hereinspaziert«, rief ich. »Frühstück ist fertig.«

Badger kam zur Tür gerast, hechtete die Eingangsstufe hinauf und ab ins Wohnzimmer.

»Ach, Badge, wie du guckst! Bist du aufgeregt, mein Alter?«

Digs, der selbst zurück zur Tür gefunden hatte, begann drinnen sofort nach den versteckten Leckereien herumzuschnüffeln.

»Kommt her, Mäntelchen ausziehen …« Nachdem ich sie von ihren Mänteln befreit hatte, kniete ich mich mit seinem Napf neben Digs. Manchmal brauchte er beim Fressen ein wenig Ermutigung – Ermutigung, die, wenn es um Leckerlis ging, komischerweise nicht nötig war.

Nachdem alle großen und kleinen Geschäfte erledigt, das Frühstück beendet und die Schatzsuche abgeschlossen waren und es nicht mehr ganz so sehr nach alten Hunden roch, war es Zeit für ein Schläfchen.

Langweilig oder zu still war es gewiss nie, und obwohl mir der Alltag manchmal unerbittlich vorkam – immer mussten Puten- und Hühnerställe ausgemistet und Schweine und Schafe gefüttert werden –, liebte ich es doch zu sehr, mich mit jedem meiner Kumpels zu unterhalten. Ob Schaf, Katze oder sogar Vogel, jeder hatte seine eigene Persönlichkeit. Nehmen wir die Truthähne und Puten: Da war Phoebe, die sich jeden Morgen auf meine Schulter setzte, wenn ich die Ställe säuberte; Angela, die es hasste, morgens aufzustehen; ihre Schwester Amber, die ständig Streit mit den Hähnen anfing; und Charles, der Dödel- puter, dessen einziger Lebenszweck darin bestand, mir die Tage mit Jähzorn und wenn möglich noch der einen oder anderen Verletzung zu verschönern. Wenn er mir nicht gerade mit sei- nem kostenlosen Augenentfernungsservice drohte, sperrte er mich im Hühnerstall ein und drohte mir mit schwerer Körper- verletzung, wenn ich versuchte, herauszukommen. Heute Mor- gen hockte er oben auf den Nistkästen.

»Steckst wieder mal fest, was, Kumpel?«

»Biepbiepbubidububu. Biepbiepbubidububu.«

Es war erstaunlich, wie er so süßen kleinen Geräuschen einen Unterton verpassen konnte, als stammten sie von dem mythischen Riesenkraken, der im wilden Meer den Seefahrern auflauerte.

»Du steckst fest und willst, dass ich dir runterhelfe? Echt jetzt?«

»BupibidupibiDUBIDUBIDU«, erwiderte er und stürzte sich auf meinen Schädel.

»Na gut, dann komm mit, du Pimmelfratze. Du bist echt eine Klasse für sich.«

Ich habe noch nie jemanden so sehr verabscheut wie Charles, aber wahrscheinlich muss es in jeder Familie ein Quoten-Arschloch geben.

»Raus da, Hilary!«

Hilary hatte es auf die Tüte mit den Sonnenblumenkernen im Futterschuppen abgesehen und steckte mit dem Kopf voran drin, nur noch der Hintern ragte heraus. Sie war inzwischen eine der ältesten Hennen-Damen hier, aber das Alter hatte ihrer Frechheit keinen Abbruch getan. Jeden Morgen drängelte sie sich an die Spitze der Schlange, um als Erste aus der Tür zu kommen, damit sie zum Futterschuppen rennen und sich zuerst aussuchen konnte, wo sie ihren Schnabel hineinsteckte. Sie hatte alle um den Finger gewickelt. Die jüngeren Hühner verwies sie zügig in ihre Schranken, und die meisten lernten recht schnell, sich nicht mit ihr anzulegen.

Das Hospiz war kürzlich vergrößert worden, und wir hatten nun unseren eigenen Katzenflügel. Die ersten Bewohner, Archie und Josh, lagen zusammengerollt im Bett in ihrer Hütte. Bis vor ein paar Monaten hatten sie auf einer Mülldeponie gelebt. Mum hatte Wochen damit verbracht, sie und die anderen dort lebenden Katzen einzufangen. Sie hatte sie alle kastrieren lassen und für die meisten ein neues Zuhause gefunden, aber Josh litt unter einer chronischen Erkrankung, die ihn schwer vermittelbar machte. Für ihn gab es anderswo keinen Platz, also bauten Mama und ich mit vereinten Kräften am Rand der Schafweide einen großen überdachten Außenbereich für ihn. Archie war zwar gesund, musste aber als Joshs anhänglicher Bruder (oder Papa oder Cousin oder Onkel) auch unbedingt mitkommen. Meistens wagten sie sich nachts hinaus. Doch obwohl in Joshs Augen immer noch der erschreckte Blick eines im

Scheinwerferlicht gefangenen Loris lag, hatte ich in den letzten Wochen eine Weichheit bemerkt, und vor ein paar Tagen hatte ich die beiden zum ersten Mal bei Tageslicht gesehen. So weit, dass sie sich den Bauch kraulen ließen, waren wir noch lange nicht, aber wir waren auf dem Weg in die richtige Richtung.

»Kleines? Kleines?«, rief ich zu einer einsamen Dohle auf einem Pfosten hinüber.

Vor ein paar Monaten, im späten Frühling, war ein Dohlenküken eingetroffen. Es war in einer Werkstatt in der Nähe aus dem Nest gefallen, und weil es nirgendwo anders hinkonnte, wurde ich seine Ziehmutter. Es wachte alle zwei Stunden auf und schrie nach Futter. Wie eine Zielscheibe klaffte sein riesiger gelber Schnabel auf. Es mochte Katzenfutter, Blaubeeren und Mehlwürmer, und als es noch sehr klein und vor allem mit Wachsen beschäftigt war, schlief es fast augenblicklich ein, sobald es fertig gefressen hatte. Am Anfang war es sehr unselbstständig, und bevor es fliegen konnte, saß es auf meiner Schulter, während ich meine Runde drehte, und guckte und lernte die Welt kennen.

Schließlich begann es, seine Flügel zu entdecken. Weil es den nächsten Schritt Richtung Unabhängigkeit machen wollte, zog es aus seiner kleinen Box im Hospiz in einen der Isolationsställe auf der Hühnerwiese. Mit einer Dohle hatte ich vorher noch nie zu tun gehabt, und es war eine großartige Erfahrung, sich mit dem Kleinen anzufreunden. Es war mein Kleines; ich war seine Mutter. Am Ende eines jeden langen Sommertages saß es kurz vor dem Schlafengehen immer an der gleichen Stelle auf seinem Seil und wartete auf mich. Dann hüpfte es auf meine Hand, und wir plauderten ein halbes Stündchen in kleinen Quietsch- und Klicklauten miteinander, rieben unsere Köpfe aneinander, und es kämmte mein Haar mit seinem Schnabel.

Ich wusste, dass eines Tages die Wildheit in seinem Blut erwachen würde und es dann fortfliegen musste. Davor hatte ich mich schon gefürchtet. An einem ganz normalen Sonntag vor ein paar Wochen bekam das Kleine morgens sein Katzenleckerli, saß auf meiner Schulter und hüpfte dann zum Frühstücken davon. Als ich ihm später am Nachmittag sein Mittagessen geben wollte, war es weg. Das verursachte einen Herzschmerz der besonderen Art, der mir wirklich unter die Haut ging.

Ich hoffe, dass mein Kleines da oben ist, sich vom Wind in die Höhe tragen lässt und denkt, es sei der König der Welt. Immer wieder rief ich nach ihm, in der Hoffnung, dass es sich eines Tages für ein paar Minuten von seinen Kumpels wegschleichen würde, um seine alte Mami wissen zu lassen, dass es ihm gut geht.

»Kleines?«

Die Dohle flog weg. Ich lächelte. Das war nicht mein Kumpel. Nicht heute.

Kaum dass Gimli mit dem ersten Frühstück fertig war, ging er zu seiner Heuraufe.

»Dein Gesicht, Gimli! Hab ich dir je gesagt, dass du das hübscheste Schaf auf der ganzen Welt bist?«

Er schaute mich an. Seine riesigen Tütenohren ragten aufrecht in die Höhe. Er sah aus wie ein Schaf, ein Lama und ein Känguru in einem.

»Na, dann muss ich mal weiter, du. Bis später. Hab einen schönen Tag!«

Mit Heu unter einem Arm und einem Eimer in jeder Hand machte ich mich auf den Weg auf den Hügel, um die anderen Schafe zu füttern und nach den Junggesellen zu sehen. Adam Jones und seine Kumpels Alan Watts und Lord Flashheart begleiteten mich gackernd.

»Hui, was hast du denn heute für mich, Wattsicle?«

Alan Watts brachte mir gerne Geschenke mit – kleine Blumen, Zweige oder Schafsköttel.

»Hach, wie lieb, ein Stückchen von einem Blatt! Das ist aber schön, Kumpel.«

Ich legte es taktvoll und unauffällig hinter mir auf den Boden, so wie meine Mutter es mit den Tannenzapfen tat, die ich als Kind für sie sammelte und die sie für immer behalten sollte.

Hazel, Figgys Schwester und ein futterbesessener Schlammmagnet von einem Schaf, leckte sich in Erwartung des Frühstücks die Lippen und zerstreute die Hähne bei ihrem Sturm auf den Futtertrog wie eine wollige Bowlingkugel. Ich bahnte mir einen Weg durch das Schafsgedränge und leerte den Eimer in den Trog.

Während die Schafe abgelenkt waren, hievte ich schnell den Eimer mit dem Schweinefutter den Hügel hinauf. Ich begann zu schwächeln. Ein kalter Luftzug drang in meinen Nacken. Langsam spürten meine Beine die Anstrengung, da das letzte bisschen Energie von meinem morgendlichen Porridge aufgebraucht war. Meine Ellbogen schmerzten, meine Nase lief, und der Knöchel, den K vor ein paar Wochen verletzt hatte, schmerzte immer noch ein wenig. Ächz.

»Essen kommen, Schweinchen, Frühstückszeit! Na, alles klar, meine liebe Ems?«

Sie stemmte sich für unser Morgenpläuschchen am Zaun hoch. Außerdem konnte ich ihr so den Schlamm von den Wimpern wischen. »Oink, oink?«, fragte sie.

»Oink, oink.« Keine Ahnung, was ich zu ihr sagte, aber es schien sie zufrieden zu stellen. Sie trottete los, um mit den anderen zu frühstücken.

»Brian! Kommst du frühstücken, mein Lieber?« Ein Paar Ohren und ein sehr verschlafenes Gesicht erschienen am Eingang des Schweineiglus.

Brian hatte keine Ahnung, was da vor sich ging.

»Och du, Schatzi, ich weiß, wie du dich fühlst. Komm frühstücken – heute gibt es Kohl und Birnen …« Ich verstreute ihr Futter auf dem Felsvorsprung und ließ sie dann alleine. Sie würden jetzt stundenlang mit Graben und Wühlen beschäftigt sein.

Oben auf seinem Posten wartete Jimmy Four Fingers, eine Saatkrähe aus der Gegend, der eine Flügelfeder fehlte, ein sehr markantes Kennzeichen. Er lauerte darauf, dass ich wegging, damit er sich hinunterstürzen und am Frühstück der Schweine bedienen konnte.

Ich schloss das Tor, lehnte mich dagegen und genoss es, wie sich alle das Frühstück schmecken ließen. Ich freute mich, dass diese Aufgabe erledigt war und ich sie zumindest für die nächsten paar Stunden nicht mehr zu tun brauchte. An seiner Heuraufe verputzte gerade Bean sein Frühstück. Bean, auch bekannt als Major Douche, das Riesenarschloch, war ein prächtiger Ziegenbock mit einem Verhaltensproblem, der in einer seltsamen Wohngemeinschaft mit einem Hahn beziehungsweise angehendem Knastbruder namens Rio zusammenlebte. Wanda, das Schafsmädchen, das zuletzt zu uns gestoßen war, Hazel in Sachen Habgier Konkurrenz machte und eine Stimme hatte, die sie klingen ließ, als würde sie vierzig Zigaretten am Tag rauchen, half Bean von der anderen Seite des Zauns beim Leeren der Heuraufe, ob er nun teilen wollte oder nicht.

In der Ferne konnte ich die Traktoren auf Dicks Feldern bei der Arbeit hören. Und ob die auf den Stromleitungen aufgereihten Stare auch nur ein Wort verstehen konnten, so wie sie durcheinanderschnatterten und einander übertönten? Am Fuß des Hügels war Baggins mit seinen Rädern auf seiner morgendlichen Bummeltour. Gerade bellte er irgendeine Forderung in die Gegend. Entweder hatte er an der Seite des Hospizes einen Abstecher ins Gelände gemacht und wieder ein Rad am Fallrohr eingeklemmt, oder er tat genau das Gegenteil von dem, worum ich ihn gebeten hatte, und belästigte die Wachteln. So oder so musste ich hingehen und mich um die Situation kümmern, in die er sich gebracht hatte.

Nachdem ich Baggins aus dem Regenrohr befreit hatte, machten wir uns auf den Weg zu seinem Schlafzimmer. »So, Baggins, Zeit zum Reingehen. Dann wollen wir dich mal aus diesen Rädern holen …«

Als Baggins sich niedergelassen hatte, spritzte ich seine Räder, meine Gummistiefel und wasserdichte Hose ab. Dann zog ich meine schmutzigen Einweghandschuhe aus und ließ meinen Blick über die Umgebung streifen, wo jeder seinem Tagwerk nachging. Dem Lärm aus einem der Ställe nach zu urteilen, dachte drüben auf der Hühnerwiese jemand, alle Welt müsste es ebenso aufregend finden wie sie, dass sie gerade ein Ei gelegt hatte. Außerdem war anscheinend gerade eine Art Truthahn-Drama im Gange. Ich kann füttern, putzen und pflegen, aber wenn nicht gerade jemand ein Auge verliert oder eine andere Verletzung erleidet, halte ich es mit der Hühnerpolitik wie mit der Menschenpolitik: Bloß nicht einmischen.

Mein Enthusiasmus schwankt von Morgen zu Morgen. Manchmal tun mir die Knie weh, oder die Ellbogen oder mein Darm spielt verrückt oder ich bin schlecht drauf. Das Letzte, worauf ich Lust habe, ist rauszugehen und mich fünf Stunden im Regen herumzutreiben. An solchen Tagen könnte ich mich in aller Seelenruhe mit einem Schild vor die Tür stellen und der nächstbesten unglücklichen Person, die vorbeikommt, Schlüssel und Verantwortung zuwerfen. Aber es gibt auch Tage, an denen ich weiß, dass ich der glücklichste Mensch der Welt bin, weil ich genau die Lebensaufgabe gefunden habe, die mich jeden Morgen aus dem Bett treibt, einfach, weil ich sie so gerne mache.

Mitunter fühlt sich das Ganze schon ein bisschen erbarmungslos an, klar. Aber egal wie sauer oder müde oder unmotiviert ich anfange: Das Gefühl, wenn alle glücklich und versorgt sind und alles haben, was sie brauchen, um den Tag in Sicherheit und Zufriedenheit zu verleben, das ist immer das gleiche. Ob gute oder schlechte Tage, sie alle gehören zusammen und bilden ein großes Ganzes, und dieses große Ganze ist Zufriedenheit. Es hat noch nie einen Tag gegeben, an dem ich mich hinterher nicht ein bisschen besser gefühlt habe, selbst wenn es nur die einfache Genugtuung war, dass ich mir selbst in den Hintern getreten und meine Pflichten erfüllt habe.

Badger wachte blinzelnd auf, als ich den Schlüssel in der Hospiztür umdrehte.

»Hey, Badge. Hach, hier drin ist's aber schön warm. Sei so gut, setz den Kessel auf, mein Lieber, ich könnte ein Tässchen Tee vertragen ...«

Kapitel 17

Schwarze Katze

»Dad? Was machst du denn hier?«

Ich zog meinen Kopfhörer ab und trocknete mir schnell die Hände. Dad stand in der Tür des Hospizes und sah besorgt aus. Ich stand in der Küche und sah verwirrt aus.

»Du hast gestern Abend ein bisschen niedergeschlagen geklungen. Da dachte ich, du könntest eine Umarmung gebrauchen.«

Dad und ich telefonierten jeden Abend, und er hatte das Gefühl, dass ich allmählich aus dem Leim ging. Er hatte recht: Ich war am Kämpfen. Übermüdung erschwert den normalen Alltag schon ganz grundsätzlich, sodass sich selbst die einfachsten Dinge anfühlen, als wäre alles ein bisschen zu viel. Monate – Jahre –, in denen ich mich vom einen Hoch zum nächsten Tief und wieder zurück hangelte, ohne sonderlich viel Zeit, um alles zu verarbeiten, forderten zusätzlich ihren Tribut. So langsam fühlte ich mich, als wäre ich permanent am Anschlag. Der gesunde Menschenverstand, der normalerweise einfordert, dass man sich wie ein normaler Erwachsener um genug Schlaf kümmert und sich anständige Mahlzeiten zubereitet, ließ mich oft im Stich. Fast immer siegte meine Neigung, zum Abendessen Chips zu vertilgen und bis drei Uhr morgens im Internet in irgendwelche Kaninchenlöcher abzutauchen. Im Laufe der Jahre haben sich zwar auch ein paar andere Leute um den Titel beworben, aber mein schlimmster Feind bin in Wirklichkeit ich.

Auch emotional lagen ein paar harte Wochen hinter mir. Abgesehen davon, dass ich mir um einige Leutchen Sorgen machte, die Palliativpflege benötigten, waren erst kürzlich innerhalb weniger Stunden ein paar meiner Kumpels gestorben. Das Hühnermädchen Bree dämmerte im Verlauf einiger Tage langsam weg, weil die gefürchtete Zeitbombe Eierstockkrebs hochging und zügig ihre Schrapnelle in ihrem Körper verteilte. Ich brachte sie ins Haus und pflegte sie, sorgte dafür, dass sie es warm hatte und keine Schmerzen litt, und half ihr, ihre besondere Nährlösung zu trinken. Wie schon bei Georgia wusste ich, dass ihr Tod bevorstand und dass es nur eine Frage der Zeit war, bis sie das Verfallsdatum erreichte, mit dem sie geboren worden war. Eines späten Abends, als sie neben mir im Bett lag, verlangsamte sich Brees Atmung, ihr Herz hörte auf zu schlagen, und sie schlief ganz friedlich ein. Am nächsten Tag begrub ich sie auf der Wiese, auf der sie die letzte Zeit ihres Lebens verbracht hatte.

Nur wenige Stunden nach meinem Abschied von Bree starb völlig unvermutet Danny Carey, ein junger Hahn, den ich kannte, seit er ein paar Tage alt war. Es hätte auch zu jeder anderen Zeit passieren können, und dann wäre ich nicht bei ihm gewesen, aber eine ungewöhnliche Änderung meiner normalen Abendrunde in letzter Minute führte dazu, dass ich gerade bei ihm war, als bei ihm plötzliches, akutes Herzversagen einsetzte. Ich sank auf dem nassen Boden zusammen, während er sich nach Atem ringend in meinen Armen wand. Ich versuchte zu begreifen, was hier vor sich ging, war aber völlig hilflos, konnte nichts für meinen Jungen tun, außer ihn zu halten und ihm meine Liebe zu zeigen, so wie ich ihn vor ein paar Jahren gehalten und geliebt hatte, als er ein winziges Küken war. Er erlitt einen traumatischen, erschütternden Tod, aber es war sehr schnell vorbei. Ich weiß nicht, ob es an der Erfahrung oder der Akzeptanz liegt oder ob das eine mit dem anderen einhergeht, aber selbst unter den traumatischsten Umständen bleibe ich inzwischen ganz ruhig und schiebe den Schock auf später auf. Aber Dannys Tod hat mich schwer getroffen. Ohne auch nur eine Minute Vorwarnung war mein Kumpel nicht mehr da.

Im Wissen, dass es das letzte Mal war, dass ich die Wärme seines Lebens und den Funken, der in ihm gebrannt und ihn erleuchtet hatte, spüren würde, hielt ich Dan fest, bis sein Körper abzukühlen begann. Er war nicht den Tod gestorben, den ich mir für ihn gewünscht hätte, aber so viele Entscheidungen liegen nicht in meiner Hand. Ich tue mein Bestes und versuche, jede Unwägbarkeit zu berücksichtigen, meine Familie zu schützen, aber es gibt so viele Dinge, die ich nicht kontrollieren kann, und es gibt immer etwas Neues zu lernen und Veränderungen vorzunehmen. Ich durchforstete mein Gedächtnis und versuchte, so ehrlich zu mir selbst zu sein wie nur möglich, aber mir fiel nichts ein, was ich hätte tun können, um seinen Tod zu verhindern oder ihm seine Qualen zu nehmen. Danny war nicht für die Ewigkeit erschaffen worden; er wurde als unbedeutendes, ungewolltes Nebenprodukt geboren und war von Anfang an dem Untergang geweiht. Alleine dadurch, dass er älter als nur einen Tag geworden war, war Danny Carey doch etwas ganz Besonderes, und sein Leben war nicht mehr unbedeutend oder zu klein, um von Bedeutung zu sein. Sein Leben in all seiner Pracht und Herrlichkeit, mit allem Kikeri-kie-ich-bin-hie, Schafe reiten und Kamerataschen bumsen, bedeutete *ihm* etwas, und nur darauf kam es an.

Ich konnte nicht den ganzen Abend dort sitzen und grübeln, ich hatte ja zu tun. Also wischte ich mir die Augen, stand auf und setzte meine Runde fort.

Der Tod von Bree und Danny hatte mir den Boden unter den Füßen weggezogen. Jemanden ganz langsam verschwinden zu sehen, ist auf andere Art und Weise schlimm, als ein geliebtes Wesen so plötzlich sterben zu sehen. Ihre Todesarten waren so unterschiedlich, aber beide hatten bei mir Spuren hinterlassen, und zwar sowohl emotional als auch körperlich – in meinen grummelnden, krampfenden, nörgelnden Eingeweiden. Wenn es mir vor lauter Sturheit auch schwerfiel, es zuzugeben: Dad hatte recht. Ich brauchte eine Umarmung.

Ich hatte ein paar Besorgungen zu machen, also nutzte ich die Gelegenheit, sie in Gesellschaft zu erledigen. Dad und ich nahmen Baggins mit, und nachdem ich bei der Bank und der Post gewesen war und noch ein paar andere Dinge erledigt hatte, traten wir in Brans Fußstapfen und gingen mit dem alten Hund zum Pommesessen und Herumstrolchen in den Park. Während Baggins Hamilton durch den Park sauste, als wäre es der Grand Prix von Castle Douglas, schnatterte über uns eine Schar Gänse auf ihrem Weg nach Süden.

»Weißt du noch, die Gänse oben in den Cairngorms, Dad, damals, als die …?«

»Oh ja – als sie sich verirrt hatten! Das war so lustig. Die wussten echt nicht mehr, wohin!«

Es war eine ganz tolle Erinnerung, die uns noch Jahrzehnte später zum Lächeln brachte. Als wir vor vielen Jahren an einem Septemberwochenende durch Lairig Ghru spazierten, beobachteten mein Vater und ich gebannt eine riesige Schar Graugänse, die sich offensichtlich verirrt hatte. Sie kreisten über uns und quakten ganz eindeutig »Weg da, lass mich mal ran!« und »Weiß überhaupt jemand, wo wir hier sind?«, während sie versuchten, ihren Weg nach Süden zu finden. Damals wurde gerade die Standseilbahn auf dem Cairngorm Mountain gebaut, und wir vermuteten, dass die neue Schneise in der uralten Landschaft ihren Orientierungssinn ins Chaos gestürzt hatte.

»Was für einen Krach die gemacht haben! Ich glaube, so ziemlich jede von ihnen hat sich einmal an die Spitze gesetzt, um zu sehen, ob sie es nicht besser konnte.« Ich lachte. »Eigentlich ganz schön traurig – das hat sie ganz schön aus der Bahn geworfen, was?«

»Ja, besonders glücklich waren sie sicher nicht.«

Diese Tage mit Dad in den Bergen bilden einen Teil meines Fundamentes. Auch die Schulferien, in denen ich auf Onkel Wulls Farm Lämmer mit der Flasche gefüttert habe, gehören dazu, und die Erfahrung, von der Arbeit nach Hause zu kommen und siebzehn Kätzchen in meinem Zimmer vorzufinden, während Mama so tat, als wäre das völlig normal. Egal, wie sehr ich mich darüber beschwerte, dass mir die Beine wehtaten, ich Kopfschmerzen und/oder Hunger hatte, dass mir kalt oder ich zu müde war, er schaffte es immer, mich zum Weitermachen zu ermutigen. (Manchmal spielte er mein Ego auch gegen die jüngeren Kinder aus, die zügig zu uns aufschlossen, um mich zu motivieren, meinen Simulantenarsch endlich den Berg hinauf zu bewegen.) Nur ganz selten setzte sich mein Beharren auf »Daaaaaaad, ich kann das nicht« durch. Und wie durch ein Wunder lösten sich meine Schmerzen und Wehwehchen in der Regel von selbst auf, sobald wir den Steinhaufen auf dem Gipfel erreichten, wo grandiose Panoramen für einen Perspektivwechsel sorgten und Monster-Munch-Brötchen und Thermoskannen voller Tee uns belohnten. *Mach weiter, denn wenn du durchhältst, ist ein knuspriges Brötchen für dich drin* – eine gute Lektion, die ich früh gelernt habe.

Neben einer dringend benötigten Umarmung schaffte ich es mithilfe von Dads Handwerkerservice (»Verdammt komischer Ruhestand«), Dinge zu erledigen, für die mir die Zeit gefehlt und über die ich stattdessen wachgelegen hatte. Er füllte die Futterschuppen auf, legte bei den Strohbetten nach und reparierte und flickte ein paar Dinge. Als das Tageslicht zu schwinden begann und ich Dad hinterherwinkte, der zu seiner 75 Meilen langen Heimfahrt aufbrach, war es mir gelungen, wieder aus meinem Jammertal herauszukommen. Nach einem Tag in Gesellschaft und einer Umarmung fühlte ich mich besser. Jetzt noch ein Bad, ein Gin und eine anständige Portion Nachtschlaf, dann würde der morgige Tag viel besser werden, das wusste ich.

Aber vorher musste ich noch wie jeden Abend die Hühner in ihren Stall bringen und zählen.

»...Elf ... zwölf ... dreizehn ... Ach, verdammt noch mal, sitz doch still! Amber, lass Joe in Ruhe. Also dann, eins ... zwei ... drei ... Amber! Das reicht, lass ihn in Ruhe!«

Wenn am Ende des Jahres die Nächte länger werden, kommt es mir oft vor, als ob ich mit den abendlichen Runden beginnen und alle wieder ins Bett bringen muss, kaum dass ich die morgendlichen Runden beendet habe und alle aufgestanden sind. Im Dunkeln bin ich nicht besonders gern draußen, und der Winter bringt Schlamm und Kälte und oft auch Wind, Regen und Frost, aber zumindest bietet sich mir im Winter die Möglichkeit, einen Abend ganz für mich zu verbringen, wenn die Vögel um halb fünf und die Hunde um sieben im Bett sind und alles in Ordnung ist. Der Sommer hat seine Vorteile, viele sogar, aber es ist, als würde man mit hundertzwanzig schlafunwilligen Kleinkindern leben, die sich abends weigern, ins Bett zu gehen. Ins Bett zu gehen ist dann wirklich das Einzige, was sie tun müssen, aber sie wollen einfach nicht, und es ist das Einzige, was ich gerne tun würde, und ich kann einfach nicht.

»Oha, Gim, Elisa, was gibt's denn wohl heute Abend? Rein da mit den Schnäuzchen ...«

Ich hielt Elisa und Gimli den Eimer hin, die Schafsvariante unseres Glückstopfs, aus dem sie Obst, Gemüse und, um das Ganze abzurunden, ein paar Butterkekse inhalierten.

»Na, das sieht mir doch nach Brokkoli heute Abend aus, was, Gim? Elisa, was hast du denn da? Ist das ein Stück Apfel? So, ihr beiden, das reicht. Lasst den anderen auch etwas übrig.«

Ich sammelte die Eimer mit dem Abendessen für die anderen Schafe und die Schweine ein und holte mir bei Gimli und Elisa eine Runde Schäfchenkuscheln ab.

»Gute Nacht, ihr beiden. Nacht, Adam Jones. Nacht, Wattsicle. Gute Nacht, Flash. Hab euch lieb. Schlaft gut.« Ich gab jedem der Jungs einen Kuss und machte mich auf den Weg auf den Hügel.

Dick hatte seine abendliche Runde über sein Land beendet und machte sich auf den Heimweg. Als er meine Stirnlampe den Hügel hinaufwackeln sah, hupte er mir von der anderen Seite der Hecke aus ein »Gute Nacht« zu. Auf einem kalten Feld, in einer dunklen Nacht, nach einem anstrengenden Tag macht ein kleines freundliches Tröten ganz schön viel aus. Ich habe schon an vielen Orten gelebt, aber in Ringliggate habe ich zum ersten Mal das Gefühl, Teil einer Gemeinschaft zu sein: hier ein freundliches Winken, während wir unserem Tagwerk nachgehen, dort ein Schwätzchen im Vorbeigehen, hellerleuchtete Häuser in der Dunkelheit, in denen Freunde leben, Menschen, die alle aus verschiedenen Richtungen herbeieilen und füreinander da sind, wenn es nötig ist.

Die Schweine vertilgten zufrieden Blumenkohl und Kohlköpfe, und die Junggesellengockel waren alle untergebracht und durchgezählt. Im Mondschein wanderte ich wieder hinunter. Es war eine helle, klare Nacht, und das Gras begann bereits unter meinen Füßen zu knirschen. Ich trat durch das Tor, drehte mich um, um es zu schließen, und hielt inne. Oben auf dem Hügel zeichnete sich der Versammlungsbaum gegen das verblassende Blau ab, und als der Tag in die Nacht überging, zeigten sich nach und nach die Sterne zwischen den Wolken. So eine schöne Tageszeit, so ein herrliches Gefühl: Wenn nach einem Tag, an dem alle das getan haben, was ihnen Spaß macht, alle sicher, warm und zufrieden im Bett sind. Ich schaute zu den vertrauten glitzernden Lichtpunkten hinauf und nahm mir ein paar Augenblicke Zeit, um nachzudenken, die Ereignisse des Tages sacken zu lassen, die Rädchen im Oberstübchen anzuwerfen und abzuwarten, welche Lösungen sich dadurch wie von selbst ergaben.

Ich hatte mich wieder in Tagträumereien verloren, mich von dem einen oder anderen Gedankengang mitreißen lassen, aber meine Hände zumindest gehorchten mir noch und erinnerten mich daran, dass es eiskalt war und wir vielleicht irgendwo hingehen sollten, wo es weniger kalt war. Hinter den Büschen tauchte plötzlich eine weiße Gestalt auf, die eilig auf mich zuwatschelte. Jeden Abend zur Schlafenszeit verbringen Figgy und ich ein paar besondere Minuten zusammen, bei denen ein streng geheimer Keks in meiner Tasche eine Rolle spielt, von dem nur Figgy weiß.

»Mäh häh häh häh!«, rief sie, während sie so schnell auf mich zustürmte, wie die zierlichen weißen Beine ihre große wollige Zuckerwattewolke den Hügel hinunterbewegen konnten. »Mäh häh häh häh!« *Figgy weiß Bescheid! Figgy weiß alles!* Sie schob ihre Nase durch den Zaun, und wir vollführten unseren heimlichen Kekstausch.

»Figgy weiß Bescheid.« Ich lächelte, als ich mich bückte, um meine Nase in ihr Fell zu stecken und einmal kräftig an ihrer leicht feuchten Wolle zu schnuppern. »Mua!« Ich küsste das Büschel weißer Wolle auf ihrer Stirn und grub meine Finger in ihren dicken Pelz, um sie ein paar Minuten lang zu kraulen, während wir uns unterhielten.

»Gut, Liebes, ich bin völlig durchgefroren. Ich bin dann mal weg. Gute Nacht, mein Schatz. Schlaf gut.« Ich küsste sie noch einmal auf die Stirn, steckte die Hände in die Taschen und machte mich auf den Weg Richtung Wärme und zu den beiden greisen Terriern, die im Hospiz auf mich warteten.

Badger und Digger lagen auf ihren Plätzen im Wohnzimmer, der eine zusammengerollt, der andere ausgestreckt und beide völlig weggetreten. Vor ein paar Tagen hatte sich an Diggity Dugs Hals eine große Beule gebildet. In Anbetracht seines Alters und weil er ja bereits von Beulen und Knubbeln übersät war, hatte ich das Schlimmste vermutet, und mein Herz wurde schwer, als mir sein Tierarzt, Bruce, zustimmte. Es sah so aus, als hätte der Krebs seine Lymphknoten befallen und würde jetzt wahrscheinlich durch den Rest des alten Körpers wandern. Bruce und ich waren uns einig, dass eine umfangreiche Behandlung nicht das Richtige für Digger war. Stattdessen beschlossen wir, uns darauf zu konzentrieren, seine letzten Tage so angenehm wie nur möglich zu gestalten. Ich verließ die Praxis mit einigen Antibiotika und Schmerzmitteln. Anschließend gingen wir in den Supermarkt und kauften den halben Gang Hundeleckerlis leer, besorgten uns eine Tüte Pommes und gingen in den Park. Wenn er schon nicht mehr lange hatte, sollten wir jeden Moment auskosten. Wir kannten uns erst seit ein paar Wochen, wir hatten gerade erst zu einem gemeinsamen Rhythmus und so etwas wie einer Freundschaft gefunden, und jetzt sollte sich unsere gemeinsame Zeit schon dem Ende zuneigen? *Verdammter Mist auch.*

Dick eingemummelt spazierten wir an jenem Nachmittag Ende November zu dritt in der Kälte durch den Park. Die beiden alten Männer wanderten immer der Nase nach von einem guten Geruch zum nächsten und kümmerten sich nur um das, was sie in diesem Moment unter ihren Schnauzen hatten. Digs war zufrieden. Falls er wusste, dass er sterben würde, so ließ er sich davon nicht beunruhigen. Seine Zufriedenheit und sein Glück waren ansteckend. Ich war so dankbar, die beiden kennengelernt und mich in sie verliebt zu haben. Trotzdem oder gerade deswegen war es eine Herausforderung, mich auf den Abschied von meinem neuen Kumpel vorzubereiten, da doch unsere Freundschaft und unser Vertrauen zueinander noch so frisch waren. Mit Badger hatte ich aufrichtig Mitleid. Er wusste, dass es seinem Bruder nicht gut ging, und es würde ihn wirklich hart treffen, wenn sein bester Kamerad weg war. Er hatte sich neuerdings angewöhnt, Diggers Gesicht abzuschlecken, vielleicht, weil er spürte, dass etwas nicht stimmte. Die beiden hatten zwar ihre, na, sagen wir, »brüderlichen« Momente und ich hatte ein paar Prügeleien um Leckerlis beenden müssen, aber trotzdem: Sie hatten ihr ganzes Leben miteinander verbracht, und ich wusste, dass Badger seinen langjährigen Gefährten wirklich vermissen würde.

Solche Gedanken musste ich mir verkneifen, damit mir nicht die Tränen kamen, während ich den mit Süßigkeiten beladenen Einkaufswagen durch den Supermarkt schob. Obwohl unsere gemeinsame Zeit so kurz sein würde, hatten wir immerhin lange genug miteinander gehabt, um gute Freunde zu werden. Das alleine würde für Diggity Dog und seinen Badger alles so viel einfacher und weniger stressig machen. Er konnte sich entspannen, seine letzten Tage genießen und darauf vertrauen, dass sich jemand um den Rest kümmern würde. Ich war wirklich dankbar, dass ich ihm das geben konnte. Manchmal wusste ich wirklich kaum, was ich fühlen sollte, aber ich kann ja nicht ein Tierhospiz leiten und dann so tun, als wäre ich überrascht, wenn Bewohnerinnen und Bewohner krank werden und sterben.

Ein paar Tage später beugte ich mich hinunter, um Digger ein bisschen zu knuddeln, während ich ihm einen Mantel für die Pipirunde anzog. Ganz offensichtlich fühlte er sich nicht wohl, und obwohl er fraß, war ich sicher, dass er abgenommen hatte. Ich war bereit, auf ihn zu hören, wenn er mir sagte, dass es ihm reichte, und ich hatte das Gefühl, dass es nicht mehr lange dauern würde, bis ich in seinen Augen sehen würde, dass es an der Zeit war, das Versprechen einzulösen, das ich ihm bei unserer ersten Begegnung vor ein paar Wochen gegeben hatte.

»Was zum …?« Ich nahm meine Arme weg. Rund um seinen Hals war sein kleiner, kuscheliger Pullover völlig durchnässt. Adrenalin durchströmte mich. Ich zog ihn ins Licht, um ihn besser sehen zu können, riss mich zusammen und konzentrierte mich. »Was ist denn da los, Digs, mein Lieber?« Selbst um Ruhe ringend beruhigte ich ihn und hob seinen Kopf an. Ich blinzelte, als ich begriff, was ich da sah: Sein Fell war rot gefärbt. Aus seinem Fell am Hals sickerte Blut. *Shit …*

Ich rief Bruce an, der mir erklärte, was zu tun war. Innerhalb weniger Minuten hatten wir herausgefunden, dass die Beule in seinem Nacken, die wir für einen Tumor gehalten hatten, in Wirklichkeit ein Abszess war, der nun geplatzt war. Während Blut und Eiter heraussickerten, schrumpfte die Beule zusehends zusammen. Ich konnte kaum glauben, was ich da sah. Ich spülte die Wunde mit Kochsalzlösung, gab ihm ein Leckerli und setzte mich erst einmal mit einer Tasse Tee zur Beruhigung hin.

Innerhalb von Minuten war es, als hätte jemand Digger zehn Jahre jünger gemacht, und eine Woche später war die Beule komplett verschwunden. Er flitzte mit Badger über die Wiese, sprang herum und sah besser aus denn je. Sosehr ich auch auf den Tod vorbereitet bin, wenn er kommt, so viel lieber ist es mir doch, wenn uns ein Wunder einen Besuch abstattet.

Ich deckte Digger am Rücken gut zu und zog meine Regensachen an. Meine Augen waren heiß und müde. Die Mischung aus einer gehörigen Portion Stress, wenig Schlaf, keinerlei Ruhetagen und der Verantwortung, die mich gleichermaßen belastet wie motiviert, hat zur Folge, dass sich das alles manchmal etwas ermüdend und unerbittlich anfühlt, auch wenn ich meinen Tagesablauf noch so sehr liebe. Ich hatte noch ein paar Stunden im Haus zu tun, und morgen würde das Ganze von vorne losgehen, aber für heute waren alle im Bett. Zeit für den Zapfenstreich.

»Hat jeder, was er braucht?« Ich vergewisserte mich kurz im Hospiz, dass auch wirklich alles erledigt war, und ging meine mentale Checkliste durch. Nicht, dass ich nicht doch etwas übersehen hatte. *Alles prima.* Ich schloss die Tür des Hospizes und trat hinaus in die Nacht. »Schlaft gut, alle zusammen. Ich hab euch lieb.«

Mit der Schmutzwäsche des Tages unterm Arm schloss ich das Tor und hielt inne. Ruhig und still war es, so friedlich. Alle schliefen. Alle hatten wir einen weiteren Tag unbeschadet überstanden. Ich schaute zum klaren Himmel hinauf und zu den Lichtmustern, die sich über ihn zogen. *Danke.*

»Wo ist sie? Schwarze Katze, bist du da?«

Als ich vor ein paar Wochen eines Abends abschloss, trat eine schwarze Katze aus der Dunkelheit und kam mir am Tor entgegen. Sie wand sich um meine Beine, rollte sich auf den Rücken und rieb sich an meinen Händen. Ich traute meinen Augen kaum, als sie mir mit viel Abstand in den Garten und um das Haus herum folgte. Ich dachte, sie wäre vielleicht eine Bauernhofkatze, die vom Hunger gezwungen das zum Überleben Nötige tat, oder dass sie vielleicht ausgesetzt worden war – sollte das allerdings der Fall sein, scherte sie sich anscheinend nicht im Geringsten darum. Ich mopste unseren Kater Archie und Josh ein paar Beutel Katzenfutter, und die schwarze Katze fraß vier Portionen Abendessen, rieb sich zwei Stunden lang an mir, knabberte an meinen Fingern und verschwand dann wieder in der Dunkelheit, sodass ich hinterher allein verdattert auf der Stufe der Hintertür saß und mich fragte, was da bitte gerade passiert war. Ob nun verwilderte Bauernhofkatze oder ausgesetzte Hauskatze, Katzen verhalten sich nicht so. *Das war seltsam.*

Ich hörte mich um. Es hieß, die Leute glaubten, die Katze lebe seit etwa zweieinhalb Jahren in den Nebengebäuden der benachbarten Farm. Das bedeutete, dass sie etwa zur gleichen Zeit eingetroffen sein musste wie ich. Sie schlief in den Ballen und wurde gelegentlich entdeckt, aber von Menschen hielt sie sich fern. Von ein paar flüchtigen Sichtungen abgesehen wusste niemand etwas über sie. Ihr Ohr war eingekerbt, und da sie nie Junge bekommen hatte, nahm ich an, dass sie kastriert worden war. Gechipt war sie allerdings nicht. Sie war wunderschön, hatte glänzendes Fell und genau das richtige Gewicht, und ihre Augen waren gesund und leuchtend grün, sie wusste also eindeutig, was sie tat, und war voll und ganz in der Lage, für sich selbst zu sorgen.

Ob sie zurückkommen würde? Ich war mir nicht sicher. Womöglich hatte sie bei den sinkenden Temperaturen Schwierigkeiten bei der Futtersuche und einfach nur eine anständige Mahlzeit und ein freundliches Gesicht gebraucht, um wieder auf die Beine zu kommen. Am nächsten Abend registrierte ich ziemlich überrascht, wie sehnsüchtig ich zurück zum Haus wollte, um zu sehen, ob die schwarze Katze dort war. So seltsam die Erfahrung auch gewesen war, ich hatte ihre Gesellschaft wirklich genossen.

Als ich ums Haus herumkam, blieb ich abrupt stehen. Auf dem Weg lag zuckend und hechelnd eine junge Ratte. Die schwarze Katze war zurückgekommen, und diesmal spendierte sie das Abendessen.

Ich stopfte die Wäscheladung des Tages in die Maschine und warf den Trockner an. Mein Tagespensum an Energie und Enthusiasmus war so gut wie aufgebraucht. Deshalb ließ ich mich auf die Stufe an der Hintertür plumpsen, um Dad eine SMS mit unserem Code zu schicken – »10-4« steht bei uns für *Keine Sorge, ich bin sicher zurück im Haus und liege weder unter einem Schwein und stecke auch nicht aufgespießt auf den Hörnern einer gestörten Ziege.* Die Anstrengung machte sich in jeder Faser meines Körpers bemerkbar, und ich konnte kaum denken vor lauter Müdigkeit. Sobald ich innehielt und mich hinsetzte, fielen mir die Augen zu. Diese Form der Müdigkeit macht mich weinerlich, und ich spürte, wie mir vor lauter Frustration, Sorge, Einsamkeit und ein bisschen Selbstmitleid die Tränen in die Augen stiegen. An den meisten Tagen reicht es mir völlig, der einzige Mensch unter meinen tierischen Kumpels zu sein. Sie lieben mich ebenso sehr wie ich sie, und ich halte es für so gut wie unmöglich, sich inmitten dieser Horde ungeliebt zu fühlen. Meistens mag ich es, wenn ich ins Haus komme und alles so ist, wie ich es verlassen habe, ich genieße es, die Dinge genauso zu tun, wie ich es möchte, und die Freiheit zu haben, in aller Ruhe, unbeobachtet und unbefangen Gin und Marshmallows zum Abendessen zu mir zu nehmen. Aber manchmal vermisse ich auch die Gesellschaft meiner eigenen Art, mit all ihren Höhen und Tiefen und Vor- und Nachteilen. Es gibt Nächte, meist nach einem schweren Tag, in denen ich im Dunkeln um das Haus herumlaufe und mir vorstelle, dass es nach einem Topf Suppe duftet, wenn ich in die Küche komme und ich mit einem warmen Lächeln und einer Umarmung von jemandem begrüßt werde, der alles für eine Weile besser machen könnte.

»Da bist du ja!« Lautlos tauchte ein grünes Augenpaar in der Dunkelheit auf.

»Na, schwarze Katze, hattest du einen guten Tag?«

Sie schlang sich um meine Beine, schnurrte und rieb sich an meiner schmutzigen, wasserdichten Hose. Keine Ahnung, wie jemand, der so sauber und vollkommen war und dessen Sinne den meinen in jeder Hinsicht überlegen waren, meinen Geruch ertragen konnte. Ich nehme an, es war schon in Ordnung für sie, wenn ihr Mensch ein bisschen grobschlächtiger daherkam; solange ich mich um die Essensvorbereitungen kümmerte, würde sie für Glanz und Glamour in der Beziehung sorgen.

»Bist du bereit fürs Abendessen, schwarze Katze?« Ich senkte meinen Kopf, und sie rieb ihr Gesicht an meiner Stirn.

Wir sind beide von Natur aus misstrauisch. Es hat eine Weile gedauert, bis wir einander gründlich auf den Zahn gefühlt haben, aber im Laufe der Wochen sind die schwarze Katze und ich uns sehr nahegekommen. Das Gefühl ihres glänzenden schwarzen Fells auf meinem Gesicht gibt mir immer noch einen kleinen Nervenkitzel. Sie ist unabhängig und hervorragend in der Lage, auf sich selbst aufzupassen, und ich liebe sie dafür, wie frei und geheimnisvoll sie ist. Dennoch scheint sie genauso mit mir zusammen sein zu wollen wie ich mit ihr. Unsere Freundschaft ist anders als die anderen Freundschaften in meinem Leben. Sie braucht mich nicht. Sie hat sich für mich entschieden, und ihre Entscheidung, mir ihre Freundschaft zu schenken, hat Teile von mir ausgefüllt, von denen ich gar nicht wusste, dass sie gefüllt werden mussten. Bis ich die schwarze Katze kennenlernte, hatte ich nicht gewusst, wie sehr ich sie brauchte, aber zum Glück wusste *sie* es. Ich bin froh, dass einer von uns beiden aufgepasst hat, und ich hoffe, ich spreche für uns beide, wenn ich sage, dass wir beide durch unsere Freundschaft zueinander viel besser dran sind.

Als ich mir sicher war, dass sie bleiben würde, kaufte ich ihr ein kleines Haus für den Winter, aber ich gehe auch irgendwie davon aus, dass sie, wie jede Katze, die etwas auf sich hält, das verdammte Ding ignorieren wird, ungebunden und geheimnisvoll, wie sie nun einmal ist.

»Komm schon, Kleine, rausgehen, pinkeln …«

Begeistert stürzte sich Ri die Treppe hinunter, um draußen ihre Blase zu entleeren, während ich ihr Abendessen vorbereitete. Unser Haus ist immer noch eine Baustelle mit halb fertigen Wänden, nackten Dielen und einem Heizkessel, der hoffentlich noch einen Winter lang vor sich hin plätschert und keucht. Die Elektrik ist so alt und so schlecht verkabelt, dass ich einen gewischt bekomme, wenn ich im hinteren Schlafzimmer die Wand berühre, aber wenigstens gibt es unter dem Esszimmerboden keinen Teich mehr. Ringliggate musste lange Zeit allein und ungeliebt ausharren, und es braucht immer noch viel Liebe und Aufmerksamkeit. Aber langsam fängt sein Herz wieder an zu schlagen, und es erwacht wieder zum Leben. Wenn ich in die Küche komme und mich aus meinen Klamotten pelle, bin ich jeden Abend aufs Neue dankbar für die sichere, warme Umarmung, die mir mein Zuhause bietet. Es steht vielleicht kein Topf Suppe auf dem Herd, aber im Kühlschrank wartet eine Lasagne darauf, aufgewärmt zu werden, und gleich daneben eine Schachtel Brownies darauf, am Ende eines langen Tages mit einer Tasse Tee genossen zu werden (die brauchen nicht lange zu warten) – fürsorgliche Carepakete von Mammy Bear und meiner Freundin Lisa erinnern mich daran, wie glücklich ich mich schätzen kann, dass es in meinem Leben Menschen gibt, die ihre Freundlichkeit mit mir teilen.

Neben regelmäßigen Anrufen, damit ich auch ja etwas esse, das gut für mich ist (»Brownies sind gut für die Seele, Mum«), hilft mir nun auch Mums Talent, Gedanken und Worte zu Papier zu bringen, ebenjene Worte und Gedanken zu finden, die ich jetzt brauche, um eine der schwierigsten Aufgaben zu erfüllen, die ich mir je vorgenommen habe. Mit ihrer Hilfe und mithilfe von Dads Gedächtnis für Einzelheiten, die ich längst vergessen habe, und meiner alten Freundin Clare mit ihrer Bücherbesessenheit (ganz zu schweigen davon, dass Clare mich seit zwanzig Jahren kennt und versteht) ist irgendwie dieses Buch entstanden. Weil sie wusste, wie sehr mir die Zeit davonlief, kam Mandy jeden Tag vorbei, um mit K spazieren zu gehen, und Lisa hielt unsere Freunde im Internet mit den neuesten Neuigkeiten auf dem Laufenden.

Ich hatte keine Ahnung, ob ich ein Buch schreiben konnte. Und selbst wenn – in der Annahme, dass ich es konnte –, wusste ich doch nicht, ob und wie ich es überhaupt schaffen sollte. Es schien so unwahrscheinlich und so unmöglich. Die Antwort sieht so aus, dass ich genauso viel Zeit damit verbracht habe, alles Mögliche andere zu tun und eben nicht zu schreiben, wie ich ausschließlich geschrieben und nichts anderes getan habe. Ich habe dieses Buch an meinem Laptop geschrieben, bis ich nachts um zwei darüber eingeschlafen bin, ich habe es während meiner Runden in meinem Kopf verfasst, nachdem ich mich morgens um fünf aus dem Bett gequält hatte, habe es geschrieben, während ich auf dem Küchenboden sitzend Gin trank und Marshmallows aß, und ich habe es an einem Zaunpfahl als Schreibtisch mit einem stumpfen Bleistiftstummel aus einem Brettspiel, den ich im Futterschuppen gefunden hatte, auf Papierfetzen von einer Haferflockentüte geschrieben. Aber vor allem schrieb ich es, indem ich mich an eine Lektion erinnerte, die ich vor vielen Jahren gelernt hatte, während ich meine alte Freundin Pam in Australien beobachtete: Gib alles, was du hast, deine ganze Zeit, und wenn es sein muss, auch ein bisschen mehr.

Der aktuellste Notfall zwingt mich, zusammen mit Ian, dem Zaunbauer, eine Lösung dafür auszutüfteln, wie wir in nur zehn

Tagen vierundneunzig Vögel unter Dach und Fach bringen … Doch das hat wieder einmal so viele Menschen zusammengebracht, die genug spendeten, dass wir damit anfangen können, sobald wir eine zündende Idee haben. Ich kann Kacke aufsammeln, Futternäpfe füllen, Streicheleinheiten verteilen und ganze Nachtschichten lang Tiere pflegen, wenn's nötig ist, aber ich kann das alles nicht alleine. Ohne die praktische, emotionale und finanzielle Zuwendung, die mir über die Jahre von Freunden und Fremden so reichlich und großzügig zuteilwurde, gäbe es kein Hospiz. Und ohne die Hilfe und Unterstützung von Mum und Dad und Freundinnen wie Clare, Mandy und Lisa wäre ich wohl kaum in der Lage gewesen, dieses Buch fertigzustellen.

Als Maggie starb, schien es unmöglich, dass ich je wieder aus dem Labyrinth aus Sehnsucht, Verlust, Liebe, Schuld, Reue und Angst herausfinden würde. Ich bin gestrauchelt, habe versagt, war erfolgreich, bin geschwankt, bin in den Abgrund gerutscht und brauchte manchmal eine helfende Hand, um wieder hochzukommen. Manchmal brachte am Ende des Tages/der Woche/des Monats/des Jahres so etwas Einfaches das Fass zum Überlaufen wie etwa, dass ich eine Kekspackung nicht aufbekam. Gut möglich, dass ich manchmal die Kontrolle an den Teil meiner selbst abgegeben habe, der meint, es würde helfen, die Kekspackung einfach in einen Teich zu pfeffern und die Fische hinterher um Verzeihung zu bitten. Ich habe gute und schlechte Entscheidungen getroffen, aber die beste Entscheidung war immer die, weiterzugehen. Die Aussicht genießen, den Wegweisern entlang des Pfades folgen und besonders an den schwierigeren Tagen immer daran denken, dass oben auf dem Gipfel vielleicht ein knuspriges Brötchen wartet.

Was auch immer dieses Leben mit all seinen Wundern und Schrecken und Geheimnissen sein mag: Ich weiß, dass ich nicht die Regeln mache. Vielleicht bin ich hin und wieder in der Lage, ein wenig an diesen Regeln zu drehen, aber das Leben ist eine Aneinanderreihung von Ereignissen, zu denen nun einmal auch der Tod gehört. Das ist Teil der Abmachung. Durchaus möglich, dass ich nie erfahren werde, warum das so ist. Was auch immer das Leben, was auch immer der Tod ist: Trotz vieler vergeblicher Versuche habe ich bisher weder das eine noch das andere aufhalten können. Ich habe herausgefunden, dass die Dinge am friedlichsten und am leichtesten zu ertragen sind, wenn ich akzeptiere, dass das Leben seinen Lauf nimmt und dass am Ende auch der Tod dazugehört. Und wenn ich das Leben nur ein bisschen glücklicher, sicherer und lebenswerter machen und den Teil mit dem Tod so friedlich und würdevoll wie nur möglich gestalten kann, wenn das das Einzige ist … Abgemacht. Dann ist das so.

Im Laufe der Jahre sind so viele Freunde in mein Leben hinein- und wieder hinausgedriftet, haben Teile von mir mitgenommen und Teile von sich selbst zurückgelassen, um die Risse zu füllen. Jedes Mal tut es weh wie der Teufel, und jedes Mal kommt der Abschied zu früh. Als sie den Weg einschlugen, auf dem ich sie nicht länger begleiten kann, und das Leben hinter sich ließen, hielt ich sie im Arm. Dabei habe ich gelernt, dass wir im Leben und im Tod alle die gleichen Dinge wollen, wenn es wirklich darauf ankommt, und zwar ganz unabhängig von unserer Gestalt und Größe, ganz egal, in welcher Hülle wir uns durch dieses seltsame und wunderbare Abenteuer namens Leben bewegen.

Epilog

30. Dezember 2020

Auf dem Gras bildete sich Raureif, der unter meinen Gummistiefeln knirschte, als ich mich auf den Rückweg zum Hospiz machte. Teile des Hospizes, die ich sonst nur im Sonnenlicht sehe, glänzten im strahlend weißen Mondlicht. Dieselbe Welt, nur anders betont. Die Arme schwingend wehrte ich mich gegen die bittere Kälte, die durch die Ritzen meiner Kleiderschichten drang.

Am Tor blieb ich stehen und blickte zu dem Haufen frisch aufgewühlter Erde hinüber, die sich dunkel und uneben von dem gleißend weißen Gras abhob. Ein paar Stunden zuvor hatte ich zugesehen, wie ein lieber und aufmerksamer Freund mit seinem Bagger ein Grab aushob, um meinen lieben Kumpel, den größten und wolligsten Bastard von allen, zu beerdigen.

Gimlis verkrüppelter, schiefer Körper war nicht auf die übliche Spanne eines normalen Schafslebens ausgelegt. Eine Seele, die sich nach Flitzereien sehnte, konnte es nur bis zu einem gewissen Maß ertragen, in einem irreparabel kaputten, versagenden Körper gefangen zu sein.

Gestern sagte mir Gimli das Letzte, was ich auf der Welt hören wollte. Heute Morgen rief ich Bruce an, der eine Stunde später kam und das Letzte tat, was ich auf der Welt tun wollte.

Ich schaute zum Hospiz hinüber. Nach fast drei Jahren ist es immer noch nicht fertig. In letzter Zeit habe ich angefangen, mir vorzustellen, was ich tun würde, wenn ich nur könnte und das Geld hätte. Vor meinem inneren Auge sehe ich es ganz deutlich: das Hospiz in der Mitte, Brans Gedenkgarten, der sich spiralförmig darum herum erstreckt, und Wege, die sich durch den Garten schlängeln und zum Gnadenhof hinaufführen. Eines Tages vielleicht.

Dann sah ich wieder zu dem Erdhügel, unter dem der Körper meines Freundes lag. Die Wunde in mir ist noch frisch, das zerschnittene Fleisch noch weiß, und noch zieht sich das Wasser zurück, aber die Wunde wird sich röten, und die Flutwelle wird kommen. Sie wird kommen und mich fertigmachen, und mein Herz wird brechen und schmerzen, aber inzwischen weiß ich, dass es mir am Ende wieder gut gehen wird.

Es gibt nur eine Sache, die mächtig genug ist, um uns dazu zu bringen, das zu tun, was wir am wenigsten für denjenigen tun wollen, den wir am meisten lieben, und das ist die mächtigste Sache überhaupt.

Ebbe und Flut
Wir kommen und wir gehen
Nehmen Stücke von uns und anderen mit
und lassen auch welche zurück.

Ebb and flow
We come and we go
Taking and leaving pieces of ourselves
and each other

Dank

Das Schreiben dieses Buches war das Schwierigste, was ich je getan habe, und wenn diese Menschen nicht gewesen wären, würde es überhaupt nicht existieren. Alleine hätte ich das nie und nimmer schaffen können.

Heather Bishop, die mich vor fast zwei Jahren per E-Mail fragte, ob ich Interesse hätte, ein Buch zu schreiben, und jetzt sind es noch achtzehn Minuten bis zum Abgabetermin, und ich bin immer noch nicht fertig. Und trotzdem hat sie irgendwie noch nicht die Geduld mit mir verloren. Danke, dass Sie mich aufgemuntert haben, mich zu guten Entscheidungen ermutigt und von schlechten abgehalten, mir über meine Wackler hinweggeholfen – und es immer geschafft haben, einen netten Weg zu finden, mir zu sagen, dass ich meinen Arsch in Bewegung setzen und mal einen Zahn zulegen soll.

Rowan Lawton, meine Literaturagentin, die mir wie versprochen »professionell das Händchen hielt«, und mich von meinem »Wie kann man nur auf die Idee kommen, dass ich ein Buch schreiben kann? Ich kann kein Buch schreiben!« abbrachte und Vertrauen in mich hatte, als es mir fehlte.

Ich weiß nicht viel über die Verlagsbranche, aber Jane Sturrock ist bestimmt eine der geduldigsten und verständnisvollsten Verlegerinnen aller Zeiten, bei dem, was sie mit mir alles mitgemacht hat. Obwohl ich jeden Abgabetermin verpasst habe, hat sie darauf vertraut, dass ich eines Tages tatsächlich nicht mehr vor mich hinwurschteln und stattdessen das Buch fertigstellen würde. Jetzt bin ich endlich so weit, und ich hoffe wirklich, dass sich das Warten trotz all der Warteschleifen gelohnt hat …

Dad, der mehr ausgehalten hat, als irgendein Wesen ertragen sollte, weil ich das volle Spektrum der Emotionen durchlaufen habe; es war das reinste Wechselbad der Gefühle – und ich hab sie alle an ihm ausgelassen. Er hat mir mehr verziehen, als ich mir überhaupt vorstellen kann, und er hat sich tagelang um meine Familie gekümmert, während ich auch noch das letzte Wort aus mir herausgepresst habe. Ohne dich hätte ich es wirklich, wirklich nicht geschafft, Dad. »Verdammt komischer Ruhestand«, was? Lass uns jetzt ein paar Spaziergänge machen, ja?

Mum. Kapitel-Vollenderin. Redakteurin. Nachtschichten-Freundin Käsenudel-Köchin und Scones-Bäckerin. Und, nein, den Unterschied zwischen einem Doppelpunkt und einem Semikolon kenne ich immer noch nicht. Wahrscheinlich lerne ich das nie.

Clare, die mir ihre Zeit und Energie geschenkt hat und deren Anregungen und Freundschaft untrennbar mit fast jeder Seite dieses Buches verwoben sind.

Jimmy L. dafür, dass er mein Cheerleader war, dass er das Manuskript las und Vorschläge machte und es tatsächlich ernst damit meinte, als er sagte, ich könne es schaffen.

Und an meine K, den Wee Mental Ginger Dug, meinen kleinen, irren roten Püppi-Engel. Du hast es mir mindestens doppelt so schwergemacht, aber ohne dich hätte ich es nicht geschafft.

Danke an alle, die mich aufgemuntert, angefeuert und daran geglaubt haben, dass ich es kann, obwohl ich eigentlich vom Gegenteil überzeugt war.

Ich habe noch zwei Minuten bis zu meinem Abgabetermin (also, wortwörtlich zwei Minuten …), deshalb belasse ich es jetzt dabei. Ich glaube, Heather fällt keine höfliche Formulierung mehr dafür ein, dass ich endlich mit der Wurschtelei aufhören und mich verdammt noch mal beeilen soll.